国家社科基金
后期资助项目
GUOJIA SHEKE JIJIN HOUQI ZIZHU XIANGMU

大数据知识论研究

A Study on the Theory of
Big Data Knowledge

苏玉娟　著

科 学 出 版 社

北　京

内 容 简 介

知识论主要研究存在于一切可能知识中的共性,具体研究知识的定义、性质、来源、获得手段、确证和效力等。随着大数据时代的来临,人们可以通过对大数据的分析、挖掘来发现大数据中隐含的知识,我们把这种知识称为大数据知识。大数据知识论已成为当代知识论研究的重要课题。本书立足知识论视角,以大数据知识为研究对象,比较系统、深入地研究了大数据知识的基本特征、实现条件、实现机理、实现方法、确证和实践应用等共性问题,从而建构一套基于大数据知识的全新知识论体系。

本书适合对大数据感兴趣的读者,以及哲学社会科学理论工作者、学生、管理者阅读参考。

图书在版编目(CIP)数据

大数据知识论研究 / 苏玉娟著. —北京:科学出版社,2021.9
ISBN 978-7-03-069484-3

Ⅰ. ①大… Ⅱ. ①苏… Ⅲ. ①数据处理–知识论 Ⅳ. ①TP274

中国版本图书馆 CIP 数据核字(2021)第 153167 号

责任编辑:邹 聪 刘红晋 / 责任校对:严 娜
责任印制:李 彤 / 封面设计:有道文化

科学出版社 出版
北京东黄城根北街 16 号
邮政编码:100717
http://www.sciencep.com

北京中石油彩色印刷有限责任公司 印刷
科学出版社发行 各地新华书店经销
*
2021 年 9 月第 一 版 开本:720×1000 1/16
2022 年 3 月第二次印刷 印张:17 3/4
字数:309 000
定价:128.00 元
(如有印装质量问题,我社负责调换)

国家社科基金后期资助项目
出版说明

后期资助项目是国家社科基金设立的一类重要项目，旨在鼓励广大社科研究者潜心治学，支持基础研究多出优秀成果。它是经过严格评审，从接近完成的科研成果中遴选立项的。为扩大后期资助项目的影响，更好地推动学术发展，促进成果转化，全国哲学社会科学工作办公室按照"统一设计、统一标识、统一版式、形成系列"的总体要求，组织出版国家社科基金后期资助项目成果。

全国哲学社会科学工作办公室

前　言

　　知识论作为哲学研究的重要分支，一直以来很受关注。Epistemology可以译为"知识论"或者"认识论"。认识论探讨人类认知的本质、结构及认知的动态发生过程。知识论研究知识的定义、性质、来源、获得手段、确证和效力等。亚里士多德在《形而上学》一书开头说道："求知是人的本性。"荀子说："凡以知，人之性也。可以知之，物之理也。"（《解蔽》）求知是人的本性。"为什么"及其回答构成知识要素中最重要的部分。知其然并不是知识，知其所以然才能构成知识。苏格拉底作为最早研究知识论的哲学家，认为美德是一种知识。在《泰阿泰德》中，苏格拉底通过一次次否定，说明知识不是什么，但并没有给出知识确切的定义。柏拉图试图把许多关于知识的概念进行归纳，认为知识具有三个基本要素：真、信念、确证，或称为"柏拉图的定义"，即知识是被证实的真的信念。近代社会，"知识就是力量"彰显知识在人类进步与社会发展中的重要作用。现代社会，知识成为最难获得或最难替代的生产要素，知识成为一种经济形态，已不仅仅是力量，也是权力、财富和资本。特别是随着现代科学技术的发展，知识的来源从理性思维、经验世界扩展到网络世界，知识被认为是正确的信息。正是由于知识定义、性质、来源、范围、获得手段、效力的不断变革，知识论研究从传统本体论和认识论走向生存实践论、德性知识论，从追求客观世界的普遍性和确定性向知识的价值和德性方面转向。大数据时代，通过对大数据的存储、分析、挖掘等彰显大数据中隐含的知识，我们把这种知识称为大数据知识。从知识发现的范式看，相对于以实验为主的经验范式、以模型为主的理论范式和以模拟为主的计算范式，大数据知识来源于数据驱动的第四范式。从效力看，大数据知识被广泛应用于政府治理、社会治理、企业治理等领域，正在引领一场治理变革。

　　大数据知识作为当代知识新的形态，加强大数据知识论研究已成为我国哲学界刻不容缓的任务。目前，学界研究大数据或者大数据技术的本体论、认识论、方法论、价值论和伦理学等问题较多。有些专家从某一方面研究大数据知识的本体、认识、伦理和实践，并没有从整体上研究大数据知识的基本特征、实现机理、确证、真理问题、实现方法和实践应用等。

为了使知识论更能彰显当代知识的特质，我们对大数据知识论作微观而系统的研究是非常必要的，具有非常重要的意义。本成果从知识论视角研究大数据知识，扩展了当代知识论的研究领域；有助于促进大数据知识的发现与应用；彰显当代知识论发展的脉络和趋向。

本成果在前人研究基础上，博采众家之长，试图从知识论视角研究大数据知识的本体论、认识论、实践论、方法论和实践论等。总体上包括十章内容。第一章导论分析大数据知识研究的必要性和重要性，国内外研究动态，本成果研究思路、方法、难点和创新之处等。第二章到第十章主要探讨大数据知识的本体特质、实现机理、确证、真理问题、实现方法、实践应用、当代意义、反思与展望、实证研究等，比较全面地彰显了大数据知识定义、性质、来源、范围、获得手段、效力等方面的问题，对进一步促进当代知识论和科学哲学的研究具有重要意义。

目 录

第一章　导　　论

在西方哲学史上，柏拉图、笛卡儿、斯宾诺莎等研究"知识是什么"，即对知识本体的研究。康德把知识论看成是哲学的核心，看成是数学、自然科学和形而上学的可靠基础。他认为任何哲学体系和科学体系经受住知识理论的检验和裁决才是可能的，他进一步把形而上学引入知识论。康德之后，"知识如何可能"即对知识认识的研究成为哲学家普遍关心的哲学问题。现代，对"知识做什么""知识的德性"即知识实践价值和伦理价值的研究成为关注的焦点，知识论走向实践论和德性论。知识论以自然科学、社会科学、伦理、艺术等知识为基础，研究知识的性质、界限、来源和效力等。随着知识论从传统本体论和认识论走向生存实践论和德性知识论，知识论从主要研究知识的基本性质、知识成为可能的条件、知识表达的形式与世界的关系扩展到关注知识的人类生存实践活动和认识主体的德性。历史地看，哲学视域中知识论的演进有两个重要基础，一是当时哲学发展特质、哲学范畴、哲学研究方法、哲学思维会渗透到知识论中；二是当时科学技术知识发展特质，科学技术作为知识的重要形态，其发展方式、发展路径、发展手段等都会直接作用于知识论的研究。正是哲学和科学技术的发展推动知识论研究不断变革。

大数据时代，大数据（big data）成为知识新的来源，大数据知识成为知识新的形态。1998 年，美国《科学》杂志刊登了一篇介绍计算机软件 HiQ 的文章《大数据的处理程序》（"A Handler for Big Data"）（Cass，1998），第一次使用了"大数据"（big data）一词。2008 年 9 月 4 日，英国《自然》杂志推出了"big data"专刊，这之后大数据成为学术界、产业界和政府各界甚至民众的热门概念。美国、法国、德国等国家开始重视大数据并实施大数据发展战略。我国积极迎接大数据时代的到来，2015 年，国务院出台《促进大数据发展行动纲要》，从发展形态、指导思想、总体目标、主要任务、政策机制等方面，促进我国大数据发展，加快建设数据强国。大数据目前被广泛应用于政府治理、社会治理和企业治理中。大数据是需要新处理模式才能具有更强的决策力、洞察力和流程优化能力的海量、高增长率和多样化的数据资产。大数据具有体量（volume）大、速度

（velocity）快、种类多样（variety）、真实性（veracity）、价值（value）密度低、可变性（variability）和复杂性（complexity）等特征。从来源看，大数据主要来自科学仪器、传感器、互联网、社交网络平台等，呈现为结构性大数据和非结构性大数据。大数据技术通过对大数据存储、分析、挖掘和可视化等，将大数据中包含的知识表征出来。本成果立足知识论视角，研究大数据知识的基本性质、实现机理、确证与真理、方法论、实践应用等。大数据知识作为当代知识发展的重要形态，其发展受当代哲学和大数据技术的直接作用。大数据知识论作为当代知识论新的研究领域，越来越受到学界的关注。加强大数据知识论研究已成为我国哲学界刻不容缓的任务。

第一节　知识论研究的演进

从哲学层面看，知识论主要研究关于知识的哲学问题。知识概念的演进直接会影响知识论的研究。知识有三个核心问题：知识是什么，知识是怎么来的，知识有什么用。（布鲁尔，2001）概念是思维最基本的单位。知识的定义能够反映知识的特性，并能够作为判断我们是否有知识的标准。

一、知识定义的演进

古希腊时期，知识论作为一门古老的学问，在西方得到长足的发展。苏格拉底作为最早研究知识论的哲学家，他认为美德是一种知识。在《泰阿泰德》中，苏格拉底说明知识不是什么，但并没有给出知识确切的定义。柏拉图试图把许多关于知识的概念进行归纳，认为知识具有真、信念、确证三个要素，或称为"柏拉图的定义"，即知识是被证实的真的信念。"知识不仅指自然科学知识，也指关于伦理、艺术、神话、宗教等方面的知识。"（胡军，2006）亚里士多德认为知识主要在于解释世界和理解世界。其实对知识本质的把握，不同领域有不同的认识。《韦伯斯特词典》中言："知识是通过实践、研究、联系或调查获得的关于事物的事实和状态的认识，是对科学、技术、艺术的理解，是人类获得的关于真理和原理的认识的总和。"美国学者贝尔认为知识是新的判断或是对老判断的新提法。《现代汉语规范词典》中言："知识是人类在实践中认识客观世界（包括人类自身）的成果"。在我看来，知识是人们在认识和改造客观世界的实践中，学习、探索、发现和感悟到的对客观世界的认识和经验的总结，是人们认识的结晶。

以上主要是从知识的内容、知识的功能等方面定义知识的。从哲学意义上看，知识究竟是什么？具备什么样的条件就是知识？这是首先需要回答的问题。美国学者马克·卢普从认识论角度，把知识定义为"对已认识的事物所做的客观解释"。胡军在《关于知识定义的分析》一文中，认为"构成知识的三个条件分别是信念、真和证实"，这一信念与"认识客体密切相关的那些信念，即指向一客观的事实，证实就是要有充分的证据来表明我们所拥有的信念是真的，与客观事实之间的符合"。1963年，盖蒂尔（Gettier）发表在《分析》杂志上的一篇文章《证实了的真的信念是知识吗？》，在知识论研究领域引起很大关注。通过对他的观点的分析，胡军进一步认为，除了上述三个条件外，还应该有一个必要条件就是认识主体相信命题P的证据不应该包括任何假的信念。胡军认为知识的定义为："S知道P，P是真的，S相信P，S相信P得到了证实，S证实P的证据不应包括任何假的信念。"（胡军，2006）胡军对于知识的定义不仅继承了柏拉图三要素论，还发展出第四要素即证据不应包括任何假的信念。可以说，这四个条件构成知识的必要条件，即知识必须是被证实了真的信念，证据必须为真。以上对知识的定义都是从认识论角度进行分析，而且是静态分析。随着知识经济的发展，知识已经成为社会生产力，显然仅分析静态的知识形态是不够的。"把知识的发生与发展统一起来，实际上只不过是把认识与实践、认识论与实践论统一起来的简单的哲学问题。"（孙恒志，2002）从实践上看，知识的认识与知识的实践是辩证统一的。人类发现知识需要在实践中检验，同时也在实践中得到应用。所以，我认为，知识是人类正确认识客观世界，并在实践基础上合理运用的总和。这个定义有一定的合理性。

从上面的分析可知，知识的认识论定义，即四要素说使我们明白在什么样的情况下，我们可以有资格说我们是有知识的，这成为知识的必要条件。这是从哲学层面对知识的深入探讨。实践论视域下知识的定义侧重知识的运用。从知识发展的现实看，知识的静态发展与动态发展是辩证统一的，并没有必然的分离，只是因为不同学科研究重点的不同，形成哲学意义上的知识论，管理学意义上的知识管理，图书情报学意义上的知识构架与共享，等等。在我看来，从哲学意义上我们应研究与知识相关的认识问题与实践问题的规律性特质，这符合当代知识发展的特征。这样，知识的定义应该包括知识的认识论与实践论，并将二者结合起来，所以，我认为，知识是S知道P，P是真的，S相信P，S相信P得到了证实，S证实P的证据不应包括任何假的信念，P并能够在实践中合理运用，这就涉及知识的效的问题。

二、知识分类的演进

知识作为人类文明的重要载体，呈现出多种形式。从不同视角可以分出不同的类别。

古代，很多学者探讨了知识的分类问题。亚里士多德认为，知识分为纯粹理性和实践理性。近代，知识被划分为理性知识和经验知识，知识论也被区分为两大思想派别，分别是唯理论和经验论。以笛卡儿、斯宾诺莎和莱布尼茨为代表的理性主义，以数据和逻辑学为知识典范，理性成为知识的来源；笛卡儿认为，知识就是我极清楚、极明白知觉到的真的东西；斯宾诺莎认为知识就是观念的观念。以洛克、休谟为代表的经验主义则以自然科学作为知识典范，认为经验是知识的来源，观察、实验、归纳成为获得知识的主要工具。康德试图调和二者，认为知识来源于先天直觉、知性概念和经验材料。笛卡儿主要从数学、几何学的知识立场来讨论知识论问题。这些知识显然不同于经验知识，它们属于逻辑知识，更强调逻辑的一致性和必然性。传统逻辑把判断分为量的判断、质的判断、关系判断和样式判断。从现实看，"经验知识在本质上不可能具有数学知识和几何学知识那样的必然性和一致性。任何经验知识都有可能出错"。（胡军，2006）

20 世纪 40 年代，随着知识社会化程度越来越高，知识的概念和分类也在发生变化。赖尔将知识划分为"知道什么"的命题性知识和"知道如何做"的行为性知识。后来，安德森将知识划分为陈述性知识和程序性知识两大类。知识仅指一套定义指称陈述是不够的，如何操作、如何理解、如何生存等都是需要知识的。

随着知识经济的发展，知识成为经济、政治、文化和社会根本性变革的主要因素。20 世纪 90 年代，美国著名的未来学家托夫勒认为暴力和财富变得越来越依附于知识。在现代社会，知识已不仅仅是力量，也是权力，是财富，是资本。随着现代科技革命的不断推进，知识经济成为社会研究的热点。知识按其表达方法划分为显性知识和隐性知识。显性知识指经过人的整理和组织后，可以编码和度量，并以文字、公式、计算机程序等形式表现出来，显性知识也可以称为编码化知识。隐性知识指隐含经验类知识，与人结合在一起的经验性知识。二者是可以转化的。

知识作为人类认识自然、改造自然的重要武器，我们一直以来很关注"什么是知识""我们能够知道什么"，由此形成包括人本主义、外在主义、综合主义三个层面的知识，一个是形而上层面的哲学属性；另一个是形而下层面的实践特质，还有一个就是综合以上两个方面的知识属性。

从人本主义视角看，代表性观点有：知识是被证明是真实的信念（柏拉图），思维本身的产物（笛卡儿），感知与反思的结果（洛克），理性主义的逻辑思维和经验主义的感官经验共同作用的结果（康德）。"人本主义从人本角度将知识和知识过程看作是围绕着人展开的，是一种附着在人身上的现象。……知识被看成是主体的，甚至是抽象的存在。"（张新华 等，2013）

从外在主义视角看，知识是经验的结果（亚里士多德），实践行为是有益的理论认知（海德格尔），能被交流和共享的经验和信息，通过实际经验、实践技能或专门技术而获得的熟练性等。外在主义将"知识被看成是人的体外器官，是'外体地'创造出的人造物。以这个视角为坐标，知识被看成是客观的、自主的、独立于人的存在"（张新华 等，2013）。

从综合主义视角看，知识包括人本主义、外在主义两个方面，既有主体性，也具有客体性，也就是说知识是客体存在的，通过主体的能动性将客观知识发掘出来。在我看来，对于知识发现和应用来讲，从来就不是主观与客观的二分对立，而是主体对客观的能动认识，这也是马克思主义认识论的核心思想。索萨从主体理智德性出发认为，"知识是认识主体在相关环境下，凭借其理智德性能力，在相关领域中形成的相关信念"（张洪涛，2017）。既重视主体内在的反思认识，又将知识与确证同外在环境联系起来，强调外部环境对认识的作用。特别是 20 世纪 90 年代知识经济的兴起，知识成为提高生产率和实现经济增长的驱动器，成为主要的生产要素。最具代表性的是 1996 年世界经合组织给知识下的定义，知识就是四个 W，即知道是什么（know-what）、知道为什么（know-why）、知道怎么做（know-how）、知道是谁（know-who）。在我国，有的学者还主张加上知道什么时间（know-when）、知道什么地点（know-where），知识的这个概念既包括人本主义视角的"是什么""为什么"，也包括外在主义的"怎么做"。知识分类的演进直接决定知识论研究对象和研究主体的变革。

三、西方知识论研究进路与趋向

从哲学层面看，知识论研究知识发展的普遍性特质。"如果一个知识系统缺乏普遍的适用性，它就将为具有更广泛、更普遍的适用性的知识系统所代替。但在经验知识体系中，任何关于经验知识的命题的真假都必然与经验知识体系中的其他命题密切相关。……也与外在的经验事实相关。"（胡军，2008）可见，知识论关注知识的普遍特质，对于经验知识的确证与其相关的其他命题和经验事实紧密相关。从研究主题看,知识论主要研究知识的定义、来源、性质、界限、确证、真理、获得方法和效力等方面。从知识论发展脉络看,知识论作为西方哲学研究的重要领域,经过了古代知识论、近代知识论、当代知识论等发展阶段。从知识论研究学派看,派别林立,争论不断。从国内研究看,对西方知识论进行系统研究的专著不少。金岳霖的《知识论》,以"理解知识"为宗旨,详细地研究了知识论的各个问题域。高秉江所著的《西方知识论的超越之路——从毕达哥拉斯到胡塞尔》,研究了西方知识论从毕达哥拉斯到胡塞尔的知识建构之路,从对感性偶然性、当下性、私人性超越到普遍必然性、永恒性和公共性。文史哲编辑部所编的《知识论与后形而上学:西方哲学新趋向》,研究了20世纪英美知识论发展,知识论与生存实践论、人道主义、认知科学、实在论、西方理性主义等之间的关系。郑祥福、方环非编写的《当代西方知识辩护理论——现状问题及其解决策略》,探讨了知识辩护的历史进程,并讨论知识辩护中的几个重要问题。洪汉鼎和陈治国所编的《知识论读本》一书,摘录了从古代到当代西方知识论学派和专家的主要观点和部分著作选读。下面主要根据知识论研究的演进和学派代表性人物的思想进行分析。一些学派代表人物的思想参考了《知识论读本》一书,在此表示非常感谢。

(一)古代知识论的研究进路

前苏格拉底时代就有很多学者探讨知识的本原。如毕达哥拉斯认为数是万物的本原,对万物的认知就是对其产生的数的认知。巴门尼德已作出理智基础上的真理与感觉基础上的意见的区别。

苏格拉底、柏拉图、亚里士多德等进一步探讨知识的本体。他们从伦理、存在等视角对什么是知识进行深入探讨。苏格拉底认为美德即知识。柏拉图认为,知识是确证了的真的信念,他对知识的定义影响直到现在。柏拉图还对知识的普遍性、唯物性特质进行分析,在他看来,知识分为推理和直观,并认为知识是普遍的,是认知活动的成果,知识与存在紧密相连,知识就是知道存在和知道存在者如何存在。

亚里士多德探讨知识的认识问题。在他看来,对一个事物的认识既需要原先已具有的知识,同时也需要在认识中所获得的知识,并认为直接前提的知识不需要通过证明获得。经验世界从感官知觉中产生出了记忆,从对同一事物不断重复的记忆中产生了经验,归纳方法是我们认识经验世界的重要方法。

亚里士多德之后,一些学者提出了理性主义和怀疑主义的知识论。"斯多葛派主张一种乐观的形而上学和一种自信的理性主义知识论。"（洪汉鼎 等，2010）在他们看来，上帝通过理性统治宇宙，正确的理性能引领人类达到真理，这是一种以上帝为中心的唯理性主义，忽视人的主观能动性。以皮浪为代表的古典怀疑论者认为，我们对每一个命题的判断都有一个和它相对的命题，造成我们无法判断，所以最高的善就是不作任何判断。怀疑论最大的负面作用就是怀疑我们对自然、社会、人类的认识能力，极端的怀疑论走向不可知论，知识无法认知，也就没有研究的必要，这也是一种极端消极的认识论。

中世纪一些学者倡导神学知识论和自我知识论。中世纪号称是黑暗的中世纪，在这个时段里科学技术几乎处于停滞状态。奥古斯丁认为，上帝主宰人的思辨的确切性。"托马斯·阿奎那使感觉与感官经验成为一切认识与知识的基础。"（洪汉鼎 等，2010）

在我看来，古代知识论作为研究知识论的先行者，主要探讨了知识的本体和认识问题。柏拉图对知识的定义直至今日仍有价值。在对知识的认识问题上有神学知识论、理性主义知识论、经验主义知识论和自我知识论等，这里的理性强调上帝对理性的主宰作用。可见，由于人类认识能力的有限性，对于复杂世界的认知要不依靠上帝，要不坚持怀疑，要不就是相信自我感觉。从人类认识发展史看，这些认知对促进知识论发展具有重要的推动作用，能够在普遍意义上研究知识的本体、认识等问题，这与西方重视理性思维的传统是分不开的，也与当时科学技术发展的特质分不开。古希腊作为西方文明的发源地，哲学、古代数学、几何学、逻辑学、物理学等较发达，而这些学科多是依靠理性思维获得的，因而他们对知识论的认识倾向于理性主义。虽然这些认识存在一定的缺陷，如神学知识论是站不住脚的，上帝并没有给出正确的理性，怎么可能去接近真理呢？所以，对于古代知识论我们必须客观辩证地去认识。

（二）近代知识论的研究进路

近代知识论主要侧重知识的认识问题，形成经验论、理性论和观念论等演进方向。这与当时知识发展的特征分不开。

培根认为，知识就是力量，归纳方法是获得知识的根本方法。实验方法比感官裁断更可靠。"霍布斯认为，感觉经验仅仅是获得知识的开端。"（洪汉鼎 等，2010）他将知识分为关于事实的知识和关于断言间推理的知识。洛克认为，我们的一切知识都建立在经验上。"休谟认为，人类知识分为关于观念之间关系的知识和关于实际事情的知识。"（洪汉鼎 等，2010）

笛卡儿认为，对于知识真的判断依靠我的极清楚、极明白的知觉。斯宾诺莎认为，知识包括感性经验知识、知性推理知识与理性直观知识。真观念必须与它的对象相符合。莱布尼茨主张必然真理和偶然真理。

康德认为，我们的知识来源于基于必然性、普遍性、内容性、经验性的先天综合判断。黑格尔认为，真理是存在符合自己的观念，强调自己是第一性的。知识应与它的实体相同一，并区别知性和理性，前者以有限和有条件的事物为对象，后者以无限和无条件的事物为对象。

在我看来，近代知识论演进的经验论、理性论、观念论三个方向，与人类当时科学技术发展水平紧密相关。16～19世纪是近代科学技术从哲学中分化出来的时期，该时期科学技术取得较快发展。首先，出现了门类比较繁多的物理学、化学、生物学、地理学、天文学、数学等学科，而这些学科有的建立在经验基础上，如生物学、地理学、物理学、技术科学；有的建立在理性基础上，如数学、逻辑学；还有研究人类、自然普遍规律的哲学，学科这种分化代表了当时知识发展的三种不同方向，进而形成知识的三种形态，即经验的、理性的、知性的。其次，当时知识论作为哲学研究领域，已重视对自然科学和技术知识形态的深入研究。科学主义的盛行，使哲学包括知识论研究越来越依赖科学技术知识的发展。最后，近代知识论研究不仅探讨知识的分类，还研究不同类型知识的确证问题。经验知识论认为归纳方法是发现知识的根本方法。理性知识论认为，真观念必须与它的对象相符合。观念知识论强调自己观念的重要性，颠倒了物质与意识谁是第一性。当时科学主义盛行，哲学发展空间相对少了，哲学家的地位不像科学家、工程师那样具有明显的价值，因而其发展的空间受到影响。

（三）当代知识论的研究进路

当代知识论侧重从认识论、价值论等视角研究知识论，整体演进朝向现象学、后现代哲学、分析哲学等，彰显当代哲学对知识论的直接作用。

胡塞尔认为，认识论的积极的任务是通过对认识本质的研究来解决有关认识、认识意义、认识客体的相互关系问题。现象学是关于认识和认识对象的现象学。海德格尔认为，自由就是存在者在公开场合中公开自身。符合关系就一定得在现象上同证明活动联系起来才能映入眼帘。真理是事物与人们对之所作的先行意谓的符合，也指陈述的意思与事情的符合，真理的本质是自由。哈贝马斯认为，认识有技术的、实践的和解放的三种维度。技术的认识论基于经验-分析，实践的认识论基于历史-诠释学，解放的认识论是以批判为导向。（陈嘉明，2017）

利奥塔认为，科学真理同人文话语一样是一种叙事方式，因而不再有绝对真理。知识走向商品生产者和消费者的供求模态，这样，知识可分为有偿性知识和投资性知识。罗蒂认为，"真理是我们最好去相信的东西，或者不管发生什么，我们都为之辩护的东西。"（陈嘉明，2017）

罗素将知识分为亲识的知识和描述的知识，前者通过直接感觉经验获得，后者通过摹状词的描述获得。石里克认为，知识就其作为科学来讲，它的价值在于这种求知欲望所带来的充实学者生活的快乐。波普尔认为，普遍命题是不可能由归纳法建立起来。哈克提出对于知识证成的基础融贯论等。（陈嘉明，2017）

在我看来，当代知识论的演进彰显当代科学技术发展的一些特质。实验科学、测不准原理、知识经济时代的到来等，使传统知识的本体、认识、价值等发生根本性改变。学者对知识的分类、知识的确证、知识的价值等进行了深入探讨，彰显了现象学、后现代哲学、分析哲学对知识论产生的影响。

通过对西方知识论研究进路的分析，我们发现西方知识论研究内容丰富，派别林立，研究视角广泛。从研究主题看，西方知识论经过了从本体论向认识论、方法论、价值论不断演进的历程，彰显知识多元发展特质，对知识本体、认识、方法、价值等方面的研究不同时期具有不同的特质，这与该时期科学技术知识、社会知识发展特质密切联系；从研究主体看，西方知识论研究者包括传统知识论研究者和科学哲学家，特别是当代知识论中很多专家是科学哲学家，如石里克、波普尔等，根本原因在于科学作为知识的主要组成部分，其特质彰显当代知识发展的趋向，成为当代知识论研究的参照对象，这样，科学哲学方面的专家在研究科学知识发展规律的同时，也就反映了当代知识论研究特质。如波普尔提出的证伪方法，对普遍知识的确证具有一定的借鉴意义。从认识论看，知识论主要关注知识的性质、边界、确证和真理问题等。从知识论演进历程看，知识的定义处于不断变化之中，如知识是被确证为真的信念，有专家认为即便被确证为真的信念也未必是知识，关键还要看确证的条件是否为真；知识的确证理论从德性论到基础主义、内在主义、外在主义、融贯论、语境论等；对真理问题的探讨形成各种不同内涵的相符合理论。知识发现与应用的方法也处于不断演化之中，如逻辑方法、实证方法、归纳方法、实验方法、计算方法等，这些方法反映不同时代科学研究方法对知识论的影响。知识论所追求的价值并不关注某种知识具体的价值，而是关注知识所要追求的目标，及其与人类未来发展的关系。如知识的异化、知识与人类命运等都是需要研究的。

我认为，对于西方知识论研究需要持辩证思维的态度，对于其合理性我们需要接纳，对于其存在的缺陷我们需要摒弃。其一，当代知识论，特别是后现代知识论正在解构传统知识论关于知识、真理的认知。如果科学真理同人文话语一样是一种叙事方式，不再有绝对真理，我们怎么从相对真理走向绝对真理，我们对客观世界认识的进步性就无法判断，我们会问知识论研究的意义何在？其二，当代知识论研究缺乏对当代知识形态的研究。虽然知识论研究关于知识的性质、边界、确证、真理、方法等问题，但是，对于当代知识新形态、新特质的研究有助于进一步丰富知识论研究，特别是对当代大数据知识的特质、实现机理、确证、真理问题、实现方法等的研究，有助于进一步推进当代知识论的发展。其三，当代知识论研究与科学、技术、社会越来越远，成为形而上学的知识论，是哲学家群体热衷的事情。科学技术作为知识主要形态，知识论研究应引领和推动科学技术的发展，知识作为当代第一生产力，知识论研究应彰显知识的社会功能。由于学科之间的分化，知识的社会功能属于知识社会学研究的领域。人为地分割知识的研究领域，既违背了知识整体性的发展特征，也不利于知识论作用的发挥。

从目前研究现状看，知识论朝着两个方向发展。一是研究知识与实践的辩证发展。"如果我们把从古希腊哲学家泰勒斯到德国哲学家黑格尔的学说称之为传统知识论，那么，也可以把以叔本华为代表的唯意志主义、以马克思为代表的历史唯物主义、以詹姆士为代表的实用主义和以海德格尔为代表的存在主义等相关的思潮统称为生存实践论。"（俞吾金，2004）二是从形而上视角研究知识作为人类智慧的结晶，其概念、边界、性质、确证、真理、方法、价值等具有的特质。但是，由于学科分化无法从整体上研究知识，这也是当代知识论需要面对的重大课题。知识作为人类智慧的结晶，来源于实践，又需要在形而上体系中归纳总结形成知识。所以，对于知识论的研究应该是思维与实在、形而上与形而下的有机结合。

四、我国知识论研究进路与趋向

随着知识概念的不断演进，知识的功能从理论走向实践，从知识价值走向实践价值，知识论研究主体从哲学家群体扩展到经济学家、管理学家和心理学家等。那么，从哲学视域看，当代知识论应该研究哪些问题就成为必须要明确的理论问题和实践问题。

（一）知识概念的演进与知识论研究的多元演进

中国传统知识论形态是什么呢？中国在不同时期对知识理论的研究存在差异，从一个方面反映了我国知识论研究的特质。陈嘉明（2018）认为，"将儒家的知识论解读为一种道德知识论，并且鉴于儒家哲学的主流地位，进而将传统中国哲学的知识论界定为一种道德的知识论，尤其是'力行'的知识论，应当说是可以成立的……进入现代，中国知识论的发展主要表现为在介绍、研究西方知识论的基础上，继而提出自己的学说的趋向。"张东荪 1934 年出版的《认识论》一书，探讨了知识的性质、类型、标准与实在的关系等。金岳霖的《知识论》，探讨知识的"理"，即"通"。在他看来，"所谓的'通'，不仅指的是'一致'，而且还有'真'的意思。"（金岳霖，1983）虽然中西方知识论研究所追求的目标、思维方式等方面存在差异，"就认识论的问题而言，不论是主体与客体的关系，还是知识的性质、结构与条件等，它们都属于普遍问题，因此对于中西学者而言都是共同的。"（陈嘉明，2018）此时知识研究主体主要还是哲学家群体。

20 世纪 60～70 年代，关于知识的定义，《新华字典》表述为："人们通过阶级斗争、生产斗争和科学实验的实践活动获得的对客观事物的认识。"《辞海》的表述是："知识是人们在社会实践中积累起来的经验。从本质上说，知识属于认识的范围。"20 世纪 90 年代以来，随着知识经济的兴起，知识的含义又得到新的理解，知识成为追求 4 个 W 的体系，即追求"what、why、how、who"，知识是什么？为什么？怎么样？谁发现的？知识论研究逐步从形而上扩展到形而下。

从知识论研究的历史路线看，我认为，古代传统的知识论主要关注知识的本体论，这与当时哲学思辨的思维方式和其他学科还没有从哲学中分离出去有关，主要追求对客观世界真的认知。随着物理学、生物学、化学、政治学、社会学等逐步从哲学中分离出去，人类如何认识客观世界成为新的历史命题，知识论研究从本体论向认识论、方法论转向。随着大科学时代的到来，科学知识的社会功能越来越强，科学家、政府、企业之间的关系越来越紧密。知识的社会功能越来越强，知识论开始关注知识的实践论。知识经济的发展，更是将知识论从形而上转向形而下，知识论的研究主体也在不断扩展，从哲学家群体扩展到管理学家、经济学家和心理学家等。那么，从哲学层面看，知识论究竟应该研究哪些问题，才能将哲学层面的知识论与管理学层面的知识管理、心理层面的知识认知区别开来，这是一个重要的理论问题，也是一个重要的现实问题。

（二）我国知识论研究的演进

通过对我国近些年知识论研究主体的分析，我们可以挖掘当代知识论研究视域的变革和可能演进的方向。目前，研究方向主要表现为以下几个方面。

一是引进与评介国外知识论。从我国知识论研究现状看，对国外知识论的引介是很重要的方面。有些专家从总的方面对西方知识论进行评介，有些专家研究了国外某位专家的知识论。陈嘉明（2018）对西方知识论研究进行概括说明，重点对知识的内涵、确证理论进行引进与评述；黄颂杰、宋宽锋（1997）对西方知识论研究的演进进行评述，并认为传统知识论已过时，需要提出新的知识论范式；有专家研究西方古代知识论的主流思想，即本质主义、理性主义和可知论，等等。

具体来看，国内学者引介了波普尔、鲍波尔、托马斯·阿奎那、奎因、索萨、杜威、萨特、赖欣巴哈、哈耶克、胡塞尔、康德、洛克、温伯格等学者的知识论。波普尔提出知识进化论：P1→TT→EE→T2，P1 表示问题，TT 表示试探性理论，EE 表示排除错误，T2 表示新问题的产生；杜威对传统知识论具有改造特质，在杜威看来，真正的知识应该与人的实用目的相联系，一切真正的知识都是"实用"的结果。杜威的知识论重视知识的效的挖掘。赖欣巴哈是位经验论者，他通过对传统知识论的批判和对近现代自然科学的哲学分析，建立了他独具特色的知识论体系，他认为"我们获得知识的过程就包括发现并证明知识的过程，古典认识论的科学哲学对应于近代科学，现代知识论的科学哲学则对应于现代科学……知识是一种预言工具，其功用在于预言未来……所有的知识包括科学知识，都是社会建构出来的，并随着社会历史的发展而不断变化"（赵月刚，2013）。赖欣巴哈的知识观具有科学主义、实用主义和建构主义的特征。索萨以认知视角与理智德性作为其德性视角主义的两驾马车，产生了各种各样的德性知识论的辩护主张：德性视角论、德性责任论、混合理论、新亚里士多德派、社会起源论与德性语境论等。（毕文胜，2013）德性知识论强调理智德性在认知活动中的重要性。理智德性是内在于主体的一种有益于求真的倾向。理智的德性与实践的德性分别产生了信念与行为。还有学者研究了古希腊哲学的知识论轨迹，"在宇宙哲学时期，出现了米利都派和毕达哥拉斯派的知和行的对立；赫拉克利特和巴门尼德的动与静的对立；在人事哲学时期，出现了苏格拉底和智者派的一般与个别的对立；在体系化时期出现了德谟克利特和柏拉图的唯物与唯心的对立，以及亚里士多德的调和色彩的理性主义"。（马良 等，1992）还有学者研究了拉卡托斯进步主义知识论，新知识新理论被接受，第一个标准是它能提出以往任何理论都没有提出过的关于新奇事实的认识，第二个标准是这些见解起码有一部分得到证实。还有专家研究了温伯格等人提出的实践知识论，"通过问卷调查的方式检测普通大众对知识论问题的直觉，从而为解答知识论问题提供实证数据"（曹剑波，2017）。索萨等（2016）认为，"知识是一个有价值的产品，比相应的单纯真信念更有价值，而且某些重要事物的知识在正常情况下应该对个体生活的繁荣或作为一个共同体的繁荣的一部分作出重要贡献，这种贡献高于相应的单纯真信念所作出的贡献"。这说明知识的价值不仅追求真，而且追求知识对个体或共同体生活的繁荣，即其实践价值。知识论通过对知识的不断追问还涉及一个很重要的问题，就是知识的真理问题。从知识演进的历史长河看，知识还涉及其演进的历程、同一性及其超越性等问题。

通过对西方知识论的引介，我国知识论研究在吸收西方知识论的基础上，与西方知识论进行对话与融合，进而走向自主性的发展道路。

二是研究知识论理论。首先是研究知识的本体论。胡军的《知识论》一书对知识的概念、知识的证实理论进行了系统研究；金岳霖《知识论》一书回答了什么是知识，知识发现所依靠的经验论和唯理论各自的合理因素，并企图避免或克服它们各自的弊病等；方环非（2013）研究了知识、知识论与怀疑主义之间的关系问题；黄颂杰、宋宽锋（1999）研究了知识论的精神实质及其出路，认为"知识论致力于考察知识的本性、知识的标准、知识明证性的基础等问题"。金吾伦（2002）提出从"生成论"到"知识论"，他认为：传统知识构成主义是一种分析还原方法，存在主体与客体、观察与理论、归纳与演绎、事实与价值二分的问题。"当代知识论研究应包含三大内容：（1）知识建构论；（2）知识运行论；（3）知识价值论。"这是知识在经济增长中的作用越来越强，知识的社会建制，信息化产业发展等综合作用的结果。安维复、郭荣茂（2010）研究了地方知识与普遍知识具有可检验性、解题能力和可接受性等共享因素，这三个方面成为地方知识与普遍知识双向转化的基础和依据。王荣江（2004）研究了当代知识论从一元辩护走向语境主义知识论、德性知识论和社会知识论等多元理解。石倬英（1985）认为："知识论的主要任务，不是提供具体知识，即不是关于自然、社会、思维一般规律的知识，而是提供人们认识自然、社会和思维一般规律的科学方法。"周昌忠（2002）认为："后现代科学知识论彰显为知识与行动、知识与社会实践、知识与权力之间的关系问题……说一种实践涉及权力关系，发生权力效应或调度权力，是说，它有效地造成并限定人在某些特定社会环境中的可能活动领域。"陈嘉明（2003b）引介施密特、戈德曼等社会知识论思想，重点"研究社会关系、利益、作用与制度对知识的概念与规范条件的影响，即所谓'社会条件'的影响"。

其次是研究知识的确证理论。方环非（2007）研究了基础主义确证理论的回溯问题。刘洋、孙嘉旋研究了知识论真理观的历史演进。再次是研究知识的真理问题。钱宁（2008）研究了后现代哲学对知识论真理观的批判及其意义；还有学者研究了知识论真理观的困境及其出路，认为"以马克思为代表的现代哲学所开启的生存论是解决知识论困境的正确道路"（白顺清，2014）。还有学者从历史维度研究西方知识论真理观的发展历程。张明杰（2016）研究索萨德性知识论的确证理论，认为"认知主体拥有的可靠的认知能力与良好的品质都是知识确证必不可少的条件，两者缺一不可"。有学者研究贝叶斯信念度的概率确证问题。然后是研究知识的方法论。李丰才（1999）研究了逻辑经验主义、批判理性主义、多元方法论、历史主义等知识发现的方法。还有学者研究了知识的公共性维度与实践的关系。"用公共性或主体间性来说明知识的本质和检验真理，决不能离开马克思主义实践哲学的理论立场或视野。"（姜春林 等，2004）最后是研究知识论的价值论。方红庆（2017）认为，"当代知识论价值转向三个基本特征：（1）从本质驱动到价值驱动；（2）从单薄知识论转向厚实知识论；（3）从单一核心到多元核心"。即关注知识的认知价值（真信念），知识的真、善价值等。方环非、郑辉荣（2017）研究了知识的价值之争"淹没难题"与可靠主义的回应。

三是研究中国知识论。崔瑞（2013）研究了《墨子》知识论思想，认为知识来源"闻知、推知、亲知"，既重视知识的理性分析，又重视知识实际的客观效果，并坚持发展的、实践的和辩证的真理观。还有学者研究"善"在庄子知识论中的地位，"他所构建的道就是人与自然善，他所向往的至德之世就是社会善，他所推崇的圣人、神人、至人等就是人性的善"（石开斌，2014）。庄子所强调的真知，一种大知，是关于宇宙、人生的境况作一根源性的探索。有学者研究了孔子的知识论，"认知的目的是为己与成人，认知的对象是意义世界，认知的原则是德性优先与自觉志道，认知的途径是一以贯之与下学上达。"（冷天吉，2005）还有学者研究荀子的功利主义知识论，荀子认为，人类拥有三种知识：感官知识、基于感官经验的原理性知识、基于先验理性的知识，并以实践为归宿，服务于道德实践。还有学者研究了老子的本体知识论，这个本质就是道；还有学者研究管子的理智德性知识论体系。

四是中西方知识论比较研究。陈嘉明（2018）研究了中西知识论研究范式的不同，中国传统知识论重视"知道如何"，西方知识论重视"知道如是"；中国传统知识论是一种道德知识论，西方知识论侧重本体论和认识论研究；也就是说，"中国知识论的目标主要是求'善'，西方知识论是求'真'。……不论是主体与客体的关系，还是知识的性质、结构与条件等，它们都属于普遍的问题，因此，对于中西学者而言都是共同的"。刘爱军（2015）研究了中西方哲学知识论在本体、方法和科学等方面的区别与根由，"西方哲学知识论的特质体现在怀疑论、逻辑分析与外在世界，中国哲学知识论的特质是形而上学、价值论，中西方哲学知识论区别的根由是出发点、思维方式及其与科学的关系"。

五是基于科学技术的知识论研究。科学技术作为知识的重要形态，这种知识具有哪些特质呢？有专家研究科学与技术两种知识的不同，"科学是关于理论、逻辑的知识，以求真为目的；而技术是关于实践、操作的技能，以实用为目的"。（李杨，2014）所以，知识不仅仅追求真，也追求效。还有学者研究了科学背景下波兰尼的"个人知识"，强调科学是人的，科学实质上是一种个人的创造性艺术。还有学者研究了信息时代信息与知识的理论问题，还有学者研究了大数据时代的知识论特征等。

通过对我国知识论研究现状的梳理，我认为，我国知识论研究视角包括理论维度、历史维度、现实维度、科学技术维度、国外维度等，分别研究知识论的元理论、历史演进、当代发展、科学技术知识理论与实践、引进评介国外知识论研究。从研究内容看，主要研究了知识的元理论、知识的确证、知识的进步、知识的实践等问题。

（三）我国知识论研究存在的争论

对于知识论研究的范畴，随着时代的发展也处于不断变化中。目前，有两大阵营，一个阵营认为，知识论不属于哲学问题，而是科学问题，还有一个阵营认为，知识论仍然存在哲学之维。

有专家认为知识论不属于哲学问题，熊十力先生可以说是一个代表，他就认为"知识论问题不属于哲学问题，而是科学问题"。冯友兰有相似的观点，认为知识论不属于哲学问题，而是科学问题。持这种观点的学者较少，更多学者认为知识论存在哲学之维。

更多专家认为知识论存在哲学之维。胡军认为，"从近代西方哲学来看，知识论不仅不在哲学之外，而且是哲学的主流之一"。（王树人，2003）"知识论研究的是知识之理，即什么才是知识，知识是由什么样的要素构成的、知识的起源、知识的性质、知识的范围、知识增长的规律等问题……知识论要研究的是主体是究竟通过什么样的途径或方法而达到对于客体的认识的。"（胡军，2002）金岳霖（1983）认为："知识论不在指导人如何去求知，它底主旨是理解知识。" 20世纪90年代，西方哲学界将认识论看作关于"知识"的理论，研究对象包括三个方面："第一，知识确证的性质；第二，知识得以成立的实质性条件；第三，知识与确证的界限。"（陈嘉明，1997）但是，这些研究多是认识论层面。

　　还有专家认为，知识论存在哲学之维，但存在发现与辩护、理性与非理性分割的观点。"最先把知识发现和知识辩护加以分割的，当属逻辑经验主义……知识发现过程，则超出逻辑分析之外，不属于逻辑重组的范域，应让位于社会学、心理学去研究。孔德只从事实证性的知识证明、解释，从而预示发现和证明（辩护）区分的萌生。波普尔也认为发现过程是个重要问题，但属于非理性因素作用的场所，是否证性无力所及的领地，不能列入知识系统。"（李丰才，2001）实证主义与批判理性主义认为知识论应将重点放在说明、解题、证伪等辩护问题上，不赞成对发现问题的研究。库恩作为历史主义观点的代表，"反对逻辑经验主义的'强'分家论……认为在科学史中发现和辩护作为知识进步的两个方面，不能一刀割断，更无区分或分割的必要。这是因为科学技术及其理论体系建立过程本来就是发现和辩护的统一，理性和非理性的统一，如果人为地分割为二，那么势必导致科学研究及其实验的失败。"（李丰才，2001）也就是说，知识论研究应彰显知识发现与辩护、理性与非理性的统一过程。原因在于：知识发展过程本身就包括发现与辩护、理性与非理性，非理性某种意义上比理性还重要。爱因斯坦就明确指出，科学工作最难的事情是发现问题和提出问题，但这不是理性所能做到的，提出问题后，解决问题更多地靠理性，因而对知识的研究就应该包括两个方面。但是，对于知识论的哲学层面研究，应更多研究知识发现与辩护的共性、逻辑性等，不研究具体的技术层面的问题。对于知识来讲，其发现过程与非理性因素的应用都具有一般性规律，因而也可以在哲学层面进行研究。

　　还有专家认为，知识论存在哲学之维，只是当代知识论研究应放弃传统知识论范式，确立新的研究范式。哲学知识论不是一种事实科学，而是致力于一种特定信念的辩护和证明。有专家认为，"知识论则指对作为认识成果形态的知识的反思性学说，它包括对知识的本性、知识的标准、知识与其所指向的对象的关系、知识明证性的基础等问题的讨论。西方传统知识论的研究主要是在做两件事情。第一，寻求和确定一个绝对的知识标准，从而把知识与意见、谬误和未曾经受科学批判的常识等区别开来；第二，为符合这种标准的科学知识的可能性寻找理论根据、理由和基础，从而达到论证和辩护此种知识标准及其相关的科学知识观的目的。随着对传统哲学知识论研究的放弃，也就不再存在需要探究的问题域。因为，首先，知识论没有一个与其相对应的对象域……其次，知识论问题的存在是以知识与意见、表象与实在、语言与实在、客观与主观等二元论的形而上学假定为基础和前提的。如果我们撤除这些非自明性的和理论上无法证明的假设，那么我们就很难想象这些问题还有提出和存在的可能。"（黄颂杰 等，1997）另外，西方知识论的理论功能主要是辩护性的，而现在科学知识的可能性和存在的特定合理性并不需要这样的辩护，这种辩护也不可能是终极辩护。黄颂杰等认为，我们对科学知识和科学技术的哲学反思，并不是传统哲学知识论研究的继续和对其问题的新的解答，而应该是在新的理论视野和话语方式中继续。"比如从人与科学技术的意义关系的角度，对科学知识和科学技术的哲学反思完全是可能的，也是必要的。在西方哲学的知识论传统中，知识论之为知识论，并不仅仅是因为它寻求一种科学知识观、知识标准及其根据和理由，而最为重要的是因为它总是试图发现和确立超历史的科学知识观、知识标准及其根据。"（黄颂杰 等，1999）知识论理论目标的实现就是其终结之时。也就是说，有专家认为由于传统知识论研究的问题域、二元对立的基础和前提不存在、超历史的目标已有很多理论，这些都使传统知识论走向终结，对于当代知识论的研究必须放弃传统范式，建立应有的新范式。我们对当代科学知识和科学技术比以往任何时候都更为必要和紧迫，因为当代科学技术知识所展现的巨大力量是历史上任何时候都无法比较的。"我们之所以放弃传统知识论，并不是因为它致力于反思科学知识，而是因为知识论的理论取向和理论范式限制了哲学反思的视野，是因为知识论不能承担起全面、深刻、切实地理解和反思当代科学知识和科学技术的理论任务，是因为它制造了理智的迷误而思得太少。知识论研究在古代和近代的早期，一定程度上适应了维护科学存在的权利、营造科学发生和成长的精神氛围的时代需要……在现时代，不是科学需要为自己的存在进行辩护，而是其他非科学的东西，包括哲学知识论在内，需要在科学面前为自己的存在进行辩护。"（黄颂杰 等，1999）黄颂杰等从科学技术知识发展与传统知识论研究范式的不协调性，分析了传统知识论理论旨趣、理论框架、致思方向等应该被放弃，有一定的道理。

但是，传统知识论研究范式真的过时了吗？我认为，传统知识论探讨的一些核心问题依然存在。其一，对知识主张和知识信念的辩护性证明依然存在,只不过随着科学技术的发展,知识不仅仅是"被确证为真的信念",而且知识被确证为善和效,特别是大科学时代和知识经济时代的到来,知识对经济社会发展具有经济、政治、社会等方面的价值,知识被人类发现应服务于人类,促进人与自然的和谐发展,并追求大善。因而,我们对知识的研究不能仅局限于传统对知识真的追求。其二,目前仍存在知识与意见、知识与实在、客观与主观的二元论,如果不存在主体对客体的认知,那世界就不存在主观世界和客观世界了,那都成了客观世界了?显然不可能,科学技术的发展过程就是人类不断认识客观世界的过程,只不过是主体与客体不存在两极完全对立。其三,知识本身是具体的、历史的,因而知识论研究应体现时代性。 所以,传统知识论的本体论、认识论、方法论还是要研究的,只不过是随着知识本身概念的发展,当代知识论研究的视域是需要发生变革的。

(四)我国知识论的研究特征

通过对我国知识论研究脉络的梳理,可以发现我国知识论研究的一些显著特征。

研究历时长,彰显知识论研究的动态性。从纵向看,知识作为人类最重要的财富,任何时代都是哲学研究的重要领域。从对我国知识论的研究看,包括古代、近代、现代、当代知识论研究。古代知识论代表人物有孔子、荀子、孟子等,主要研究德性知识论,知行合一论等。由于近代科技革命发生在西方,对于近代知识论研究主要是中西方比较研究。现代知识论研究主要以现代知识发展特质为本体,彰显当代知识后现代特质。当代知识论研究关注知识发展最新形态,如对大数据知识的哲学研究。从研究主题看,虽然不同时代研究的主题有差异,但是研究的范式有同一性,多是侧重对不同时代知识的本体论、认识论、确证论、真理论、实践论的研究。只不过在不同时代侧重点不同而已。从研究主体看,对知识论的研究从哲学领域扩展到经济学、管理学、图书情报学等学科,哲学层面主要涉及对知识普遍规律的研究,这是它的立足之地。自近代自然科学、数学、技术等从哲学中分离出来,各自形成不同学科的知识体系,哲学层面的知识论与各学科研究的具体知识也就不同了,哲学对不同学科知识体系研究只具有哲学层面的指导意义,不同学科具体知识为哲学知识论研究提供有关知识的研究基础,二者是普遍与具体的关系。但是,随着学科分化越来越细,哲学层面的知识论对具体学科的影响可能会越来越弱,这不利于人类知识的进步。比如,从科学视角看,编辑基因能够解决生物体目前存在的一些问题，人类的遗传病或者其他问题。但是，从生物多样性看，编辑基因从长远看会影响整个生态系统的平衡。所以，知识论的研究就需要从关注人类未来引领科学和技术的有序发展，控制和减少科学技术带来的异化问题。从哲学与具体学科研究知识的脉络看，二者经过了古代哲学主导阶段，知识论研究主要是哲学的任务；近代二者分离阶段，近代随着科学主义的盛行，科学技术的实用主义、功利主义使哲学的地位越来越弱，哲学对科学技术的作用越来越弱，知识论面临同样的局面；现代二者走向新的融合，哲学对科学技术的发展影响越来越大，特别是科技伦理学对科学技术的作用越来越多，知识论也面临同样的发展，大数据知识的伦理要求对大数据技术发展具有约束力。

引介国外多，彰显知识论研究的开放性。从思维看，中西方是不同的。古希腊作为古代西方文明的代表，其思维多是理性的、思辨的，由此产生的几何学、代数学等都具有严密的逻辑体系；中国古代思维重实用，重辩证，由于形成的知识体系多是经验的总结，缺乏系统的理论体系，如我国发展比较快的医学、天文学、数学和农学，经验多，理性思维相比少。就知识论研究而言，苏格拉底、柏拉图等他们都追问过什么是知识，知识能有什么价值等理论问题，康德对知识的认识问题进行过系统研究，西方系统研究知识论的专家学者非常多；相比较，我国自古以来对知识论做系统研究的学者较少。随着我国开放程度的不断提高，对西方知识论进行引介的较多，通过引介使我们了解知识论研究的传统范式和演进路径，这也是一个显著特征，这既反映了西方知识论研究相较于我国较成熟，同时也反映我国对知识论研究越来越重视。正是开放性，使中西方知识论研究可以具有相互交流借鉴。

研究视角不断拓展，彰显知识论研究的创新性。知识作为人类文明进步的重要体现，不同时代知识的表征形态、发展速度是不同的。从发展速度看，20世纪知识经济的崛起，知识呈现指数增长，知识成为一种经济形态；大数据时代，基于大数据的知识呈现即时爆炸势态，每时每刻都在产生新知识。从目前研究脉络看，知识论研究从对知识本体论的追问拓展到认识论、方法论和价值论，充分彰显随着知识本身发展方式的不断变革，知识论研究不断创新的过程。如社会知识论、实验知识论、德性知识论等都与当代知识发展方式紧密相关。正是知识本身的创新性，客观要求知识论研究必须与时俱进，否则其将成为无用的知识，而被淘汰。

研究层次不断深入，彰显知识论研究的时代性。目前知识论研究领域的争论说明学者开始反思当代知识论研究的趋向。对于同一问题，如德性知识论不同时代研究的侧重点是不同的。古代德性知识论重点关注知识对真与善的追求。当代德性知识论包括对知识发现主体德性的考察,彰显知识论研究的时代性。不同时代,人类创造的知识是不同的,因而由此形成的知识论研究也是不同的。如目前出现的实践知识论、德性知识论都反映当代知识的实践性和伦理性等特质。知识论虽然研究普遍知识的共性问题,但不是没有研究主体的空洞的知识论。

（五）我国知识论研究存在的缺陷

知识论作为研究知识发展规律的哲学思考,对知识日新月异的发展不仅应探讨其发展的共性特质,还应引领知识与人类未来的发展方向。从目前看,由于受研究视域、学科背景等方面的局限,当代知识论研究的缺陷也是存在的。

重视知识发现研究,对知识实践研究不足。哲学是人类对生存境遇下理想与价值的思考与追求,它关注人类的命运。目前哲学存在的明显问题在于重视理论构建,而忽视实践活动。传统哲学遵循"静观高于行动,逻辑高于生存实践的原则;追求终极实在"。（黄颂杰 等,1999）哲学"忘记了理论原来只是实践的一个构成部分,忘记了理论活动的原初目的"（王南湜,2006）。哲学成为自娱自乐活动,这也成为哲学自身的理论困境。哲学这种研究传统在知识论研究中也有体现。从目前知识论研究看,重视知识发现逻辑的研究,如对知识本体论、确证问题和真理问题的研究多是从理论层面进行研究,理论是优位的。而对知识本身实践层面的研究及知识未来走向研究较少。知识本身发展过程是发现与实践的统一,研究者的这种人为割裂使知识论成为哲学领域研究的主题,并不关注实践活动,使知识论研究越来越窄,不能形成对科学技术知识发现与实践的指导。

重视传统知识论体系的引介,对当代知识论研究体系构建不足。知识发现与实践方式的变革,知识论研究的群体走向多元化。古代哲学是个大口袋,包括自然知识、社会知识,哲学家主要对知识本身的本体论、认识论、方法论进行研究;近代,随着自然科学、技术、社会科学逐步从哲学中分离出来,知识研究主体走向分化,哲学层面知识论研究坚持理论优先原则,越来越走向哲学层面的理论构建,哲学层面的知识论与具体学科知识研究之间的关系越来越远,哲学层面的知识论越来越失去对具体知识发现与实践的指导价值。同时,对当代知识发展规律研究不足,碎片化研究多,体系构建相对较少,这就造成从事具体知识发现与应用的群体,并不关注哲学层面知识论研究,知识论研究的重要意义越来越弱。

重视引介，自主创新不足。从目前研究看，对国外知识论研究现状引介多，吸收研究与创新研究不足。由于西方传统思维重视逻辑，因而对知识论研究的学派比较多，争论也多，造成引介的空间也大，这也是合理的。

重视抽象知识研究，对当代具体知识发展规律研究不足。从哲学思维看，哲学重视抽象研究，不研究具体知识的发现与应用。但是，抽象来源于对具体事物分析基础上的抽象。抽象是具体的抽象，具体是抽象理论基础上的具体。不同时代知识的来源、生产方式不同，具体知识会影响抽象知识，否则哲学层面的知识论将会与具体知识分道扬镳，哲学方法的指导意义也就不存在，知识论本身研究的价值也就非常有限了。

（六）当代知识论的演进趋向

从目前国内研究现状和存在的争论看，传统意义上哲学层面知识论主要研究知识的本体论，即什么是知识、知识的范围等；知识的认识论，即知识得以成立的实质性条件、增长的规律、知识的确证问题、知识发现与辩护、对知识标准的辩护等；知识的方法论，"即认识主体有无能力认识外物等完全属于主体范围内的哲学问题"（胡军，2002）。当然，随着知识概念的不断演进，当代知识论研究视域应有所突破，既能反映对传统知识论研究视域的继承，又能凸显当代知识发展的时代特性，并对知识本身发展规律探讨具有一定的理论价值，也就是说要对当代知识发现与应用具有一定的指导意义，而不仅仅是一言堂或闭门造车，自娱自乐。

随着知识来源、发展形式等的不断变革，当代知识论出现新的演进方向。促成新的演进方向的因素主要表现如下：一是当代知识的社会化和社会的知识化越来越明显，知识的社会建构越来越成为趋势，社会建构知识论成为一种研究方向。二是当代知识发展越来越受科学技术知识发展方式的影响。随着当代科学技术知识发现的实验依赖、数据基础等趋向，当代知识论走向社会知识论、实验知识论等。三是当代知识发展仍然继承传统知识的一些显著特质。如对真的信念的追求，知识的确证问题，知识的德性问题，知识的实践问题，进而出现德性知识论、实践知识论等。所以，当代知识论研究应彰显知识演进的历史根源、现实特质，并彰显科学技术与实践在知识论理论视野中的位置，因为当代科学技术所展现的巨大力量渗透到我们的生活世界。综合以上分析，我认为当代知识论可能的演进趋向有以下几个方面。

首先，应辩证合理地吸收传统知识论精髓。从对知识论研究的争论看，似乎现在知识论研究应该完全放弃传统知识论研究范式，主要原因在于传统知识论的思辨，主观与客观、理性与非理性、发现与实践等的分离，知识论与科学技术知识发展的远离，等等，所以，我们应放弃传统知识论研究范式。但是，我们对真信念的追求没有改变，我们任何时候对知识标准、知识确证条件的追求没有改变，我们对知识的真理性、知识进步的规律等的追求没有改变，所以，我们应辩证合理地吸收传统知识论的精髓，而不是一味地全否定。

其次，彰显当代知识发展的特质。当代知识发现途径已走向多元化，可以来源于实践、实验、理性推理，也可以来源于大数据。这样，我们很难通过传统知识论寻找当代知识的共同特质，并对共同特质的标准、条件等进行研究。可以说，当代知识越来越走向实用性和地方性。那么，当代知识论的研究就应该彰显知识发展的这种特质。当代知识不仅追求真，而且追求对社会的变革作用。因此，对于当代知识的研究，我们不仅应追求真，还应追求效，等等。

再次，以创新精神推动当代知识论体系的构建。20世纪以来，当代科学技术"从小科学发展为大科学，从学院科学走向后学院科学，从单一技术演化为会聚技术，从科学技术化转变为科学技术一体化。……后现代科学则以有机论、非决定论以及整体论观念为核心，侧重实用性和地方性"（李杨，2014）。科学技术作为知识的重要形态，直接决定当代科学技术知识论研究的范式。我们应构建当代知识发展特别是科学技术发展基础上的知识论体系，反映当代知识发展的特质。

最后，凸显当代知识论对知识管理、知识学、科学技术发展等的指导意义。从方法论视角看，我们可以把方法分为三种，即哲学方法、横断学科方法和具体学科方法。哲学是最高层次对其他学科都有指导意义的方法论，数学分析方法、系统方法等对其他学科具有指导性，属于中间层面的方法，具体学科的研究方法具有个性，如实验方法主要应用于自然科学领域等。所以，哲学研究的最主要目标除了关注人类未来，就是方法论上的意义了。知识论作为哲学研究的重要领域，由于侧重关注知识发现的逻辑，忽视对知识实践的研究，知识论研究与当代知识发展之间的距离越来越远，这种自我封闭、自娱自乐的发展方式使知识论研究越来越窄。为此，我们应从知识发现与知识实践角度，研究当代知识发展的特质，提高当代知识论对知识管理、知识学、科学技术发展的指导作用，增进学科之间的交流与融合，毕竟这些学科都是以知识发现、应用为基础的学科，它们之间具有共性，也有交流的基础。为此，当代知识论研究应立足当代知识发展特质，提高知识论研究的影响力和指导意义。

第二节　科学技术与知识论的演进[*]

从知识发展历程看，科学技术作为知识的重要形态和知识论不断超越的重要因素，它的发展对知识论的超越具有重要的作用。柏拉图在《泰阿泰德》中将知识定义为被证实的真的信念。信念、真和证实构成知识的三个基本条件。从形态看，知识不仅包括自然科学知识，而且包括关于伦理、艺术、神话、宗教等方面的知识。知识论以普遍的知识为研究对象，"涉及知识的性质、知识的界限和范围、知识的来源和获得知识的手段乃至知识的效力等方面"（洪汉鼎 等，2010）。从知识论的演进看，"古代知识论的超越是超越到普遍性与确定性，中世纪的超越是超越到信仰与神秘，近代的超越是超越到自我与显现，当代是现象学的超越。"（高秉江，2012）"相对于以实验为主的经验范式、以模型为主的理论范式和以模拟为主的计算范式，大数据使得科学研究范式升级到主要通过 EScience 平台对实验、理论、模型不同渠道产生的大规模的海量数据进行挖掘的第四科学研究范式。"（田海平，2016）科学技术主客体的变革，不仅彰显知识边界和范围的不断扩展，而且彰显人类从自然和社会禁锢中不断得到解放的历程。知识论关注的重要领域从科学技术领域扩展到社会科学领域。科学技术证实的三个因素即基本的公理、联贯的理论与外在基础，与知识论基础主义、联贯论和外在主义三种证实理论具有内在的统一性。科学技术功能的演进与知识论研究目标的演进具有一定的同一性，但是二者的研究主体、研究方法、研究目的等方面存在差异性。人类文明演进史就是一部科学技术进步史。为便于与知识论对照，我们从古代科学技术、近代科学技术、现代科学技术和大数据科学技术四个阶段来分析科学技术与知识论演进的关系。

一、科学技术主客体与知识主客体的演进

知识论的研究离不开对知识主体和知识客体的分析。知识主体主要指知识生产、传播和应用的主体，知识客体主要指知识主体所研究的对象。古代科学技术的发展主要有西方和中国两条路径。当时科学技术还没有从哲学中独立出来，科学技术发展的主体是多才博学的学者，如亚里士多德、毕达哥拉斯、阿基米德等既是哲学家也是科学家。科学技术关注的对象主要是自然界。主体与客体处于低层次的同一状态，即主体对客体的认知在

---

[*]　部分内容发表于苏玉娟：《科学技术演进与知识论的超越》，《理论探索》，2019 年 b 第 2 期。

尊重客体基础上彰显主体的能动性。随着物理学、化学、生物学等学科的不断发展，近代科学技术逐步从哲学中分离出来，成为各门独立的科学技术。科学技术主体从个体逐步向科学共同体转变，从事科学技术活动成为一种职业，科学技术活动关注的客体也是自然界。但是，主体与客体的关系发生了变化。随着笛卡儿唯理论思想的不断发展，"我思故我在"理性精神强调不能怀疑以思维为其属性的独立精神实体的存在，并论证以广延为其属性的独立物质实体的存在。对主体理性的过分强调，使主体与客体走向分离，主体主宰着客体，最终演变为人类中心主义。这种过分强调人类利益而忽视自然规律的思想，受到自然界的报复。20世纪，现代科学技术以信息技术为核心形成高科学技术群，其所需经费已不是某个组织或共同体所能承担的。所以，知识主体从科学共同体扩展到政府，政府为知识创新提供经费、人才等方面的支撑。科学技术发展所面对的客体多是经验世界。由于政府的加入，知识主体不仅创造知识，而且要将知识服务于社会发展，高科学技术成为解决生态、安全、环保等社会问题的重要手段，而这些问题的解决过程彰显自然、人与社会的和谐发展，主体与客体从分离开始走向和谐发展。

大数据时代，大数据科学的发展直接导致大数据技术在社会领域的广泛应用。由于个体、企业、自然界等每时每刻都在产生大数据，所以，知识主体不仅包括科学共同体和政府，而且包括企业和民众。可以说大数据时代全民都参与知识的发现和应用，因而都是知识主体，只不过不同群体所承担的角色不同而已。由于人类活动、企业、自然界等都在产生大数据，这些大数据成为知识的对象，这样，科学共同体、政府、民众、企业、自然界等产生的大数据构成知识客体。

从科学技术发展历程看，科学技术主体的范围在不断地扩展，知识逐步从象牙塔走向全民共享，科学技术的客体从关注自然扩展到关注人类社会发展，科学技术主体与知识客体的关系从低层次的和谐走向二元分离再到高层次的融合。科学技术作为知识的主要领域，其主体和客体的变革影响着知识论。古代知识论超越是在主体对客体尊重基础上形成的普遍性与确定性，而近代对自我与显现的超越彰显主体的中心性，现代对现象学的超越彰显主体对客体认识意识的显现，主体与客体走向新的和谐。当代主体间性、主客体间性成为知识论关注的新领域。

二、科学技术性质与知识性质的演进

性质指从客观角度认知事物的形式。知识性质指不同时期知识的本质。随着科学技术的发展，知识的本质也在不断超越。"古代科学知识的主要来源是日常生产和生活经验，是常识的积累和解释。古代西方科学向来是强调实体（如原子、分子、基本粒子、生物分子等）。而中国的自然观则以关系为基础，因而是以关于物理世界的更为有组织的观点为基础。"（林德宏，2004）古希腊学者最先关注自然万物的本原问题，形成水、火、土、数、原子等自然本原说。古代中国科学技术发展具有实用性和经验性特点，形成知行合一说。近代科学技术从哲学中分离出来，科学技术逐步向微观领域和宇观领域拓展。近代科学技术学科门类多，人类从关注万物的本质和来源转向关注自然物质存在的基本形式、结构和运行规律，大大提高了人类对自然界的认识水平。近代科学技术发展特别是物理学的发展，使追求精确性、定量性等成为衡量科学技术发展的重要标准。而社会科学多是定性的或概念的，这使社会科学的科学性受到质疑。现代科学技术以信息、生物、能源、材料、医药、航天等为核心，解决人类面临的健康、环保、安全等问题，不断提高人类的生存和生活水平。大数据时代，大数据技术通过对大数据的存储、分析、挖掘和可视化等发现知识并表征知识，通过数据化实现对自然界和人类社会的认知。大数据技术已被广泛应用于自然科学、社会科学、社会治理等领域。大数据技术的数据化，使社会科学也能通过大数据实现定量化，并出现了计算社会科学。

　　从科学技术发展的历程看，古代科学技术追求自然的本原，近代科学技术追求对自然界的认识，现代科学技术追求改善人类的生活空间，大数据技术追求提高人类对自然、社会等方面的治理能力。而科学技术发展的特质与同时期知识论的性质具有一致性。总体上看，古代科学技术研究的本质在探讨自然界的本原，当时知识论也是主要探讨知识的本体论等，即知识是什么。苏格拉底认为美德即知识；柏拉图认为知识是真信念加上解释。这个概念对知识论的研究具有划时代意义，知识的确证理论、真理观等都是围绕这个概念进行的。近代科学技术探讨对于自然界的认识问题，形成数、理、化、天、地、生等学科。而同时期近代知识论受近代科学技术发展的影响，也在探讨知识的认识问题，形成以培根推崇归纳法为代表的经验论、笛卡儿的理性论、康德的观念论等。现代科学技术主要探讨如何通过技术创新实现对宇观、宏观、渺观世界的认知，以改善人类的生存状况。二者具有一定的同一性。大数据技术成为知识发现新的途径，而当代知识论主要研究以数据驱动为手段的知识论的本质。可见，科学技术作为知识的主要方面，其在不同时期发展的特质影响着同期知识论的发展。

三、科学技术获得方法与知识获得方法的演进

"古人对自然界的认识是从最简单的外部现象开始的，建立在直观基础上，当直观材料不够用时，就用猜测来弥补"（林德宏，2004），并通过经验的总结或者思辨形成对自然界的认知。"近代科学的主要任务是搜集材料，重视研究对象的具体成分、数量和特性"（林德宏，2004），是经验范式与理论范式的结合体。如近代物理学、生物学、地理学等都是在对个体观察和实验基础上进行归纳形成知识。现代信息技术的发展，使"计算范式以模拟复杂的经验世界为依据并进行计算形成知识"（苏玉娟 等，2017）。当代大数据技术的发展使数据范式被广泛应用于自然科学、社会科学和社会治理领域，社会科学研究走向数据化，它更像自然科学一样进行定量研究，其科学地位得到大大提高。科学技术发展的不同阶段，产生不同的知识获得研究方法。

知识获取方法作为知识论的重要内容，受同期科学技术获取方法的影响。科学技术形成的四种范式也是知识获取的四种典型方法，这四种方法成为知识论不同时期研究的重要内容之一。古代知识论重视建立在经验基础上通过归纳法获得知识；近代随着理性思维的不断发展，先验论、理性论等演绎方法成为知识论关注的重要方面；伴随现代科学技术发展起来的模拟方法，使知识论开始关注观察渗透理论、模拟方法等。大数据时代，数据驱动被广泛应用于科学技术发现，同时也成为社会治理的重要手段，也越来越受到知识论的关注。可见，科学技术获得方法从科学技术领域向社会科学、社会领域不断拓展，促进社会科学的发展和社会治理能力的提升。

四、科学技术证实理论与知识证实理论的演进

知识证实是引导我们走向真理的手段。从科学技术史来看，科学技术能够被证实为真的信念，存在"观念替换观、理论更替观、观念变革观、思维转换观和社会变革观"等确证方法，这些方法多是坚持真理符合论，即科学技术能够客观地反映外在经验世界。库恩认为科学技术革命引起范式的更替，一般的科学技术发展引起范式不同程度的变革。对于科学革命发生的确证，科恩有独到见解，"他以历史证据为依据，提出了重大科学革命发生的 4 个阶段和 4 个判据学说，我们称之为'科恩解释'"（苏玉娟 等，2009）。科恩把科学革命的发生分为四个阶段并概括为思想革命、信仰革命、论著中的革命、科学革命，四个判据分别为目击者的证明、对

发生过革命的那个学科以后的一些文献的考察、有相当水平的历史学家、当今这个领域从事研究的科学家的总的看法。"科恩解释"彰显科学技术证实视角的多元性,即包括思想、信仰、论著、科学等方面的革命;证实的主体不仅包括不同时期的科学家,还包括历史学家等。科学技术作为人类对外在经验世界的认识,该知识必须能够反映外在世界存在和运行的规律。随着人类认识水平的不断提高,这些知识也在不断地被淘汰和被更新。所以,科学技术在不断地接近真理,走向真理,呈动态螺旋式上升趋势。

"一部漫长的科学史告诉我们,科学知识体系既具有内在的基本和谐一致的关系,同时也能够比较充分地反映外在的经验世界。"(苏玉娟 等,2017)科学技术无论引起的是观念、思维、理论的变革还是社会的变革,首先要证实知识体系是和谐一致的,即不存在逻辑矛盾,同时要反映外在世界,与外在世界联结在一起,并且存在一些无需证明的公理,这些公理可以直接应用于理论的推理,即科学技术证实存在无需证明的基础、理论内部是和谐的、能够反映外在世界等三个核心要素。而科学技术这种证实理论影响着知识的确证理论。从知识论看,经验知识的确证主要包括基础主义、联贯论和外在主义。基础主义认为一些基本信念并不依赖其他经验性信念的证实,它们是一切经验知识证实的终极性的源泉,即这些信念无需证明。联贯论强调信念与信念之间的联贯和一致,即坚持理论内部的和谐。而外在主义认为信念与事物之间具有外在的因果关系,即理论是对外在世界的反映。我们可以发现,知识论确证的三种基本理论分别对应科学技术证实的三个因素,即基础的公理、联贯的理论与外在的一致。只不过科学技术证实的三个因素被知识论肢解为三种证实理论。目前这三种基本的证实理论还仅停留在概念的研究,还没有从观念、思维、理论、社会等方面研究知识如何体现基础主义、联贯主义和外在主义。

五、科学技术功能与知识功能的演进

科学技术发展不仅是一部人类思想史,更是一部自然和社会改造史。知识的价值源于认知主体的偏好及知识对人类生活繁荣的增进作用。科学技术的功能主要体现在理论层面和实践层面。科学技术形成的理论体系体现人类对自然界在理论层面的认知。古代科学技术发展来源于思辨与经验。我国古代科学技术发展多重视经验和实用,产生了四大发明,数学、天文学、医学和农学等学科得到长足的发展,它们多是通过观察和实验获得的。而同时期西方科学技术的理论性和系统性更强些,虽然有些不同,但是它们的共同点在于引领人类进入农业文明时代。近代科学技术的发展,不仅

产生了分门别类的数、理、化、天、地、生等学科体系，更是在实践层面产生了第一次和第二次产业革命，引领人类进入工业文明时代。现代科学技术的发展，特别是高科学技术的发展，不仅产生了信息技术、生物技术、环保技术等高技术群，而且产生了知识经济形态，并引领人类进入信息文明时代。大数据技术作为人类新的知识体系，不仅成为科学技术发展的重要工具，而且成为促进社会科学发展和社会治理能力提升的重要工具，可以说通过数据驱动发现的知识正在引领一场治理革命。总之，从科学技术发展历程看，科学技术功能体现在促进人类认知能力的提升、知识体系的丰富、人类文明的进步、社会结构的变革和治理能力的提高等方面。

从知识论演进历程看，它经过了古代本体论、近代认识论和现代实践论，知识论从追求知识是什么向如何认识和确证知识再向知识的实践转变。科学技术功能的演进与知识论研究的演进具有一定的同一性。首先，古代科学技术与古代知识论有一个共同点，那就是都在追问本原问题，提高人类的认知能力；近代科学技术的分化面临一个很现实的哲学问题，即各门科学和技术如何能被证明是对客观世界的真实反映，"我们的知识如何可能"成为当时哲学家们普遍关心的最重要的哲学问题，而对这一问题的回答形成以经验论、理性论和观念论为代表的近代认识论。现代科学技术发展从分离走向新的综合，即高科学技术群的形成，高科学技术之间具有内在的关联性。利用这些高科学技术解决人类面临的健康、安全、环保等现实问题。高科学技术发展关注人类自身，强调人类意识的主体性。科学技术的功能影响着现代知识论。"现代哲学的核心主题是自我主体和意识问题，自我主体成为知识建构的基础和原点。"（高秉江，2012）现象学成为现代知识论研究的主要方向。面向事实本身是现象学的基本原则，"强调把哲学的起点放置于意识的直接呈现，但不是经验的直观呈现"（高秉江，2012）。无论事实是什么，只有通过对意识的描述才能将它展示出来。可见，现代科学技术与现代知识论都是凸显人的意识的重要性，并强调对知识实践的研究。大数据知识正在引领一场治理革命，进一步促进当代知识论向实践论转向。

六、科学技术与知识论演进的特征

通过以上分析，我认为，科学技术的发现与应用影响着同时期知识论的发展，彰显二者内在的关联性。但是，二者具有相对独立性，在研究对象、研究方法等方面存在较大差异。

科学技术与知识论具有多元关联性。通过以上分析可以看出，科学技术的主客体、科学技术的性质、科学技术的获得方法、科学技术的证实理论、科学技术的功能等都在影响着知识论的超越历程。它们之间的关联性彰显科学技术从隶属于哲学向独立于哲学并引领哲学发展的趋向，科学技术主体的多元性客观要求知识论研究者应具有科学技术、科学技术获得方法、科学技术功能等方面的知识。大数据时代，大数据知识作为知识论研究新的课题，客观上要求哲学工作者理解和认识大数据技术的基本原理，这样，才能更深刻地研究大数据知识的定义、确证、伦理和应用等方面的问题。

科学技术与知识论具有内在逻辑性。科学技术与知识论这种多元关联关系是否具有内在逻辑性？科学技术主要在于认识具体的外在世界，"研究认识主体到底是通过什么样的具体途径获得关于外在事物的知识的"（苏玉娟 等，2017）。而知识论以科学技术、伦理、艺术等知识为基础，关注知识的知识，即知识的性质，满足什么条件人们才能够获取关于外在世界的知识。可以说，知识论作为哲学的分支，是高层次的科学，对具体科学技术知识的发现与应用具有指导作用，而具体的科学技术为知识论提供基础和源泉。没有科学技术，知识论将是空洞的。没有知识论，科学技术将是盲目的。可见，二者之间的内在逻辑性体现在科学技术为知识论提供基础，知识论对科学技术具有指导作用。

科学技术与知识论具有相对独立性。虽然科学技术与知识论具有内在逻辑性，但是二者还具有相对独立性。科学技术关注外在事物所面临的具体问题，而知识论关注知识所彰显的普遍问题。由于二者研究的问题不同，形成两个相对独立的研究范式。科学技术所形成的是关于对外在事实认识的观念、思维、理论和实践应用等，而客体、主体、自我意识、信念、知觉、理性、精神、确证、真等问题是知识论关注的主题。二者研究的主体也不同。科学技术的主体是科学共同体，而知识论主体是哲学家及哲学工作者。

科学技术与知识论具有历时演进性与共时并存性。从历时性看，科学技术与知识论分别在不同领域根据自己学科的特质演进着，二者有时存在交叉，有时存在冲突。从共时性看，二者又是同时并存的。虽然知识论没有像科学技术那样取得辉煌的成就，但是，一直与科学技术相伴而存在。知识论所关注的确证理论及其真理观受科学技术确证理论的影响。知识论虽然研究知识的知识，但是它所关注的知识更多的是科学技术。大数据时代，大数据知识作为知识新的表征形态，大数据知识究竟能为知识论的演进提供哪些资源，将是我们当代知识论所应研究的重要课题。

科学技术、知识论与其他知识具有融合性。科学技术与知识论受其他知识的影响。科学技术离不开其他知识。古代科学技术还没有从哲学中分离出来，科学技术与伦理、宗教等紧密联系在一起。近代各学科的独立，使科学技术与哲学、社会科学分属不同的领域，哲学成为科学的"奴婢"。现代科学技术不仅融合了高科技，而且融合了相应的社会科学。例如，环境科学不仅包括环境科学和技术，而且包括环境社会学、环境管理学和环境伦理学等。目前，大数据知识使人类社会走向数据化，"大数据再次突破了自然科学和社会科学的研究界限，实现了数据的可通约性，通过数据沟通了不同学科的资源共享"（刘红 等，2013）。 这为大数据知识与自然科学、社会科学和人文科学的融合创造了外在条件。同时，大数据知识所面临的真与效的伦理问题，离不开伦理学所追求的德与善等价值目标的指引。另外，知识论离不开其他知识。所以，随着科学技术的发展，科学技术、知识论与其他知识走向更高阶段的融合。

总之，科学技术总是在不断前进，科学技术的过去可歌可泣，科学技术的未来更加诱人。我们对科学技术与知识论之间关系的分析和挖掘，有助于彰显作为知识论基础的科学技术与知识论的关系、科学技术和知识论与其他知识的关系，并对当代大数据知识的研究具有重要的指导作用，对丰富当代知识论体系具有重要的借鉴价值。在此意义上，加强知识论的研究已成为我国哲学界刻不容缓的任务。通过研究我们发现对知识论研究的主体在不断拓展，知识发展方式也在不断变革。大数据知识论作为当代知识发展的重要形态，研究知识论主体包括大数据研发人员、图书情报人员、知识管理者、社会及企业、哲学工作者等，那么，从哲学视角看，大数据知识论究竟研究哪些论题，使其与其他学科的研究区别开来，这是很重要的理论问题和实践问题。

第三节　大数据知识论的研究主题

大数据知识论作为当代知识发展的一种新形态，是大数据技术发展的结果。目前，对大数据知识的研究学科包括大数据科学与技术、图书情报、管理学、经济学和哲学等，研究群体包括科学技术人员、图书情报研究人员、管理学专家、从事哲学研究的学者等，每个学科和群体都是从自身专业出发，研究大数据知识。那么，从哲学层面看，大数据知识论究竟应该研究哪些论题，即要将哲学层面的大数据知识论与管理学、经济学等层面的大数据知识论区别开来，这是必须回答的理论问题。大数据作为当代知识新的来源，直接催生了大数据知识论的产生。从哲学层面研究大数据知识，不仅彰显当代知识发展方式的不断变革，而且凸显科学技术特别是大数据技术对当代知识的决定作用。

大数据知识作为大数据时代知识新的形态，其发展直接来源于社会实践的需要。那么从哲学层面看，大数据知识论应该研究哪些问题？我们究竟应该如何研究大数据知识论？我们研究大数据的基底究竟是什么呢？这是大数据知识论必须回答的问题。

一、大数据知识发现和实践的共性

哲学作为研究自然、社会和思维规律性、普遍性的知识和方法，追求事物发展的普遍规律。按照传统知识论关于知识的形而上层面和形而下层面的二分法，大数据知识论就应该研究关于大数据知识的本体论、认识论层面，对于大数据知识的实践应用就应该是管理学、情报学等学科关注的领域。目前，哲学、管理学、图书情报学等都在研究大数据知识，只是不同学科侧重点不同。从哲学层面看，对大数据知识本体论、认识论进行研究，这是无可厚非的。对于大数据知识的实践问题，哲学层面是否需要研究？显然是需要研究的，原因在于大数据知识的实践问题与本体论、认识论和方法论等紧密联系在一起，大数据知识的实践问题存在与其他方面的必然联系。原因在于：人为分割大数据知识发现与实践不符合客观现实。大数据知识本身来源于实践需要，大数据知识发展过程是大数据知识发现与实践的统一体，如果我们认为对大数据知识本体论、认识论的研究属于哲学层面，而实践研究不属于哲学层面，这样，人为地将大数据知识研究分割开来，这不符合大数据知识发展的客观现实。因此，我们需要从本体论、认识论、确证论、真理论、方法论、实践论等方面系统研究大数据知识共性基础上的哲学问题。

二、大数据知识的后现代特质

后现代知识彰显实用性和地方性特质。由于受大数据范围的局限，大数据知识的地方性特点较为突出，而不像现代知识追求知识的普遍性、客观性，那么，我们应该怎样理解大数据知识的这种地方性特点？是否也追求普遍性？这种地方性知识是不是将大数据知识引向相对主义？这些都是需要研究的。大数据作为对经验世界和网络世界的镜像反映，由此产生的大数据知识作为对客观世界的反映，与客观实在是一致的吗？这需要进一步确证。大数据知识作为语言表征的结果与实在是一致的吗？这都需要在哲学层面进行研究。大数据知识直接来源于社会需要，目前已被广泛应用于公共治理、社会治理、政府治理等领域，因而大数据知识论应研究大数据知识的地方性与实用性特质。

三、大数据知识与人类未来

从人类与大数据知识意义关系的角度来看，大数据知识究竟对人类有什么意义呢？从世界范围来看，古代知识论追求知识的真与善，近现代知识论追求知识的真与效，即在真基础上研究其经济价值、社会价值等，知识成为一种经济形态。大数据时代，大数据来源于企业、民众、社会等多主体，大数据知识产生与应用过程是多主体协同的过程，基于大数据的大数据知识可被广泛应用于科学研究、企业治理、社会治理、公共治理。所以，从人类与大数据知识的意义关系看，大数据知识的应用彰显为人类治理能力的提升。

这样，大数据知识论不仅有研究的必要，而且应彰显大数据知识客观运动过程；不仅应研究大数据及大数据存储、分析、挖掘、可视化转化成大数据知识等涉及的哲学问题，还应该研究大数据知识确证、实践等层面的哲学问题，也就是说大数据知识本身是发现与实践等的统一过程。哲学层面的大数据知识论应研究大数据知识发现、实践等过程的普遍性、规律性的哲学问题，包括对大数据知识本体论、认识论、方法论、实践论、价值论等方面的哲学研究，这更符合大数据知识目前发展的现实，而不是仅局限于本体论、认识论层面的哲学研究。

总之，大数据时代，大数据知识发现和实践彰显知识实现新的特征。大数据知识在主客体、性质、方法、证实理论、功能等方面促进了当代知识论的变革。对大数据知识基本特征、实现机理、实现方法、确证、实践应用和真理观的研究有助于推进当代知识论的发展，也体现了大数据技术的工具理性对知识论的重大贡献。对大数据知识论的当代意义研究有助于把握其历史地位和哲学意义。正是基于以上原因，我们需要对大数据知识论进行系统研究，加强大数据知识论研究已成为我国哲学界刻不容缓的任务。

第四节 相关文献综述

目前，从大数据知识的研究主体看，包括不同学科不同专业不同需要的共同体。科学领域共同体主要研究大数据科学与技术的创新问题。图书情报领域共同体主要侧重研究大数据知识平台的构建与应用。公共行政、法学、经济学等领域共同体主要侧重大数据知识的应用问题。哲学领域共同体主要研究大数据或大数据技术的本体、认识、方法、价值等哲学问题，而对大数据知识的哲学研究相对较少。本成果从知识论视角研究大数据知识的基本特征、实现机理、确证、实现方法、实践价值等。目前，国内外大数据知识论研究动态表现在以下几个方面。

一、国内大数据知识论研究动态

大数据知识作为当代知识新的形态，其性质、实现条件、实现方法、确证和实践等方面需要深入研究。

（一）大数据知识的本体论研究

大数据知识的本体是客观事件还是大数据，专家的看法略有差别。

刘红等（2013）梳理了古希腊时期毕达哥拉斯学派以及中国《老子》和阴阳学派"万物源于数"的本体论思想，认为大数据作为本体是对"万物源于数"本体思想的回归，大数据本体的焦点在于相关性和因果性，并涉及众多学科。

苗东升（2014）认为人类文明产生的一个重要标志就是数据的获取、处理和应用，并催生相应的技术和科学。简单性科学内含本体的观点，强调因果关系的客观性。大数据内含的本体奉行辩证的因果观，因与果对立统一，相互关联、相互渗透、相互贯通，并在一定条件下相互转化。

段伟文（2015）认为大数据知识发现的对象主要是各种数据来源累积与动态生成的大数据集，它是介于真实世界现象与大数据知识发现之间的媒介，大数据知识发现具有"身体层""心智层"，"现象—表征—样貌—知识"构成大数据知识发现的路线图，并认为对数据的诠释是一种跨学科、与意义相关、考虑文本历史语境的能动的实践过程。

董春雨等（2017）认为大数据知识是一种个性化知识，具有具体性、个体性、强有效性、实用性和不确定性等特征，大数据促进了地方性或局部知识的发现，等等。

从研究动态看，专家主要从两个方面对大数据知识的本体进行了研究。一方面研究了大数据本体回归"万物源于数"，并奉行辩证的因果观；另一方面研究大数据知识本体是大数据集，其是介于真实世界现象与大数据知识发现之间的媒介，具有个性化知识特征。目前存在的不足是对大数据知识本体的全样本性、伦理问题等研究较少；对大数据知识与小数据知识的差异性研究较少；大数据知识也追求普遍性，否则会走向相对主义，这些研究还需要进一步深入。

（二）大数据知识的认识论研究

如何通过大数据发现知识是一个认识论问题。

吕乃基（2014）认为大数据知识的认识对象是大数据，其具有客观性；认识主体包括政府、公司和个人，其具有社会性；认识过程是求真求效与知行合一；认识结果不仅具有客观性而且具有实践功能。

苗东升（2014）认为大数据知识的发现是从对象信息-数字化信息-去数字化信息-成体系知识-智慧的过程，并对传统的知识发现模式进行了修正。

黄欣荣（2014）认为大数据对科学认识论的发展是从因果性到相关性，从数据挖掘到科学知识的发现，并对这种新发展进行了评述。

方环非（2015）认为大数据技术应用不仅出现了数据驱动的第四研究范式，而且其目标从发现知识向发现"智慧"转换，在此认识过程中涉及数据处理与应用伦理，而数据驱动范式正是大数据知识发现的关键所在。

田海平（2016）认为大数据内含的认知旨趣有从"知识域"向"道德域"拓展，从"是"向"应该"上升，从"事实"到"价值"上升的可能趋向。

从研究动态看，专家主要研究了大数据知识认识主体与认识客体的特征，认识目的是追求真与效、知与行的统一，认识领域从"知识域"向"道德域"拓展，并对认识发现模式进行积极的探讨。目前，对大数据知识的实现条件、实现机理、确证和真理观研究较少。

（三）大数据知识的方法论研究

如何发现大数据中包含的知识是个方法论问题。

齐磊磊（2015）认为大数据经验主义所倡导的基本定律不存在、不需要理论、相关性替代了因果性、世界万物是混乱的等认识存在一定的缺陷。

吴信东等（2016）研究了大数据知识的发现和挖掘面临的碎片化、知识的非线性融合、知识图谱的动态更新、知识重组、约化表示和个性建模等技术挑战并提出应对措施。还有很多从事计算机或知识管理的专家，多从具体的技术方法层面进行研究。

于瀚（2016）认为大数据对科学方法论的变革体现为大数据独有的"完全归纳"方法、"数据模型"方法、"容错混杂"方法。

余志为（2016）认为可以从中国传统智慧中发掘可利用的经验和方法，

并预见大数据未来发展可能出现的机遇、问题以及对策。

董春雨、薛永红（2017）认为数据密集型并不是知识发现新的范式，最多是一种模式，而大数据方法构成一种新的范式，并对库恩范式理论的意义进行系统研究。

石英（2017）认为大数据方法促进质性研究和量化研究走向新的融合，知识发现是大数据方法与人类认知、质性方法相融合的过程，是复杂性科学基础上知识的整体性发现。

从研究动态看，专家主要研究了大数据驱动方法成为知识发现的新范式。知识发现是大数据方法与质性研究、人类认知的融合。从目前研究看，主要立足于大数据知识发现的方法，对大数据知识确证方法和实践方法研究较少。

（四）大数据知识的伦理研究

大数据知识对人类的传统伦理观念提出挑战，形成大数据知识的伦理问题。

邱仁宗等（2014）认为大数据技术创新、研发和应用中存在数字身份、隐私、可及、安全、数字鸿沟等伦理问题，要求制定评价大数据方面所采取的伦理原则。

段伟文和纪长霖（2014）认为网络和大数据时代个体的隐私权走向信息隐私权，信息隐私的保护建立在对个人数据的规制之上，个人许可与数据使用者的责任担当日益受到重视，它们是提升消费者对信息服务信心必不可少的前提。

岳瑨（2016）认为大数据技术具有公共善、共享、知行合一等道德意义，同时也存在数据失信、隐私等伦理问题需要应对。

陈仕伟（2016）认为大数据利益相关者存在利益矛盾，有必要进行伦理治理。王绍源、任晓明（2017）研究了大数据技术的隐私伦理问题，认为大数据设计者、生产者和用户应该更好地识别和更清晰地反思大数据的伦理价值，等等。

从研究动态看，专家研究集中于两个方面，一方面研究大数据技术的伦理问题，另一方面研究大数据本身的伦理问题。伦理问题涉及价值判断，对于大数据知识来讲，其伦理问题不仅包括大数据、大数据技术的伦理问题，还包括大数据知识对传统知识论所追求的客观性、普遍性、真理性等挑战带来的伦理问题，这些需要进一步研究。

（五）大数据知识的实践论研究

大数据知识被广泛应用于政府治理、社会治理和企业治理中，彰显其多元价值。

王东（2015）研究了大数据知识在公共治理领域的应用。还有一些专家研究了大数据在社会治理、政府治理领域的应用，等等，这方面研究还是比较多的。

从研究动态看，很多研究主要从价值、作用等方面研究了大数据知识对实践的变革作用。对大数据知识在实践中的治理变革、具体价值研究较少。

二、国外大数据知识论研究动态

国外对大数据知识论研究主要体现为以下四个方面：

（一）大数据知识的认识论研究

大数据知识论对传统的认识论具有挑战性。

弗洛里迪（Floridi，2012）认为大数据最主要的认识问题是发现大数据中隐含的小模式，并利用他们创造财富和促进知识增长。这种小模式也可能是有风险的，因为他们超越了可预测的、也是可以预见的关于自然和人类行为的极限。我们不仅要发现小模式，关键还要筛选有价值的小模式。

斯旺（Swan，2015）认为大数据认识论关注大数据如何帮助我们知道新事物，这些发现如何才是真的，知识如何被确证的，即定义、意义、概念、知识可能性、知识确证标准和实践。大数据存在量大、无形、笨拙、潜在的无知，以及从表征的真实性到庸俗的个性化，使大数据引起批判和警告；随着大数据服务水平的提高，人机交互的关键将不是技术问题，而是认知问题，人与机器将走向更好的协作与共存。

基钦（Kitchin，2014）认为数据驱动对科学、社会科学和人文学科的认识论提出挑战。在知识生产方面，大数据提出了跨多个学科新研究范式的可能性。大数据将增强可用的数据集，用于分析和启用新的方法和技术，但不会完全取代传统的小数据研究。数据驱动成为新的经验主义，数字人文科学和计算社会科学的发展以完全不同的方式来理解文化、历史、经济和社会，并认为一种潜在的富有成效的方法将是发展一种依赖情境、自反式的认识论。

从研究动态看，一方面，研究了大数据知识如何被发现的问题，即发现大数据中隐含的小模式并应用小模式，对大数据知识的发现需要运用现象学和人机交互机制；另一方面，研究了大数据知识认识论的特征即依赖语境、自反式的认识论。但对大数据知识的确证、真理等问题研究较少。

（二）大数据知识的方法论研究

大数据知识的发现、确证和实践方法是大数据知识论的重要研究领域。

图灵奖得主、美国计算机专家吉姆·格雷（Grey）的第四科学范式。在他看来，科学研究具有经验、理论、计算机模拟和数据密集型科学发现四种范式。数据密集型范式是以数据库为中心的科学计算，成为知识发现新的工具（董春雨　等，2017）。

鲍尔（Bauer，2015）认为大数据时代，经验数据和数字的增长实际上变得很重要，现代数据驱动知识发现的方法是程序+数据→知识。一些偏见认为数据驱动模式本质上是客观的。但是，心理、认知和文化的原因使解释存在偏见，这些偏见合并到数据驱动模式中，客观价值和预测价值几乎都不存在。所以，我们要通过预测学习方法来克服这些偏见，预测学习方法包括学习问题的设置、学习算法、预测数据分析模式等。

卡勒鲍特（Callebaut，2012）提出了大数据对本体论、认识论与方法论的挑战问题，并用科学透视主义回应大数据哲学的挑战。

从研究动态看，专家主要研究了大数据知识发现的数据密集型方法，并认为需要人类心理、认知、文化等方面支撑，特别是预测学习方法来发现大数据知识。但对大数据知识确证方法和实践方法并没有太多的探讨。

（三）大数据知识的伦理研究

大数据知识追求真、善与效，这就涉及伦理问题。科学技术与知识论的发展都离不开伦理研究。

美国学者戴维斯（Davis）和帕特森（Patterson）出版《大数据伦理学：平衡风险和创新》（*Ethics of Big Data: Balancing Risk and Innovation*，2012）一书，这是国际上第一部有关大数据伦理问题的学术专著。作者详细讨论了大数据技术带来的伦理挑战及应对措施，并认为所有企业都应具有自身适用的道德规范，分析数据中所涉及的身份、隐私、归属以及名誉，在技术创新与风险之间保持必要的张力。戴维斯和帕特森（2012）并依据大数据伦理原则，构建相应的伦理框架，制定一套术语和概念，说明以伦理为基础的大数据知识策略的有效性，等等。

从研究动态看，专家主要研究大数据带来的伦理问题及其应对。对大数据知识发现、确证和应用带来的伦理问题还需要进一步研究。

（四）大数据知识的实践论研究

大数据知识既来源于实践，又服务于实践。大数据知识的应用意味着提高效率、降低成本和降低风险。

迈尔-舍恩伯格（Mayer-Schonberger）和库克耶（Cukier）（2013）从本体、认识、方法、价值等诸多视角，比较全面地研究了大数据哲学的研究纲领，遗憾的是并没有系统地论述大数据知识论。他们认为大数据知识对公共卫生领域治理具有变革功能；还有学者研究了大数据知识在环保、交通等方面的应用，大数据对失业率的预测，并利用第谷大数据发现了开普勒三定律，等等。

从研究动态看，大数据已被广泛应用于政府治理、社会治理和企业治理中。目前，很多大数据处于存储阶段，还没有形成大数据知识，也缺乏对大数据知识应用案例的具体分析。

三、国内外大数据知识论研究动态述评

从国内外研究动态看，上述研究成果多是从某一方面研究了大数据知识实现的本体、认识、技术、伦理和实践等。从本体看，目前研究认为大数据作为大数据知识发现的本体既具有客观性，又介于客观世界与大数据知识之间，是大数据与客观世界相关联的现象学意义上的本体。从认识看，目前研究主要集中于大数据知识发现的模式和路径，大数据知识认识的特征。从方法论看，数据驱动成为大数据知识发现的主要方法。从伦理层面看，目前研究主要侧重大数据和大数据技术的研究，而对大数据知识的伦理问题研究较少。从实践看，对大数据在政府治理、社会治理和企业治理等方面的作用研究较多，对大数据知识的治理变革、具体价值研究较少。

本成果研究的重要意义如下。其一，深入研究大数据知识的基本特征，从本体上凸显大数据知识的特殊性与超越性。本成果通过大数据知识与小数据知识比较，大数据知识发现的数据驱动范式与经验范式、理论范式、计算范式的不同，彰显大数据知识的基本特征。其二，深入研究大数据知识的实现机理、确证和真理观，从认知上彰显大数据知识实现的多条件性、实现机理和确证的复杂性。本成果系统梳理大数据知识的实现、实现机理和确证的性质、标准、条件及真理，有助于彰显大数据知识的求真、至善与求效的统一性。其三，深入研究大数据知识的实现方法，从方法上挖掘大数据知识表征的范式特征。本成果立足对大数据知识发现方法、确证方

法和实践方法的研究，彰显大数据知识实现方法的创新性。其四，深入研究大数据知识的社会应用，从实践上彰显大数据知识的实践价值。本成果从宏观视角，研究大数据知识如何通过引领治理变革彰显其多元的经济价值、政治价值、社会价值、生态价值等。其五，大数据知识论研究有助于促进当代知识论的发展。大数据知识目前已被广泛应用于自然科学、社会科学等领域，大数据知识论研究有助于促进自然科学、社会科学等领域大数据知识的发展与应用，有助于理清当代知识论发展的脉络和趋向。

第五节　研究思路与方法

本成果从知识论视角对大数据知识论进行研究，研究思路和研究方法也是遵从知识论研究的思维和方法。

一、研究思路

本成果在前人研究基础上，立足知识论视角研究大数据知识的本体论、认识论、确证论、真理论、方法论、实践论和当代意义。具体思路是：首先，在研究大数据知识基本特征基础上，分析大数据知识的实现机理；其次，为判定大数据知识的真与效，研究大数据知识的确证、真理观和实现方法；再次，通过研究大数据知识在实践中的应用彰显其社会价值；最后，梳理大数据知识论对当代知识论的意义及其存在的缺陷。即：大数据知识的本体→大数据知识的实现机理→大数据知识的确证→大数据知识的真理问题→大数据知识的实现方法→大数据知识的实践应用→大数据知识的当代意义→大数据知识的反思与展望。

从本体看，大数据知识本体所具有的客观世界与大数据之间的相关性，既不是单纯的大数据，也不是传统的客观世界，而是对客观世界通过数据镜像表征出来的一种具有现象学的本体论特性。通过比较大数据知识与传统小数据知识的区别与联系，梳理大数据知识的概念与基本特征。

从认知看，通过归纳方法研究大数据知识的发现条件、确证条件和实践条件，在对这些客观条件分析的基础上研究大数据知识的实现机理、确证和真理观，彰显大数据知识特有的认知模式。

从方法看，通过对大数据知识如何被发现和应用的实证分析，提炼出大数据知识实现的大数据归纳方法、基于关联的因果分析方法、递归分析方法和语境分析方法。

从实践看，随着知识论从经验主义、理性主义走向实用主义，知识的价值越来越受到重视。特别是大数据时代，知识价值已从科学领域走向经济和社会领域。大数据知识的实践价值主要是促进政府、社会、企业治理领域的变革，通过治理变革彰显其经济价值、社会价值、生态价值等。

从发展意义看，大数据知识发现与应用关注人类未来，特别是大数据知识应用于人工智能，成为智能机器决策的主要依据。任何技术的发展都具有两面性，大数据知识也不例外，我们需要对大数据知识进行理性分析。

二、研究方法

该成果立足当代知识论研究方法，分析大数据知识的发现、确证、实践等问题，实现历史与逻辑、理论与实践分析的统一，尽量做到对大数据知识论研究的系统、客观、翔实。具体方法如下。

采用知识论分析方法，研究大数据知识的本体、认知、方法、实践、确证等理论问题和实践问题，彰显大数据知识的共性及对当代知识论的意义。

采用语境分析方法，语境分析大数据知识的相关要素，在此基础上研究要素之间的结构和功能。大数据知识论由大数据知识的本体、认识、方法、确证、实践、当代意义等要素构成，这些要素的有机整合构成大数据知识论研究的结构，这些结构决定着大数据知识论研究的功能和意义。

采用比较分析方法，通过比较分析大数据知识与传统小数据知识，大数据驱动范式与经验范式、理论范式和计算范式，彰显大数据知识的基本特征。

采用案例分析方法，通过对大数据知识在交通、医疗等领域应用的案例分析，归纳与论证大数据知识的实现条件、实现机理、实现方法和确证理论的合理性。

第六节　基　本　框　架

本成果采用知识论分析方法，主要围绕大数据知识的基本特征、实现机理、确证、真理论、实践论和当代意义等主题进行研究，总体框架包括导论和九个章节。

第一章导论。科学技术是知识论不断超越的重要因素，大数据技术成为当代知识论超越的重要因素，大数据知识论成为当代知识论研究的重要领域。首先，通过对我国目前知识论研究主题的分析，梳理哲学层面上知识论研究的论题。其次，通过梳理国内外学术研究动态，分析哲学层面上大数据知识在本体、认知、方法、实践等方面取得的研究成果及本成果研究的重要意义。最后，从研究视角、主要观点、研究方法等方面分析了本成果的创新性，并介绍了本成果的基本框架。

第二章大数据知识的特质。大数据时代，通过对大数据的存储、分析、挖掘等可以发现隐含在大数据中的知识。大数据知识是大数据被证实为真并具有善和效的命题或信念，大数据知识是真、善、效的统一。大数据知识是可知的，这是大数据知识论研究成立的前提条件。与小数据知识相比较，二者在数据来源、生产目的、可视化结果等方面存在差异。数据驱动范式与经验范式、理论范式、计算范式相比较，大数据知识具有多元使知识更加复杂，关联的网状大数据彰显知识的客观性，强语境所依赖的大数据彰显知识的相对性，大数据的实践应用彰显知识的社会规范性等基本特征。与传统知识相比较，大数据知识具有超越特质。

第三章大数据知识的实现机理。大数据技术的实现机理与其实现条件紧密相关。大数据知识的实现条件包括发现条件和实践条件。大数据知识是在历史、技术、伦理、认知、语言、实践和社会等语境相互关联中实现的，不同语境的内在关联构成大数据知识的实现结构。每个语境包含不同的要素，并承担着不同的功能。大数据知识的实现机理包括技术转换、认知发现、实践应用和支撑体系建设，技术转换从历史语境到技术语境，认知发现从技术语境到伦理语境、认知语境和语言语境，实践应用从语言语境到实践语境，支撑体系为大数据知识发现和应用提供社会保障。大数据知识实现机理对知识的本体、认识、方法和实践等具有重要意义。

第四章大数据知识的确证。对于大数据知识来讲，我们提出其确证的性质、标准、条件等。大数据知识的真、善、效的确证条件包括历史、技术、认知、伦理、语义学、社会等，还包括这些因素之间的融贯性，并分析其因果关系，是基础主义、融贯论、外在主义等确证条件的有机统一。我们应赋予历史、伦理、技术、认知、语言、实践等语境不同的权重，加权后形成确证的总阈值，阈值越大，大数据知识确证的程度越高；阈值越小，大数据知识确证的程度越低。

第五章大数据知识的真理问题。大数据知识作为对经验世界和网络世界运行规律的客观反映，发现真理是大数据知识的重要目标。通过提高大数据知识的确证程度，可以更接近真理。

第六章大数据知识的实现方法。大数据知识的实现方法包括大数据知识的发现方法、确证方法和实践方法，具体包括大数据归纳方法、基于关联的因果分析方法、递归分析方法、语境分析方法。大数据归纳方法通过对大数据的归纳与分析发现大数据中隐含的知识。基于关联的因果分析方法对大数据强相关性背后的原因进行挖掘，是大数据知识确证很重要的途径和方法。递归分析方法通过对历史、技术、伦理、认知和语言等语境的递归分析，确证大数据知识的真、善；通过对大数据知识在实践中展开过程的递归分析，彰显大数据知识的效。大数据知识的发现、应用、确证都是在相应语境中实现的，因而语境分析方法是大数据知识实现的重要方法。

第七章大数据知识的实践应用。大数据知识被广泛应用于政府治理、社会治理和企业治理中，大数据知识的真与效在实践中得到彰显。大数据知识对数据治理变革具有引领功能，大数据知识在政府治理、社会治理和企业治理中正在引领一场数据治理变革。

第八章大数据知识论的当代意义。大数据知识论彰显为本体、认识、方法、实践为一体的整体论。大数据知识论对当代科学哲学研究具有重大影响。大数据知识论彰显大数据知识的本体特征、实现机理、实现方法、确证与实践应用的内在统一性，拓展了唯物主义认识论的范畴。大数据采集、大数据知识应用、大数据知识价值的实现等离不开社会的支撑，大数据知识论丰富了社会建构论。大数据知识正在引领一场数据治理的变革，大数据知识促进了社会的数据化转型。

第九章大数据知识的反思与展望。大数据知识作为当代知识发展的新形态，具有异化问题和发展的局限性问题，并影响人类未来的发展。因此，对于大数据知识我们应辩证理性分析。

第十章大数据知识论的实证研究。主要从大数据知识应用于健康医疗和交通等领域的研究报告，分析大数据知识本论、认识、方法、实践等理论的科学性和合理性。

总之，作为当代知识论的前沿理论，大数据知识论研究从历时性上彰显知识论发展的创新性，从共时性上彰显大数据知识与小数据知识的共生共存性，同时也彰显知识论的生命力和时代性。大数据时代，对大数据知识论进行系统研究，不仅可以梳理其历史脉络，还可以彰显其当代价值。

第二章　大数据知识的特质

本体论探究世界的本原或基质的哲学理论，它指一切实在的最终本性。对于事物性质的把握我们可以研究其本原或基质是什么，也可以通过与相关主题的比较来凸显其普遍性质。知识作为人类智慧的结晶，一直伴随着人类的发展不断前行。大数据时代，大数据知识作为知识新的形态，发展了传统的知识观，其特质可以通过与传统小数据知识、知识的不同发现模式等多视角相比较凸显出来。

第一节　大数据知识的概念及其意义

大数据知识作为当代知识发展的重要形态，是当代知识论研究的重要领域。从哲学层面看，大数据知识论研究应彰显当代知识发展的特质。那么从哲学层面看，什么是大数据知识？大数据知识对传统知识的意义我们首先需要深入研究。

一、大数据知识的概念

大数据，又称巨量资料，指的是所涉及的数据资料量规模巨大到无法通过人脑甚至主流软件工具，通过存储、分析、挖掘和可视化，形成可为政府、高校、企业、民众等提供决策服务的知识。大数据相比较于小数据而言，其主要来源于图片、音像等结构性和非结构性数据，而传统小数据主要来源于结构性数据。大数据具有数据量大、数据种类多、实时性强、数据所蕴藏的价值大等特点。在各行各业均存在大数据，我们需要搜索、处理、分析、归纳、总结其深层次的规律，形成大数据知识，否则大数据只能是潜在的资源，不能被人类所利用。

传统数据来源于测量、记录和计算，测量侧重量数，记录侧重数据。数据与信息、知识之间具有一定的联系。数据是信息的载体，信息是有相应语境的数据，知识是经过人类归纳总结形成的有规律的信息，三者形成由数据到信息再到知识的正金字塔形态。镜像（mirroring）是冗余的一种类型，一个磁盘上的数据在另一个磁盘上存在一个完全相同的副本即为镜像。物理学中镜像反映就是图像沿中轴线似成镜像对称。这里的镜像指经验世界和网络世界发生的事情通过大数据表征出来，大数据就像一面镜子把经验世界和网络世界发生的事情重新照出来。

大数据知识的本体是基于经验世界和网络世界的大数据。大数据知识不同于传统知识之处在于：其不仅追求对客观实在的真实反映，而且还保护不同主体的数据安全，即对善的要求，原因在于大数据多是民众、企业、政府不同主体衣、食、行、医、社交、生产、治理等方面大数据的聚集，而这些方面有些涉及不同主体的隐私，特别是对不同主体产生的大数据进行采集、存储、分析、挖掘与应用，普遍意义上并没有征求不同主体的意见，因而大数据涉及的伦理问题，即对善的要求更重要；最后大数据知识还要能解决现实问题。目前大数据知识被广泛应用于政府、企业、社会治理中，成为提高不同主体治理效率的重要依据。因此，大数据知识是真、善、效的统一。

这样，大数据知识是基于大数据被证实为真并具有善和效的信念与实践价值。大数据知识有三个要素体系：一个是真、善、效；一个是信念与实践；一个是确证。它们之间的关系是大数据知识所追求的真、善、效，真是基础，善是条件，效是目的，但是，也会因具体需要而定，如对自然界大数据的分析，我们可能更多地追求真，善与效可能涉及很少，这需要根据知识实现的需要而定。实践是信念形成的基础，以经验世界和网络世界的大数据实践运行为基础，形成大数据知识（信念），大数据知识需要回到实践中检验，即其来源于实践，又用于指导实践。确证是联系知识与信念的桥梁，只有被确证为真并具有善与效的信念，才可能构成大数据知识，确证虽然具有真、善、效三个维度，但是这三个维度所处的地位是不一样的，对真的确证，即信念与事实的相符合，是必须的、基础性的确证，没有对真的确证无法谈论其为知识；对善与效的确证是必要的补充，也就是说这需要根据大数据知识具体涉及的问题而定，如对纯自然现象的认识，由于其不涉及具体的伦理问题和效的问题，因而我们对其确证主要是对其真的确证，对于社会领域大数据的分析，可能涉及真、善、效，具体问题具体分析。

大数据知识作为当代知识发现与应用的主要来源，不仅具有传统知识的特性，而且具有当代知识的特质。与传统知识相比较，二者既有相同点，具有真、信念和确证三个传统要素，同时又具有善、效、实践等新要素，构成新的三位一体的要素体系。大数据知识新要素彰显当代知识求真、向善、求效的特质，实践成为检验大数据知识价值的场所。哲学的主要任务是发现客观世界运行的普遍规律和实现方法。从哲学层面看，基于大数知识的知识论任务在于寻找大数据知识中存在的共同的本性,形成大数据知识论。

二、大数据知识概念对传统知识概念的发展

传统知识主要包括经验知识和理性知识,知识主要来源于经验和理性。大数据时代,经验世界和网络世界可以镜像为大数据,通过对大数据的存储、分析、挖掘和可视化,发现其中所包含的知识。可以说,大数据成为知识新的来源。

大数据知识的本体不仅包括客观世界,还包括主观世界。传统知识的客观性是由两个方面确定的,一个方面是认识对象的客观性;另一个方面则是知识在一定的社会实践过程中所产生的特定的社会效益的客观性。(布鲁尔,2001)大数据一方面将经验世界转化为大数据,成为知识新的来源。另一方面,人类主观世界也可以转化为大数据,成为主体的认识对象。如通过人工智能可以借助心理地图救助自杀者。这是借助大数据分析人的主观世界的典型案例。"走饭"是一个已经自杀身亡者的永远"停摆"的微博账号。中国科学院行为科学重点实验室利用人工智能技术对微博留言内容进行文本分析,建立了互联网心理危机监测预警中心,通过机器学习,可以识别潜在的自杀者。

大数据知识借助大数据技术去解蔽或去蔽,以发现知识。实验、计算等可以说是一种技术的应用,通过技术解蔽或去蔽已成为目前知识发现的重要特征。大数据时代,大数据本身是对客观世界和主体世界的镜像反映,客观世界和主观世界通过网络、传感器形成大数据资源,我们通过大数据技术解蔽或者去蔽,以发现大数据中包含的知识。

大数据知识通过社会建构实现。布鲁尔(2001)坚持认为:"一切知识都是相对的、由社会建构和决定的、随着社会情境的不同而有所不同的东西。"传统的经验知识要么来源于不同主体的经验,要么来源于实验。在实验科学没有产生之前,人类被动地认识客观世界,而客观世界是现实存在的,不是社会建构出来的。大数据时代,无论大数据来源于传感器还是网络,这些大数据平台都需要人类主动地去建构,需要哪些大数据不需要哪些大数据都是由社会建构决定的。这是大数据不同于传统经验知识的一个显著特点。

三、大数据技术促进当代知识发展方式的变革

大数据时代,大数据技术成为知识发现新的工具,使数据驱动成为人

类发现知识新的范式。大数据来源于经验世界和网络世界。大数据技术通过采集、存储、分析、挖掘和可视化经验世界和网络世界的大数据，发现大数据中隐含的知识。大数据技术在发现和应用大数据知识的过程中，凸显知识论发展的新趋向，对当代知识论研究具有重要的理论和实践意义。

（一）大数据技术促进知识主客观关系的变革

大数据技术被广泛应用于科学领域和社会领域。由于个体、企业、自然界等每时每刻都在产生大数据。这样，科学共同体、政府、民众、企业等产生的大数据构成大数据知识客体。科学共同体、政府、企业和民众既是知识主体，其所产生的大数据又是知识客体，这种主客体双重角色，使知识主体与知识客体走向新的融合，我们可以通过研究主体间性、主客体间性等复杂关系，挖掘大数据所包含的知识。

传统的知识符合论假定主体与客体是分离的，客体是客观存在的，主体通过主观认知获得对事物的认识，这种知识彰显为命题与客观实在结构、规律等方面的相符合。而融贯论强调主体的能动性，认为知识就是命题在语言层面的逻辑一致，这种知识观最大的缺陷在于忽视客观事物，即命题与客观世界的关系被忽视。当然，融贯论多是适合对先验世界知识的发现，如数学、逻辑学、神学、宗教等。20世纪发展起来的实用知识论，主体与客观从分离走向新的融合，这种融合在实践基础上得以彰显。大数据技术使主体与客体在大数据基础上实现了更高层面的融合，这种融合使主体与客观的边界越来越模糊。因此，主体间性、主客体间性分析成为大数据知识论研究的重要视角。

（二）大数据技术促进知识性质的变革

大数据时代，大数据技术通过数据化实现对自然界和人类社会的认知。大数据技术已被广泛应用于自然科学、社会科学等领域。经验世界和网络世界的数据化，使社会科学也能通过大数据实现定量化，并出现了计算社会科学。大数据知识提高人类对自然、社会等方面的治理能力，这也是大数据知识的本质所在。而大数据知识论主要研究以数据驱动为手段的知识的本质和共性。也就是说，传统知识论更多追求知识是如何解释世界的，而大数据技术支撑下的大数据知识论更关注大数据知识是如何改造经验世界的。正因为如此，才出现"让数据发声""数据革命"等观念。

（三）大数据技术促进知识确证理论的变革

从知识论看，知识是否真需要确证。大数据时代，大数据知识是否为真、善和有效也需要确证。从大数据知识发现和应用历程看，经过历史、技术、伦理、认知、语言和实践等语境，不同语境承担着不同的角色。历史语境主要采集关于经验世界和网络世界的全样本数据；技术语境主要通过大数据技术对采集的大数据进行存储、分析、挖掘和可视化等，形成数据驱动的表征形式；伦理语境主要解决大数据的安全和伦理问题；认知语境主要发挥主体的能动性，实现人的理性分析与机器学习结果的融合，实现大数据从感性认知向理性认知转变；语言语境实现大数据在语言层面的表征，使知识从隐性知识向显性知识转变；实践语境不仅能够验证知识的真与善，而且能够彰显其效。所以，大数据知识的确证是一个很复杂的过程，是多语境相协同的结果。对大数据知识的确证需要验证其不同语境所承担的责任，彰显大数据知识的真、善、效。这种责任表征为历史语境是否全样本大数据，这种全样本是否与客观实在相符合；技术语境是否能够实现对大数据的技术支撑；伦理语境是否解决了大数据的安全问题，不侵犯个体、企业和国家隐私和秘密；认知语境是否能够达到对大数据知识的理性认知；语言语境能否实现语言表征的逻辑一致性；实践语境能否彰显大数据知识的真与效。

传统知识论对于知识的确证即对真的确证主要有符合论、融贯论和实用论，不同的确证都存在一定的缺陷。通过以上分析，我认为，大数据知识的确证是真、善、效的多维确证，同时是一种语境确证，体现了符合论、融贯论、实用论的辩证统一，也彰显了语境论知识观的包容性和客观有效性，是对传统知识确证理论的重大变革。

（四）大数据技术促进知识获得方法的变革

大数据时代，数据驱动被广泛应用于科学知识发现，同时也成为政府、企业、社会治理变革的重要手段，越来越受到知识论的关注。科学技术获得方法的影响力越来越高，成为知识论关注的重要方面。而传统知识获得方法多是依赖经验、实验、模拟等，大数据知识依靠数据驱动范式获得知识。大数据知识论研究数据驱动方法获得知识的合理性等问题。

（五）大数据技术促进知识实践功能的变革

大数据知识目前被广泛应用于医疗、交通、安全、环保等领域，大数据知识越来越成为产业升级和经济发展的助推器，成为企业的核心竞争力。

大数据知识正在引领一场治理变革,进一步促进当代知识论向实践的转向。一方面大数据知识使人类社会走向数据化。这为大数据技术服务于自然科学、社会科学和人文科学创造了技术条件。另一方面,大数据知识离不开其他知识。大数据知识的实现本身也是伦理选择的过程,即追求真、善、效的过程。

第二节　大数据知识的可知特质

知识作为人类认识客观世界的正确反映,需要两个前提条件,即世界是可知的,人类通过发挥主观能动性可以认知客观世界,形成正确认识。从人类认识进程看,可知论与不可知论、怀疑论、实在论、唯物论等紧密联系在一起。大数据知识作为当代知识发展的新形态,其首要的特质是其可知性。

一、知识与可知论

知识来源于人类认知,其前提首先是客观世界是可知的。对于可知论来讲,这种可知通过人类的积极认知可以形成正确认识。坚持可知论,就需要发挥主观能动性去认识客观世界,体现人类的能动性,而不是被动地反映客观世界。这种能动性还体现在人类不仅仅是描述客观现象,更重要的在于概括客观世界运行规律,即形成对客观世界的正确认识。这种可知与不可知之间存在辩证关系。一方面,客观世界是可知的,指总体的发展趋向是可知的。在某个阶段由于人类认识的局限性,客观世界对于人类还处于不可知状态,但是,总趋向是可知的,也就是说总体是可知的,从阶段看,由于认知的局限性可能还做不到完全可知。另一方面,人类对客观世界的认知与客观世界是否相符是由人类的认知水平决定的。随着人类认知水平的不断提升,人类对客观世界的认知从不认识到有一些认识再到更高层面的认识,不断地达到与客观世界的相符合,这符合人类认识发展的客观规律。"科学发展的历史也表明,知识是可能的,人们对事物的认识总是从不知到知,从知之甚少到知之甚多,从不确切的知到比较确切的知。"(胡军,2006)波普尔提出的逼真性真理观反映人类对客观世界的认识从不可知到一定程度的可知再到完全可知的演进历程,具有一定的合理性。一个理论的真实性内容的量越大,虚假性内容的量越小,它的逼真度就越高,这个理论就越进步。

人类对客观世界的认知建立在唯物论基础上。物质是第一位的,意识是第二位的，人类意识能够认识客观世界，认识的结果还需要回到实践中检验，"真正做到可知可践可行可成，在辩证的过程中去知去行去践"。（吉彦波，1997）唯心主义也认为世界是可知的，但是他们认为意识是第一位的，精神世界是可认知的，这种可知由于颠倒了物质与意识谁是第一性的，造成所认识的世界也是不一样的，因而是不可取的。从知识内涵来讲，其信念、真、确证三要素建立在人类认知形成的信念与客观世界相符合的理论基础上，因而是唯物论，当然，人类认知的主动性即人类意识能动地去认识客观世界也是很重要的。

知识的发现与怀疑论分不开。知识的发现离不开人类能动性的发挥，而人类对客观世界的认知离不开怀疑论。怀疑论者对知识论提出的种种质疑本身建立在知识确定性基础上。极端的怀疑论不相信知识的存在，走向相对主义。知识论研究首先认为知识是存在，极端的怀疑论态度在知识论研究者看来是不可取的。当然，怀疑论有一定的价值。首先，怀疑论认为知识是相对的，没有绝对被确证的知识，这符合人类认知发展的历程，即从对客观世界的无认知到一点认知再到高全面的认知，越来越接近真理。其次，怀疑论者认为人类的认识能力是有限的，人类很难说认识到了绝对真理，只是无限地接近真理。所以，知识的发现与应用过程离不开人类的怀疑精神，正是怀疑精神推动人类不断地弥补原有知识的不足，并不断发现新知识。

通过以上分析，我们可以得出，知识论的前提是世界是可知的，这种可知与不可知存在辩证关系；这种可知建立在唯物论基础上，与实践之间存在辩证关系；这种可知伴随着人类对知识持有的怀疑态度和怀疑精神，怀疑论与可知论共同推动知识不断向前发展。这样我们需要树立辩证的可知观，科学地从事认识活动和实践活动。所以，一个真正的可知论者既承认世界的物质性又承认世界是可知的，并且具有怀疑精神。

二、大数据知识与可知论

大数据知识主要通过大数据技术，对经验世界和网络世界运行规律进行挖掘、表征形成。大数据知识作为当代知识的新形态，不仅具有传统知识追求真的价值，而且追求善与效，是真、善、效的辩证统一。大数据知识的发现与应用需要两个前提条件，经验世界和网络世界是可知的，我们通过大数据技术可以认识经验世界和网络世界，并形成正确认识。

首先，客观世界和网络世界是可知的。客观世界作为人类主要认知对象，是可知的，前面已论述。网络是从某种相同类型的实际问题中抽象出来的模型。在计算机领域，网络是信息传输、接收、共享的虚拟平台，通过它把各个点、面、体的信息联系到一起，从而实现这些资源的共享。但是，网络只能模仿人的感受，不能取代人的感受。网上可以直接实现虚拟产品的交易，如文字、影音的购买、发送、传输、接收，丰富了人类的精神世界和物质世界，但不能在实体感受方面超越人，这是网络发展的局限性。可以说网络世界是人类发明、构建的虚拟世界，既然是人类构建的世界，就可以被人类所认知。原因在于网络世界所有的游戏、网络教育、网络金融、网络传播、网络购物等都是人类构建的结果。可以说，现实的客观世界和虚拟的网络世界都是可以认知的，只不过两个世界认知的方式不同，一个建立在物质基础上，另一个建立在虚拟物质基础上。

其次，大数据知识建立在唯物论基础上。大数据知识来源于对客观世界和网络世界大数据的存储、分析、挖掘等，形成大数据知识。一方面，我们对客观世界的认知建立在物质是第一性、意识是第二性的理论基础上，因而是唯物论者。大数据知识的来源不是直接对客观世界的直接认知，这是不同于传统知识的显著特点。大数据知识是对客观世界镜像的大数据进行分析，即客观世界的运行状况通过大数据展现出来，我们直接对大数据进行存储、分析、挖掘彰显客观世界运行规律。通过以上分析，我们知道客观世界是可知的，通过对客观世界运行状况进行大数据表征的结果也是可知的，传统的知识只不过对客观世界运行状况零散的小数据进行分析，大数据知识是对客观世界运行状况产生的大数据进行分析，大数据比传统小数据更能彰显客观世界的运行规律，所以，大数据知识对客观世界的认知建立在以客观世界为第一性的唯物论基础上。

另一方面，大数据知识产生的第二个来源是网络世界。网络世界是虚拟的现实世界，如网络购物、网络教育、网络金融等通过数据、文字、音频、语言等的传播实现与现实世界一样的功能，并且速度快、效率高、成本低。如网络金融，我们不需要去银行就可以实现转账，网络购物不需要去现场看商品，通过网上虚拟现实商品就可以购物了，节约了大量的时间、交通成本等。但是，网络世界不能代替现实世界，如我们需要现实的纸钞、现实商品等，都需要去银行办理或通过物流送达。所以，网络世界也是坚持物质是第一性的，只不过是虚拟物质，我们需要得到现实的物质世界，就需要将网络世界和现实世界结合起来。网络购物就是这样的，通过对每个人网络购物的喜好，可以预测消费者的消费习惯、消费心理和潜在消费方向等，消费者的购物信息通过物流信息可以再现，反映商品在现实中流通的基本轨迹和运行的时空表征。可见，对网络世界产生的大数据进行存储、分析、挖掘等也可以形成大数据知识，这些知识虽然以虚拟物质为第一性，但是要真正做到物质第一性，需要和现实世界联系在一起。

再次，人类对大数据知识的认知依靠大数据技术。从人类知识发展史看，人类对客观世界的认知从依靠主体思维、经验总结再到实验、计算和大数据驱动，可以说，技术在人类知识发展史中具有十分重要的地位。人类对大数据知识的认知离不开大数据技术。大数据技术主要对客观世界和网络世界中产生的结构性和非结构性大数据，进行存储、分析、挖掘和可视化等。依靠大数据技术，人类对客观世界和网络世界的认知转化为对大数据的分析、挖掘和可视化等。这样一来，大数据的全样本性、安全性、可靠性、真实性等非常重要，如果基于客观世界和网络世界的大数据存在虚假、非全样本性，基于此的大数据知识的真、善、效也就无法保障。所以，为了发现和应用好大数据知识，我们需要在技术、管理等方面不断完善大数据仓库，通过大数据技术存储、挖掘、分析大数据中包含的知识。正是依靠大数据技术，人类对客观世界和经验世界的认知从传统繁重的脑力劳动中解放出来，这是人类对客观世界和网络世界认知的重大技术进步。

总之，大数据知识的可知性建立在客观世界和网络世界可知的基础上，并且坚持物质是第一位的唯物论思想，依靠大数据技术实现对客观世界和网络世界的认知。

三、大数据知识可知的特质

大数据知识与传统知识根本不同在于其依靠大数据技术。从可知性看，大数据知识特质表征为以下几个方面。

人类对大数据知识的认知来源于社会需要。一方面，大数据时代，并不是我们对所有客观世界和网络世界的认知都需要借助大数据，有些客观世界的运行比较简单，并没有产生巨量的大数据，我们完全可以通过对其产生的结构性小数据进行分析形成知识。另一方面，即使客观世界和网络世界的运行产生大数据，我们也需要评估判断是否需要通过大数据技术来实现，如偏远地区的交通状况比较简单，不存在交通拥堵等社会问题，我们可能只需要通过传感器采集这些大数据就可以了，不需要也没有必要再进行挖掘，发现其中包含的知识。另外，借助大数据技术发现知识，需要技术、人才、资本等方面的支撑，其成本是比较高的。如果这些条件无法实现，也就无法依靠大数据技术实现对客观世界和经验世界的认知了。

人类对大数据知识的认知是社会建构的结果。客观世界和网络世界中产生的大数据非常之多，人类究竟探讨哪些方面的大数据是社会建构的结果。为了使沉睡的大数据转换为可以为人类服务的大数据知识，我们需要对相应的大数据进行存储、分析、挖掘等，而这些活动都是社会建构的结果。

人类对大数据知识的认知与实践具有内在的统一。大数据知识目前被广泛应用于公共治理、社会治理、企业治理等，治理变革彰显大数据知识真、善、效等价值。可以说，人类对大数据知识的探索既来源于社会实践的需要，又需要回到社会实践中进行检验，是知行践成的统一。

人类对大数据知识的认知是人类主观能动性和大数据技术工具性的辩证统一。大数据知识离不开大数据技术，否则就不是大数据知识，似乎技术是第一位的，人类的认知依附于技术。但是，我们不要忘了大数据技术本身是人类发明的结果，是人类主观能动性发挥的结果。收集哪些领域的大数据，怎样收集，收集边界的确定等，都是需要发挥人类的主观能动性。通过大数据技术可视化结果并不是知识，只是将大数据的相关性表征出来，这种潜在知识需要人类结合小数据、人类认知、实践等多方面因素通过语言表征将这种潜在知识表征为显性知识。所以，对于大数据知识的发现与应用是人类理性与技术完美结合的产物。

大数据知识的可知性是大数据动态性与大数据知识表征静态性的有机统一。大数据时刻产生着，我们对大数据的认知是对特定时空中大数据的存储、分析、挖掘，并通过语言将动态的大数据转换为静态的大数据知识。所以，大数据知识的可知性是一定时空中大数据动态性转化为静态性的过程。

第三节　大数据知识的数据特质*

数据作为人类认识事物的工具、基础和依据，包括数值、数字等结构性数据和图、表、文字等半结构性和非结构性数据。我们可以根据人类对数据存储、分析和挖掘能力的不同，将数据分为小数据与大数据。小数据主要指简单的结构性数据，数据量比较少。目前，对于大数据并没有准确的概念，主要指包括半结构性和非结构性数据在内的数据，数据量比较大，应该是太字节。从数据发展史看，小数据知识主要指处理实验、测量、观察、调查和计算等结构性数据基本上表征的知识，并且数据存储量低且处

* 部分内容发表于苏玉娟：《比较视域下大数据技术的社会功能探析》，《安徽行政学院学报》，2015 年 a 第 5 期。

理速度比较慢。传统知识的来源多是依靠小数据。大数据知识包括数据收集、存储、分析、挖掘、可视化等一系列技术基础上表征的知识。"大数据具有四个特征：巨量、多样、高速和真实。"（周世佳 等，2014）大数据知识彰显存储数据的巨大量、处理数据的多类型、处理速度的超快化，通过对数据存储、挖掘、可视化可以发现新的知识。大数据知识已被应用于金融、医疗、交通、互联网和通信等领域。小数据知识与大数据知识不是彼此分开的，而是互为补充。

一、数据来源：小数据存储与大数据存储

从存储功能看，小数据知识主要来源于存储观察、测量和记录的结构性数据，存储容量较低。大数据知识解决了积聚增长数据的存储问题，实现存储量的激增与存储成本的下降。

数据存储技术的变革为数据从结构性数据扩展到半结构性和非结构性数据提供了技术支撑。在计算机技术之前，人类存储观察和测量数据主要依靠传统的印刷术，计算机技术的发展使数据存储依靠软硬件的容量，存储能力多是低于 TB 级的，不同数据库之间缺乏共享，信息孤岛比较明显。进入数据化时代，各种数据每年以 50%的速度激增，每两年将会翻一番。大量的数据来源于网络数据、政府数据、企业数据、基于传感器的物质空间数据等。大数据知识采用了计算机服务器架构集群和分布式平台，大大提高了数据的计算能力和存储能力。计算机服务器架构集群的每个节点同时承担计算和存储的角色，分布式平台利用多台计算机来协同解决由单台计算机不能解决的问题，各主机之间通过高速的内部网络进行连接，对外提供硬件、软件、数据和服务共享。

数据存储成本不断下降，有助于大数据知识的推广应用。每一次科技革命在推动社会进步的同时，不仅具有技术优势，而且具有成本优势。蒸汽机革命和电力革命实现了生产的机械化和电气化，大大提高了生产的效率。"传统的数据处理架构包括服务器设备、存储设备以及必要的组网设备。"（丁圣勇 等，2013）数据的存储容量比较低，服务器价格比较高，维护成本也较高。大数据知识的发展符合摩尔定律。摩尔定律指同一个面积的集成电路上可容纳的晶体管数目一到两年将增加一倍，但是其成本不断下降。1993 年购买 1 兆字节的存储量只需 1 美元，2010 年这个价格下降到不足 1 美分。大数据知识通过使用廉价的计算机服务器构建集群，大大降低了存储的成本，使全世界数据存储越来越快、越来越方便和便宜。

二、生产目的：信息生产与知识生产

从挖掘功能看，小数据知识侧重信息生产，而大数据知识侧重知识生产。

数据挖掘技术的变革为数据从信息向知识转换提供了技术支撑。如 0 是个数据，0 被赋予水结冰的临界温度的意义，数据转换成信息。在信息基础上提炼形成知识，即水到 0 摄氏度临界值时会结冰。小数据时代，数据来源于对客体的观察、测量和记录，数据被赋予意义形成信息，实现了数据生产向信息生产的转换。由于每个数据库处于独立状态，每个数据库都是一个样本。从技术层面看，单个样本只是反映个体某个语境的实在性，无法实现对事物多语境、多层次和全样本的分析，进而不能形成反映事物客观规律的知识。如果要实现信息转换成知识，必须借助人的主观归纳、实证分析、理论概括和计算模拟等方法。

大数据时代，数据挖掘依靠与某事物相关的所有数据，而不是依靠少量的数据样本，这就要求必须能够实现不同数据库之间结构性、半结构性和非结构性数据的聚集、整合及多语境分析，数据仓库和联机分析解决了数据整合与多语境分析问题。"大数据时代的数据仓库与传统小数据时代的数据库最大差别在于前者以数据分析、决策支持为目的来组织存储数据，而数据库的主要目的则是为运营性系统保存、查询数据。"（涂子沛，2012）联机分析实现了对分立的数据库相联并进行多语境透视。数据挖掘技术通过关联分析、聚类分析、分类和预测等环节将所有数据转换为可以参与计算的变量，在技术层面上实现了对事物总体数据的挖掘。数据挖掘具有两个方面的目的，"一是要发现潜藏在数据表面之下的历史规律，二是对未来进行预测"。（涂子沛，2012）而历史规律正是知识的重要体现，预测被证实是客观存在的，将成为新的知识。可见，在技术层面上，数据挖掘技术实现了数据从信息向知识的转换。

数据挖掘技术使知识生产与使用更公平、更便捷、更便宜，为数据转换成知识提供了现实条件。小数据时代，数据资源被不同主体所拥有形成数据壁垒，数据使用不公平；同时，数据的使用必须在特定的软件和硬件环境下，使用不方便；信息量的积聚增长，软硬件需要不断升级，产生比较高的运营成本。大数据知识借助云计算，无论个人、公司和政府都能公平利用大数据，为数据转换成知识提供了公平的机会。通过分布式平台，个人、企业和政府获取数据方式从特定环境到随时随地极为方便。数据的消费模式从固定支出到按需付费，从买计算机到买计算，从买服务器到买服务，使知识使用更便宜。正是数据挖掘技术提供的机会公平性、使用便捷性和付费合理性，为数据转换为知识提供了现实条件。

三、可视化结果：信息查询与知识易用

从可视化功能看，小数据知识主要体现为信息查询，大数据知识主要体现为知识易用。

可视化技术的变革为信息查询向知识易用转换提供了技术支撑。传统小数据时代，数据库的建设主要目的是便于数据存储和查询，可视化技术主要便于信息查询，如对不同时段列车时刻表的查询。大数据时代，数据挖掘技术获取的知识多是零乱复杂的，抽象的。为便于民众理解和易用，必须将知识转换成民众容易理解的图形或文字。数据可视化技术实现了对挖掘结果从点线图、直方图、饼图、记分板到以交互式的三维地图、动态模拟、动画技术等的转换，实现知识的理解与应用从专家群体走向大众，扩展了知识的理解与应用范围。

可视化技术实现了知识的共享与发展。小数据时代，由于信息开放程度的不同，信息查询有一定的局限性，如企业内部的局域网仅限于企业内部员工的查询。同时，信息查询过程并不产生新的信息。大数据时代，可视化技术不但使用户可以根据自己的需要整合数据，而且可以将自己的可视化设计和对比图分享给其他用户，实现知识资源的共享，为大众创新和社会创新提供了共同的平台。与此同时，可视化技术实现了知识的螺旋式发展。一旦用户将自己的可视化设计和对比图分享给其他用户，其他用户在此基础上进一步创新，形成新的知识。

四、管理功能：管理信息化与管理数据化

从管理功能看，小数据知识实现管理信息化，而大数据知识实现了管理数据化。

要素数据化引领管理从信息参考走向数据决策。小数据时代，管理主要依靠经验、标准化模式和信息价值。经验管理带有主观性，管理效率比较低。泰勒创立的标准化管理将管理建立在冰冷的制度基础上，一定程度上提高了管理效率。信息化管理是一个由人、机等组成能进行信息的收集、传递、储存、加工、维护和使用的系统。利用对信息的管理在合适的时间向经理、职员以及外界人员提供有关企业内部及其环境的信息。信息管理比起经验管理和标准化管理更具有科学性，但是信息化只能为决策提供信息参考。大数据时代，云计算的重点在于通过资源的快速组合，来满足业

务转型、业务拓展等不同需求，也就是说云计算能够做到自组织和自适应，实现数据系统的结构与业务需求的耦合，提高企业或政府管理的精准度，为决策提供数据支撑。目前，零售业利用大数据的硬件和软件环境，能够快速、精准地响应客户需求，为企业提供决策服务。金融业可利用大数据知识提高处理能力和快速实现能力，能够精准预测客户的信用度，实现智能决策。交通行业利用大数据，可以精准确定交通方案、出行方案等。

流程数据化引领管理战略从产品转向服务。小数据时代，无论经验管理、标准化管理还是信息管理主要侧重企业内部系统。如信息管理系统主要服务于企业内部产品生产流程，将更多精力用于保障IT（中性点不接地系统）系统的性能和可用性，保障数据和其他信息资源的完整性，保护信息系统的安全性。大数据时代，大数据知识不再依赖于传统的IT系统程序，而是通过分布式平台将企业主要的精力用于服务流程，通过对用户产生的数据实现即时存储和即时挖掘，提高服务水平，真正实现企业管理从基于IT的产品战略转向商业导向的服务战略转型。

管理数据化具有成本优势。降低成本是提高管理效率的重要途径。大数据知识与小数据知识相比，具有较低的管理成本。企业信息管理系统需要相应的硬件和软件系统的支撑，并且要根据企业发展软硬件需要不断升级，维护费用也比较高。大数据知识的数据管理成本相对比较低。一方面，数据库向数据仓库的转变，实现了多部门、多主体对数据资源的共享，避免重复收集数据，降低了数据收集的成本。另一方面，云计算代表了世界对于数据的管理从以占有为标志的市场经济向以接入为主的网络经济和共享经济转变。企业如果不使用私有云，而是从服务商处租用计算能力、存储空间按使用付费，这就使企业在没有预付资本投资的情况下使用计算资源，大大降低了企业对固定资产的投入，与此同时也减少了维护成本。

五、发挥大数据知识的优势已成为新趋势

通过对小数据知识与大数据知识功能的比较，可以看出大数据知识在数据存储、知识生产和应用、管理效能等方面都优于小数据知识。为进一步推动大数据知识的发展，我们需要从以下几个方面进行创新。

充分认识到大数据知识是对传统小数据知识的发展。其一，大数据知识来源于数据量积聚增长的大数据。小数据知识主要来源于观察、测量和记录的数据，大数据知识数据来源不仅包括结构性数据，而且包括积聚增长的半结构性和非结构性数据。"当数据洪流席卷世界之后，每个人都可以获得大量数据信息，相当于当时古代所有的知识总量的320倍。"（迈尔-舍恩伯格 等，2013）其二，大数据知识使人类对数据的认识从测量、存储、查询走向存储、挖掘和可视化，大大提高了数据的价值。小数据的价值体现在对信息查询所获得的价值，大数据的价值体现在知识的创造与应用。也就是说小数据知识实现了数据生产向信息生产的转换，而大数据知识实现了信息生产向知识创造与应用的转换，数据价值从信息价值跃升到知识价值。

提高社会对大数据知识功能的认知度。大数据知识功能的发挥离不开社会的支撑。与技术层面的变革相比，社会层面的变革更加缓慢。从现实看，很多人并不理解什么是大数据，更不理解大数据的功能。社会对大数据认知度比较低，影响了大数据知识功能的发挥。为此，一方面，借助网络、报纸、图书、宣传栏等途径提高民众对大数据知识的认知能力。并通过多种媒介宣传和推广大数据知识应用的典型案例，使民众认识到大数据知识的力量。另一方面，通过云平台发布的数据，引领民众生活方式走向数据化。随着大数据知识的发展，大数据知识已被广泛应用于与民众生活紧密相关的贫困、失业、健康医疗、生态环境、公共安全、教育等领域，通过公共平台引领民众生活方式走向数据化，提高民众对大数据的认知能力。

辩证地看待大数据知识的功能。目前，有些人将大数据看作是解决一切问题的灵丹妙药，过分渲染大数据知识的功能，甚至将人物化为数据的"奴隶"。还有一些人悲观地看待大数据，认为大数据可能引起国家、企业及个人信息的泄露，而产生对数据的人为垄断，形成信息孤岛。为此，我们必须要辩证地看待大数据知识，防止两种倾向的产生。首先，充分发挥人的主观能动性。"有了大数据，并不代表解放了人类的大脑，大数据是人类走向完美决策路上的一个工具，合理分配人脑和数据在决策中的比例尤为重要"。（王铁群，2013）大数据知识存储、挖掘、可视化、管理等功能的彰显离不开人的主观能动性的发挥。大数据知识的存储方式无论借助公有云还是私有云都需要人去做选择，数据挖掘、可视化和管理程度与人类对大数据的认知和应用程度紧密相关。大数据提供的不是最后答案而仅是参考答案，其价值的进一步彰显需要发挥人的主观能动性。其次，加快制度创新，规避大数据知识可能带来的安全问题和伦理问题。对于数据开放的程度及应用的程度需要有具体的法律和制度规定，对于恶意侵犯他人隐私的数据信息需要有相应的惩罚机制。只有转变思维，才能构建开放的、流通的和互联的大数据。

加大对大数据知识人才的培养。每一次科技革命发生的过程同时也是人才结构变革的过程。蒸汽机革命出现了大批的产业工人，信息技术革命产生了大批的计算机专业人才和信息管理人才。大数据知识功能的发挥离不开大数据研发人才和管理人才的支撑。大数据知识在我国处于高速发展阶段，这方面的人才更缺乏。为此，我们需要在大学专业设置、课程设置等方面加大对大数据知识专业人才的培养。同时，加大对领导干部、科研人员、企业员工、社会治理人员的培训，挖掘现有人才对大数据知识应用的潜力。另外，提高民众对大数据知识的使用能力。小数据时代，客户就是消费者，不参与企业运营过程。大数据时代，民众使用大数据知识的能力直接决定了数据量的大小及对数据即时管理的效率。

第四节　大数据知识的实现特质*

　　知识是内在主义主观与外在主义客观知识定义的集合，内在主义知识主要关注点是人的认知过程及其基本特征；外在主义认为知识是客观的，强调客观性结果。可以说，知识是证实了的真的信念，并被客观展现的结果。表征是指在实物不在场的情况下指代这一实物的任何符号或符号集。这里的符号或代码既可以是客观的物理符号，也可以是主观的心理意象，既可以是静态的事物，也可以是动态的机制。知识的表征就是用这些东西代表知识。（王建安 等，2010）从表征的方式看，知识可分为陈述性知识和程序性知识，陈述性知识回答"是什么""为什么""怎么样"的问题，程序性知识解决"怎么做"的问题。这样，知识表征彰显知识被生产和应用的整个过程。数据不仅可以实现对自然事实、科学事实和现象学事实等经验世界的表征，而且可以实现对网络世界虚拟现实痕迹的表征。因而大数据知识包括对自然知识、科学知识、现象学知识、网络知识的表征，是更广意义上的知识表征。大数据知识不仅凸显知识的精神特质，而且凸显知识生产、实践和规范等方面的基本特征。

　　从知识发现的来源看，不同时期知识的来源是不同的，因而彰显的特质也是不同的。吉姆·格雷认为科学形成四个关键性科学范式，即经验范式、理论范式、计算范式和数据挖掘范式。人类最早的科学研究，主要以记录和描述自然现象为特征，称为"实验科学"，即第一范式。随着实验科学的发展，科学家们开始尝试尽量简化实验模型，通过演算进行归纳总结，这就是第二范式。这种研究范式一直持续到19世纪末，力学和电学的

---

　　* 部分内容发表于苏玉娟：《基于大数据知识表征的特质》，《哲学分析》，2017年b第2期。

经典理论来源于理论范式。20 世纪中叶，冯·诺依曼提出了现代电子计算机架构，随着计算机仿真越来越多地取代实验，计算范式逐渐成为科学研究的常规方法，即第三范式。大数据时代，数据爆炸式发展，数据密集范式成为一个独特的科学研究范式，这种科学研究的方式，被称为第四范式。

不同范式折射出知识的不同基本特征。经验范式产生于几千年前，以个体观察和实验为依据，逻辑经验主义强调一切综合命题都以经验为基础，并提出可证实性、可检验性和可确认性原则，由于本身证实原则的不可靠性、不普遍性等原因，以及不能对经验知识进行满意的描述而受到质疑。理论范式产生于几百年前，以建模和归纳为基础，归纳主义认为知识是从观察和实验得来的经验事实中推导出来的，但是有限不能证明无限，归纳不是一个严密的逻辑形式推理，作为知识的生产范式存在缺陷。计算范式产生于几十年前，以模拟复杂现象并进行计算为基础，计算主义认为一切事物的变换都是计算，物理理论永远是真实物理世界的一种简化和理想化，物理世界是可计算的观念受到了质疑。数据范式以数据挖掘为基础并联合理论、实验和模拟为一体的数据密集计算，数据范式包括了事物发展的经验大数据，并运用计算反映出事物之间的相关性，形成理论知识。不同范式折射出知识来源的不同途径和不同特征。从人类认识范围看，有自在世界、经验世界、表象世界和网络世界。自在世界是在经验世界之前就存在的世界，是自在的客观的外在世界。表象世界是自在世界的再现或者我们的幻觉或梦境。经验世界是自在世界通过先验自我的意向性活动，把表象世界与自在世界统一为一体的世界。网络世界是人类思维和行为在网络空间的再现。大数据知识研究的是经验世界和网络世界。从知识演进的范式看，知识的主体从一元走向多元，多主体的协同成为知识最显著的特征，并使知识越来越复杂。通过与传统的经验范式、理论范式、计算范式相比较，凸显大数据知识的实现特质。

一、多元性使大数据知识更加复杂

在传统的经验、理论和计算范式中，知识主体相对比较单一，知识主要在认识论层面，研究知识是如何被确证的，并与客观相符合。在经验范式阶段，知识主体主要是哲学家，内在主义关注信念、真和证实三个要素。如柏拉图认为知识是被证明为真的信念。在理论范式阶段，知识主体从哲学家扩展到科学家群体，知识来源于科学家或者哲学家的理性构建。笛卡儿被认为是近代科学的"始祖"，也是一个理性主义者，他认为理性比感官的感受更可靠，知识是思维本身的产物。在计算范式阶段，知识主体由科学共同体进一步扩展到企业，知识来源于计算机对知识主体数据库中结构性数据进行处理并获得知识，数据库多为知识主体所拥有，数据库之间共享少。目的不同，知识既包括认识论层面的知识生产，也包括实践层面的知识应用。科学共同体利用计算范式探索未知世界，形成认识论层面的知识。企业通过对自己所拥有数据库中数据的分析挖掘，形成企业服务的知识。所以，在计算范式中，知识管理是企业管理很重要的内容，知识开始从认识层面走向实践层面。

从知识主体的演进历程看，大数据知识的知识主体从哲学家扩展到科学家、企业、政府和民众，他们既是大数据知识的生产者，也是大数据知识的使用者，知识主体的多元性使知识表征走向复杂化。

首先，数据的多元性客观要求数据共享，而实现大数据共享是一个复杂的过程。传统的小数据时代，各知识主体都是依托自己的经验、理论、计算来生产知识、分享知识和利用知识，知识生产与应用都是某些人的事情。大数据时代，知识来源于结构性数据，也包括图片、音像等非结构性数据。大数据的完备程度决定大数据知识的客观程度。而大数据的完备程度由各知识主体大数据共享程度决定。目前，从我国大数据共享的现实情况看，"不愿共享开放""不敢共享开放""不会共享开放"的情况较为普遍。特别是我国各级政府、公共机构汇聚了存量大、质量好、增长速度快、与社会公众关系密切的海量数据，除了部分自用和信息公开外，大部分没有充分发挥数据作为"生产要素、无形资产和社会财富"的应有作用，这不仅是认识方面的问题，而且是制度和规范等方面的问题。《促进大数据发展行动纲要》的核心就是要推动数据资源共享开放，解决大数据共享难的问题。

其次，数据的多元性使大数据的客观性越来越复杂，这影响了大数据知识的客观性。知识是对经验世界运行规律的认识，无论我们是直观认识经验世界，还是通过理论和计算范式认识经验世界，都是建立在对经验世界客观实在的认识基础上。传统的经验、理论、计算模式中，数据库规模小，多是采集经验世界运行数据并在分析挖掘相关数据基础上形成知识，这些数据基本能够客观反映事物的客观实在，因而具有可信性，依靠其产生的知识具有客观实在性。大数据依靠的不是随机样本，而是全部样本。大数据来源于网络、政府数据、基于传感器的镜像数据，而网络数据特别是社交网络中的数据，有些是虚假的。这些虚假大数据会影响大数据的客观性，进而影响由此产生的知识的客观性。因此，在大数据时代，解决大数据虚假和缺陷问题非常必要，我们需要提高科学共同体、政府、企业、民众等不同主体的社会责任感，提高政府对虚假大数据制造者的惩罚力度也是非常必要的。

二、关联的网状大数据彰显知识的客观性

知识很重要的一个元素就是真，能够反映客观实在，即客观性。知识的客观性是由两个方面确定的，一个方面是认识对象的客观性；另一个方面是认识对象与感知主体之间的客观联系。只有满足这两个条件，知识的客观性才能被表征。客观性彰显知识主体对经验世界的理性认识，是主观认识与经验世界的符合。在传统的经验、理论和计算范式中，设定主体与客体二元分立，秉持"主观理性"的个体视自身为知识生产的绝对主体，而将自我以外的他者视为知识的对象或客体，知识的客观性来自主体对客体的概括与反映。在不同的认识阶段，客观性表征的形态是不同的。经验范式阶段，知识建立在主体对传统经验的归纳基础上，主体通过对经验的理论概括形成知识，知识是否客观关键看理论与经验世界之间的契合度。理论范式阶段，主体通过理论建构形成对经验世界的客观认识，理论的客观性需要通过在具体事物中的演绎来验证。计算范式来源于对经验世界的模拟以建构理论，反映客观规律，理论与现实的契合度需要通过计算工具来实现。所以，无论知识来源于经验、理论或计算，知识的客观性都是通过主客体间性表征出来的，知识反映主体对客体的认识水平。

大数据时代，主体也产生大数据，可以说没有旁观者，都是参与者，大数据不仅成为联结主体与客体的桥梁，而且正在消解主客体之间的二元对立。大数据知识的客观性不仅来源于关联的大数据形态，而且来源于经验世界的大数据、主体与经验世界关联的数据、主体间数据的客观实在。

第一，经验世界的客观性表征为间接的数据间性。这是借助大数据工具实现对经验世界的间接表征。产生知识的大数据来源于网络、政府数据和基于传感器的镜像数据，这些大数据不仅包括结构性数据而且包括图片、音像等非结构性数据，大数据呈现爆发式增长，这些大数据反映了经验世界的镜像存在，这为大数据知识表征提供了客观基础。正是数据间的相关关系，彰显了经验世界的客观存在。

第二，主体与经验世界关系的客观性表征为主体对经验世界大数据存储、分析、挖掘等过程的客观分析。"数据挖掘一方面发现了隐藏在数据表面下的历史规律，另一方面可以对未来进行预测，它具有了科学规律的要求和特征。"（黄欣荣，2014）虽然大数据正在消解主体与客体之间的界线，但是，主体与客体还是有区别的。大数据时代，知识的主体从科学

家扩展到企业、政府和民众，不同主体对大数据的客观性认知程度影响知识表征的程度。主体对经验世界大数据的认知是客观存在的。不同主体对大数据的客观性认知包括三个方面，即具有大数据可以产生知识的信念，相信这些知识能够反映经验世界的真实性，这些知识并能为实践提供服务。目前，不同主体对大数据的客观性认知不断提升。

第三，主体间的客观性表征为科学共同体、政府、企业和民众等不同主体间大数据的内在关联，这是知识生产与应用客观性彰显的重要方面。在传统的经验、理论和计算阶段，知识主体不管是哲学家、科学家或科学共同体，主体间关系都是微弱的。大数据来源于政府、企业、民众，只有形成跨越主体边界的大数据仓库，大数据挖掘形成的知识才具有客观性，即全样本的大数据分析彰显知识的客观性。所以，大数据知识的客观性还表现在科学共同体、政府、企业、民众之间数据关联的客观存在，这种关系的客观存在表征为不同主体所拥有的大数据互联互通，特别是公共数据的互联互通对创造公共知识非常重要。

第四，知识整合的客观性表征为不同类型数据的网状关联。传统范式下，知识大厦是由可以实证观察和检验的语句构筑成的。知识遵从物理的叠加原理，即具有还原性。随着大数据时代的到来，数据不断转换成有价值的信息，信息再提炼加工成相应的知识，这是大数据时代知识形成的完整链条。目前，由于大数据的巨量增长，由大数据产生的信息碎片化越来越严重，多数信息是对大数据实在的现象描述而非逻辑和系统的知识体系。这个问题的关键就是人们缺乏将碎片信息转化成系统化知识这个关键环节，并形成系统的、联系的和理论的知识体系，以指导实践。

大数据时代，"知识不是对照自然的一面镜子，而是一种相互联系的网络"（温伯格，2014）。"通过网络数据，大量的个人的或很小组织的真实行为通过计算机以数据形式被记录下来，这些数据为人类行为研究提供了极其丰富的可靠信息，避免了研究者认知的偏见、感知的误差和框架的歧义。"（Watts，2007）数据的原子因为共同分享元数据而相互联在了一起。大数据能够根据不同目的实现结构性和非结构性数据之间的关联整合，形成大数据语境之间的关联分析，提高不同语境中知识之间的整合力。不同语境中事物之间的关联性彰显为不同类型数据之间的多种关联性，也就是说同一数据根据使用目的不同，会同其他不同的数据形成不同的关联。这样，由数据形成的网状关联，经过分析、挖掘会形成网状的知识结构，实现知识的网状化发展，使知识由分隔走向整合。这样，知识大厦并不遵从还原论，而是具有复杂的网状的交叉关系。大数据因在科学共同体、政府、企业和民众之间的可通约性而具有共享性，这种共享性有助于不同学科、不同领域知识之间的交叉融合，实现不同学科的资源共享。

三、强语境所依赖的大数据彰显知识的相对性

知识无论产生于经验范式、理论范式、计算范式还是数据挖掘范式，都对相应语境有一定的依赖性。随着范式的不断演进，知识对相应语境的依赖度不断上升。从经验范式看，由于知识来源于对大量经验事实的归纳，由归纳形成的知识的应用语境与知识形成的语境具有同质性。如天鹅都是白色的，仅限于对中国境内东北、内蒙古等地天鹅的归纳，这个归纳结果不适用于澳大利亚和新西兰等地，原因在于这些地区有黑天鹅。从理论范式看，理论构建不仅是对经验事实的归纳，而且具有高度的主观构建的特征，主体所认识的经验世界具有语境依赖性，这样理论知识的形成也具有语境依赖性。如牛顿的经典力学只适用于对宏观世界的分析。从计算范式看，其所有计算资源多是结构性数据并被集中在一个物理系统之内，结构性数据来源决定了计算所产生的知识所依赖的语境。如对流动人口的治理，流动人口数据库是该理论形成和被应用的语境。

大数据时代，大数据呈现主体多元、数量巨大、类型多样、处理速度快、真实有效、立体时空感强、价值低密度性等特征。大数据产生的知识不仅反映客观实在，关键在于社会应用，这是大数据知识最大的价值所在。目前，大数据已被广泛应用于环境保护、公共安全等政府治理、社会治理和企业治理领域。大数据知识生产和应用具有强语境依赖性和相对性。

第一，大数据知识依赖大数据产生的时空语境。知识来源于对客观实在的理论概括。大数据时代，客观实在依托时空镜像中的大数据。大数据的巨量特征使得即便研究问题相同，不同时空语境呈现出的大数据形态也是截然不同的。我们要分析城市公路交通发展的规律性，不同城市由于居住人口、机动车辆等差距较大，大数据镜像依赖的语境因素不同，因而表征出来的知识是不同的。"牛顿运动定律、欧姆定律等具有广泛的适用性，而大数据所发现的规律一般都具有时效性和地域性的特点。沃尔玛发现飓风与蛋挞的关系，仅仅适用于美国。"（汪大白 等，2016）因此，我们分析交通发展的规律性不仅需要分析挖掘与此相关的汽车等交通工具运行的表象特征，同时还需要分析这种表象存在的客观原因，形成时空语境中的客观实在—大数据镜像—理论知识—实践服务的知识链条。

第二，大数据知识具有应用空间的相对性。从知识生产演化进程看，

知识对语境的依赖性越来越强，知识依赖的经验事实涵盖从个体普遍的经验到依赖计算和大数据采集的经验实在。大数据虽然呈现巨量化增长，但是，对于确定的研究目标而言，其大数据可采集的时空边界是相对有限的，其产生知识的应用范围也局限于相应的语境。这种相对性表现在不同时空里产生的知识是有区别的，相应知识的应用也具有相对性。

四、大数据的实践应用彰显知识的社会规范性

"科学的精神特质指约束科学家的有情感色彩的价值观和规范的综合体。"（默顿，2010）科学的精神特质某种程度上强调对知识生产主体的价值指引和行为规范的约束。默顿认为科学的精神特质包括普遍主义、公有性、无私利性和有组织的怀疑态度。作为爱丁堡学派的代表之一，大卫·布鲁尔（2001）认为科学知识应当遵循因果关系、客观公正、对称性以及反身性四个信条。他们主要研究知识生产过程中精神层面的规范性。社会规范指人们的社会行为和社会活动的规矩和准则。根据规范对人们控制程度的不同，可以分为价值规范、制度规范（技术规范）等。价值规范是一种内化了的行为规则，制度规范是社会组织对其成员的要求和准则。

随着知识生产主体从科学领域走向大众，知识所依赖的客观实在从直接经验向理论、计算和数据等间接经验的转变，知识生产与应用的社会规范性越来越重要。在经验范式阶段，当时科学还没有从哲学中分离出来，生产知识的主体是哲学家，知识生产和知识应用多是个人行为，因而还没有形成真正意义上的社会规范。在理论范式阶段，科学家已成为专门的职业，理论建构建立在科学共同体对科学理论的思想把握上，该阶段科学家的活动更多遵循的是价值层面的规范性，如默顿所言的普遍主义、公有性、无私利性和有组织的怀疑态度，库恩的范式结构等。在计算范式阶段，知识生产主体包括科学共同体、企业等，计算数据多来源于组织内部的实验和经验的结构性数据，知识归属问题决定了知识生产者的行为规范。所以，该阶段知识生产主体多是遵循价值层面、组织内部的制度规范，属于组织内部的知识应为组织保密，为公共利益而进行的知识生产应遵循公共的价值规范和制度规范。

随着大数据时代的到来，大数据知识的主体不仅仅局限于科学家，知识不仅仅局限于知识的认识过程，还包括对知识的应用。可以说，大数据知识的社会规范指约束知识生产和应用主体的价值规范和制度规范的综合体，体现大数据知识的本质特征。

首先，从价值规范看，大数据知识生产和应用主体应遵循客观性、公

有性和社会性等。由于大数据来源的复杂性，特别是巨量的网络大数据的产生，大数据的真实性影响知识的客观性。所以，大数据知识要求科学共同体、企业、政府和民众等产生的大数据无论是图片、评论或者镜像数据，都具有真实性，是事物发展过程的客观再现，应消除数据虚假、数据主观等因素。公有性要求对于涉及国家治理、政府治理和社会治理等公共领域的大数据，不同公共数据拥有主体应树立公共价值理念，促进公共大数据仓库的形成，为公共利益服务。目前，数据分隔、数据孤岛等问题比较突出，关键在于不同主体对大数据公有性价值认识不足。同时，不同主体应具有社会性，即不同主体不但具有将大数据融入社会大数据仓库的义务，而且具有相应的社会责任感，特别是对服务于公共领域的政府来讲，不仅应提供由大数据产生的碎片化信息，而且应提供系统性的知识体系，为大数据知识服务社会提供知识支撑。

其次，从制度规范看，大数据知识生产和应用的主体应遵循大数据的技术层面、组织层面的制度规范。目前，由于技术规范体系建设的滞后性，使很多大数据融入公共大数据仓库比较困难。就技术规范来讲，不同领域大数据如何整合需要建立相应的技术规范体系。"由于政府利用数据意识薄弱，相关制度创新不足和数据分析能力欠缺等原因，大数据的有用性及数据驱动力不足。"（苏玉娟，2016a）组织层面的制度规范主要从制度层面规范不同主体的行为。《中共中央关于制定国民经济和社会发展第十三个五年规划的建议》提出，要实施国家大数据战略，为大数据知识表征提供了制度规范的空间。"对民众来说，大数据带来的最现实问题是个人隐私的泄漏与保护问题。"（黄欣荣，2015）制度规范应解决民众大数据与个人隐私之间的边界问题，既要充分利用民众产生的大数据，又要保护其自身利益。

对于大数据知识发现来讲，主要通过大数据技术实现对大数据知识的发现，但是，在此过程中离不开经验范式、理论范式和计算范式。大数据知识来源于经验世界和网络世界，对经验世界的归纳总结离不开传统的经验范式，而大数据从可视化结果上升为理论知识，必须经过理论范式，即从隐性知识上升为具有理论特质的显性知识，而大数据知识发现过程本身就是计算的过程，当代传统知识是小数据计算，而大数据知识是大数据计算。可以说，大数据时代，大数据知识的发现与传统知识的发现模式不是对立的，而是具有内在同一性，彼此之间具有融合性。

总之，大数据时代，大数据知识彰显后现代知识的一些显著特征，是当代知识发展很重要的一种形态。对它进行研究意义重大。

第五节 大数据知识的超越特质

前面三节主要从大数据知识的可知性、大数据知识与小数据知识相比较的特质，基于数据挖掘范式的大数据知识与经验范式、理论范式、计算范式等产生的知识相比较凸显的特质。从知识论思想史视角看，大数据知识有哪些超越性特质需要我们深入研究。

一、传统知识论中的本体研究

从哲学意义上来讲，知识论主要研究哪些内容？知识论会增加知识的容量吗？"知识论的讨论要能够寻找出存在于一切可能的知识中的共同的本性。学习和研究知识论不会使我们增加知识或扩大我们原有的知识，而只是让我们清楚地了解知识的起源、知识的性质、知识的构成、知识的范围等。"（胡军，2006）对于知识，它与意见既有区别也有联系，真实的意见并不构成知识，意见需要加上理性分析并转换为被确证为真的意见才能构成知识。在苏格拉底看来，知识的定义包括真、意见或信念、理性的解释三个方面。对于知识作为真的信念是需要确证的。知识论不仅应在语义学层面辨析知识论所运用的概念的确切含义，同时研究要能够帮助人们理解知识的性质。对于知识来讲，我们还需要知道如何或怎样获得关于外在事物的知识。知识论研究知识的性质，知识三要素即信念、真、确证的条件。信念的条件，既外部世界是可知的，并且可以被认知主体所把握和相信。有信念不一定就是知识，有些信念可能是错的，就不构成知识。信念指通过认知主体达到的与认识的客体密切相联的那些信念。真的条件，指向一个客观的事实。"信念的真意味着信念与信念对象的一致或符合。这样的真实际上便是哲学上大部分哲学家所坚持的信念和外在世界之间的符合关系。"（胡军，2006）确证的条件，即证实我们所拥有的信念是真的，寻找真的理由和根据。证实问题包括证据的可靠性、证实的标准等较为复杂的问题。目前，经验知识的确证主要有基础主义、联贯论、外在主义三种理论。基础主义认为，知识的证实建立在某种基础之上，这一基础构成证实的初始前提。这种基础构成基本信念，而基本信念无需诉诸于其他的前提就可以得到证实，如知觉就是基本信念。基本信念构成知识大厦的基础。联贯论认为："证实过程的确立是由于信念和信念之间的和谐一致的关系及其彼此支持的方式，而绝对不是由于这些信念是建立在所谓的基本信念的基础之上；外在主义认为，我们在获取知识的过程中所需要的只是信念与实在之间某种关系。"（胡军，2006）如因果关系，实践关系等。虽然三种证实理论存在各种差异，我们在解决具体知识的证实问题时，需要将三种结合起来建立比较完全的证实理论是比较可取的。

当然，对传统知识三要素的定义虽然大多数哲学家是认同的，但也存在一些挑战。盖蒂尔在1963年第6期《分析》杂志上发表了一篇题为《证实了的真的信念是知识吗？》的论文，他认为被证实了的真的信念也未必是知识，原因是真的信念是从假的信念中扮演出来的，关于知识的第四个条件是认识主体相信命题P的证据就不应该包括任何假的信念。盖蒂尔更多是从语义学角度分析知识的逻辑关系，并没有考虑知识与经验世界的相符合性。

从知识论角度看，知识论的核心问题是要研究知识的性质、确证、结构等，显然，我们需要从知识产生的来源和方法上进行分析。从来源和方法看，吉姆·格雷认为科学形成四个关键性科学范式，即经验范式、理论范式、计算范式和数据挖掘范式，这四种范式形成四种知识形态，经验知识、理论知识、计算知识和大数据知识。对于经验知识来讲，传统上主要研究真的信念与经验世界的相符合性，相对应的确证理论有基础主义、联贯论和外在主义；理论知识主要侧重命题间的逻辑关系，主要从语义学和逻辑学角度研究知识；计算知识是人的认知+计算，主要从理想状态研究理论、经验之间的关系；大数据知识是对经验世界和网络世界大数据存储、挖掘、分析基础上产生的知识，其基于经验世界和网络世界，因而应反映经验世界、网络世界的运行规律，其证据的可靠性非常重要。所以，由于知识的复杂性，我们对知识的研究需要具体问题具体分析。

二、传统知识论的超越之路

知识作为人类智慧的象征，其在不同时期所研究的本质是不同的。这里存在一个理论问题，即对于不同的知识我们是否应采取不同的知识标准、确证方法。高秉江从西方知识论发展脉络研究了西方知识论的超越之路。他认为，"知识论的核心问题有三：即知识的起源和结构、知识的局限和知识如何得到辩护。知识的起源即追溯知识由何而来的问题，在哲学史上有反映论与先验论、经验论与唯理论的争议。在知识的局限性问题上，有怀疑论、相对主义和理性论与绝对主义的区分。在知识如何得到辩护的问题上存在着明证论与有待论、内在论与外在论的差异。"（高秉江，2012）他还认为，西方哲学本质上是一种超越的形而上学，"即古代知识论的超越是超越到普遍性与确定性，中世纪的超越是超越到信仰与神秘，近代的超越是超越到自我与显现，而所有这些超越都是向当代现象学的超越，即胡塞尔所说的，现象学是整个西方哲学尤其是近代哲学的'憧憬'。……古代哲学以独断的方式谈论存在和真理，而现代哲学则集中精力谈论存在如何显现，真理如何被言说，把哲学的第一关注点由存在转向显现存在的意识和语言，这种认识论的转向成为哲学史上划时代的分水岭"（高秉江，2012）。在他看来，知识论侧重于认知结果和对象的静态结构分析，主要围绕知识的起源、局限性及辩护展开，基于这三个方面，古代、近代和现代知识论讨论的主题从存在向意义表征转向，这是他的重要创新之处，使我们从宏观上清晰地把握知识论发展的历史脉络。西方知识论追求目标的不断超越性，即从一条由感觉的当下性、私人性和模糊性，超越到知识的永恒性、公共性和明晰性之路。基于知识论主要研究知识的起源和结构、知识的局限和知识如何得到辩护，在他看来，对知识论超越性的研究应该从这三个层面进行研究。

在我看来，知识论除了分析知识的起源、局限性和辩护之外，实现方法、实践价值等的超越性也是需要研究的，原因在于不同时期由于知识来源不同，其凸显的本体特质也是不同的，其认识结构、实现方法也会不同，知识在实践中彰显的价值也是不同的。这都与知识本身来源紧密相关。

从知识的起源和结构看，经过了反映论、经验论、先验论和唯理论不断超越的过程，反映了知识来源从主体被动反映到经验总结，再到具有先验的绝对性、无限性、普遍必然性观念的先验论，唯理论指向抽象的、形式上的逻辑和数学知识。无论对于哪种知识来源，追求普遍性与确定性是一直存在的基本价值。只不过不同时期知识论研究追求的目标不同而已。

从知识的局限性看，经验论存在走向怀疑论的局限性，怀疑论提醒我们时刻认识到自身的有限性。由于科学知识、社会知识等多来源于经验世界，依赖于经验世界获得的知识，如果与经验世界不符合，即存在反例，这些知识需要不断修正甚至革命，正如库恩所说的范式的变革。对知识局限性的超越历史上有修正论、范式变革论等。

从知识的辩护看，有基础主义、外在主义、融贯论、语境主义等。正是由于基础主义的明证性，忽视外在的社会条件、政治条件等，有专家提出外在主义，但因其对基础的不重视，有专家提出了融贯论和语境主义等，力图实现内在主义和外在主义的有机融合。可见，对于知识的辩护其历程也经过了不断超越的过程。

从知识实现方法看，不同时期受人类认识水平的局限和科学技术发展的局限，人类发现知识的方法也是不同的。古代知识主要来源于经验，发现知识主要依靠对经验的总结和提炼，并通过经验进一步确证。近代对自我和显现的追求，近代科学的快速发展，知识的发现从经验总结发展到实验研究。现代计算科学的发展，使知识发现的方法扩展到计算推理等。

对知识价值追求来讲，传统知识论多关注知识的真理观，即知识与经验世界的相符合性。广义上来讲，知识不仅追求真，也追求美、善和普遍信仰。知识作为人类智慧的象征，是要为人类服务的，并不是僵硬的反映与被反映的单一的真的价值选择，其善与美也是其不断追求的价值。爱因斯坦曾经说过：真正追求科学美的人，往往也会极力推崇艺术的美。爱因斯坦左脚踏在科学世界，右脚踏在艺术世界。所以，我们对知识论的研究不能仅停留在古代、近代包括科学在内的知识领域，否则哲学层面的知识论研究是没有前途的，因此，知识论必须关涉当代科学技术发展的前沿。

所以，从知识论视角看，知识论的超越之路是本体、认识结构、辩护、实现方法、价值追求等方面不断超越的过程。只有将本体、认识、方法、价值等方面有机结合起来才能更全面系统地分析知识的超越之路，否则只是某方面的，也看不出超越之间的联系。

三、大数据知识的超越性

大数据知识表征具有普遍知识的本质特征。知识作为人类对经验世界的系统认识，是个体隐性知识向社会显性知识不断转换的过程。知识表征过程是人类发挥主观能动性认识经验世界并形成客观性结果的过程。因此，知识的本质特征是主体性、客观性、系统性。大数据知识具有知识的本质特征。首先，大数据知识生产与应用离不开科学家、企业、政府和民众等主体提供的大数据，同时也离不开这些主体对大数据挖掘形成的信息的理性分析，否则，数据只可能是碎片化信息，而不可能上升到知识。其次，大数据知识的客观性来源于数据之间的关联，大数据不仅是事物客观运动的反映，同时也是历史经验的客观再现。所以，客观性是大数据知识的最基本特征。最后，大数据知识的系统性来源于对大数据挖掘所形成的碎片化信息的理论分析。大数据挖掘、可视化形成的文字、图片等并不是知识的表征，仅是大数据形成信息的表征，还需要人类根据相应语境及理论概括形成系统化的知识体系。因此，大数据知识具有知识的本质特征，只是借助大数据工具彰显知识的这些本质特征而已。

大数据知识作为知识新的来源和新的发现方式，其对传统知识既有继承也有超越，彰显当代知识论新的发展方向。对于大数据知识的超越性，我们需要从知识论的核心问题即大数据知识的起源、结构、辩护、真理等方面进行探讨。

大数据知识对技术的依赖性超越以往知识。无论是反映论、先验论、经验论、还是唯理论都是研究知识不同起源的本质特征。大数据知识作为当代知识的主要形态，其来源于大数据，而大数据的采集、分析、挖掘等直接来源于大数据技术。可以说，没有大数据技术，就没有大数据知识。古代，人类对客观世界的认知，多是依靠观察、经验。近代以来随着实验科学的发展，人类认识客观世界通过实验可以获得知识。大数据时代，人类对客观世界的认知直接依赖于大数据技术的支撑，使知识起源从人的认知到人的认知和技术支撑再到技术支撑和人的认知，人类发现与应用知识对技术的依赖性越来越强，大数据知识就是技术与人的认知相结合的主要体现。

大数据知识是关联分析和因果分析的辩证统一。传统意义上知识的来源多是建立在因果分析基础上。英国经验论者从培根一直到洛克都把因果规律看作是知识产生的必然条件。发现相关性是因，作出决策是果，相关性是一种弱因果性，因果性是一种强相关性。大数据知识是借助大数据工具分析事物之间的关联性，呈现事物运行的规律性。其实从大数据分析挖掘所得到的是事物之间关联的信息，要使关联信息上升到知识，还需要对其进行因果分析，提出理论性的知识体系，而不是碎片化的信息。如沃尔玛通过对人们购物的大数据分析，发现尿布与啤酒销量之间具有相关性，这种相关性分析结果仅仅是相关性信息，并不能构成知识。我们需要进一步进行因果分析，发现该区域好多消费者是男性，他们在给孩子买尿布时不忘犒劳下自己捎带买上啤酒。如果没有因果分析，单纯靠数据挖掘形成的相关信息作出决断，不考虑相应的生活语境和因果关系，容易产生碎片化信息，而这种信息不具有理论性和可信性，因而不能作为知识。因此，大数据知识是关联分析和因果分析的辩证统一。依靠关联分析得到的仅是碎片化的信息或关联信息，而不是知识。要想使碎片化信息上升为知识，必须进行因果性分析，才可能形成可信的知识，实现人类认识从感性到理性的升华。相关分析不能代替因果分析，人类对因果关系的渴求是永恒的，大数据知识也不例外。

大数据知识是知与识、知与行的辩证统一，是发现过程和实践过程的辩证统一。从泰勒斯到黑格尔的传统知识论者，重视对知与识的研究，认为求知是人类的本性,真理性的知识是主观认识与客观对象相符合的结果。在当代西方哲学中，无论是强调"语言游戏"嵌入"生活形式"的维特根斯坦，还是倡导"以言行事"的奥斯汀，其共同点在于都是把知识奠基于人类的生存实践基础之上，实现知与行的辩证统一。人类的认识过程不仅包括感性到理性的飞跃，而且包括理性认识到实践的飞跃。知识的实践论是实现知识从精神到物质、从理性到现实的桥梁，是知识改造世界和检验理性认识的重要途径。大数据知识不仅重视对知识的认识论层面的研究，而且重视相应知识的实践应用。如对于尿布与啤酒的正相关销售，在实践层面指引沃尔玛将二者位置放在一起，为消费者提供方便。目前，政府、企业、民众等主体已从观念上认同大数据知识，并将这些知识应用于企业治理、政府治理和社会治理等。这是大数据知识最大的实践意义，即用大数据知识解决企业、政府、社会等方面的治理问题。目前，《促进大数据发展行动纲要》从国家大数据发展战略全局的高度，提出了我国大数据发展的顶层设计，是指导我国未来大数据发展的纲领性文件，包括构建"国家基础信息资源体系""国家宏观调控数据体系""国家知识服务体系"等，将大数据知识应用于国家、社会、政府治理的方方面面。因此，大数据时代，大数据知识落脚点必然在于其实践功能。我国的安全、环保、交通、反腐等治理都在利用大数据知识。大数据知识成为创新国家治理、政府治理和社会治理的重要利器，大数据知识的实践价值越来越得到政府、企业和民众的认可。

大数据知识是对内在主义和外在主义知识论的超越。内在主义与外在主义的区别在于知识的确证是否可以直接把握，知识确证的标准是否仅仅是信念的内在状态。也就是说内在主义强调人的主观能动性的发挥，知识确证及其确证的标准都来源于主体的经验及其信念，即知识是被主观证实了的真的信念。外在主义强调知识表征的客观性结果，即知识的确证及其标准与外部世界相联系。大数据知识表征是借助大数据工具，使不同主体具有确信大数据分析挖掘提炼后形成的知识的信念。可见，大数据知识不仅强调个体的广泛参与性和主观能动性，而且强调主体间关联性，正是主体间的数据关联，知识才得以产生。所以，大数据知识是对内在主义的超越。传统的外在主义强调借助数学、经验、行为、计算等工具使主体形成对客观分析的确证性或心理方面的可信赖性，并认为这一信念是真的。大数据知识借助大数据工具对客观事物的行为进行概率及行动轨迹的分析，形成主体对客体运行规律的确证性，并使主体相信这个分析结果形成的信念是真的。因而，大数据知识不仅借助大数据工具，而且也借助概率、客观事物的行为、经验等工具，因而它超越了仅依靠某种外在工具的外在主义，而是在发挥主观能动性并综合运用多种工具基础上形成的知识。

大数据知识的实现方法主要是基于大数据技术的存储、分析、挖掘和可视化等，没有大数据技术就不会有大数据知识。当然，大数据知识的实现离不开传统的归纳方法，其实大数据方法本身就是一种基于大数据的归纳方法，同时离不开递归分析方法和语境分析方法。不同的大数据语境，会产生不同的大数据知识。可以说，大数据知识对大数据语境具有强依赖性。这也容易使大数据知识走向相对主义。

大数据知识追求真、善、效的同一。传统意义上，知识是被确证为真的信念，这个定义时至今日，学界仍然是认可的，反映了知识是对客观世界的真实反映，彰显知识发现的逻辑与价值。大科学时代，人类对客观世界的认识不仅在于发现知识，关键在于利用知识改造客观世界。这样，知识的实践价值越来越受到重视。由于大科学时代很多科研项目花费很多，一般组织是无法投资完成的，很多都是由国家和政府出资来完成，当然发现的知识其利用方向和目的也应服从国家和政府的需要，这样，知识的应用价值越来越受到政府、科学共同体的关注。所以，大科学时代以来，对知识的研究包括发现与应用。大数据知识作为大科学时代知识发现和应用的新形态，其价值追求是真、善、效的同一。真强调大数据知识对经验世界和网络世界的真实反映或者相符合，善是说其在发现和应用过程中不能侵犯国家、政府、企业和民众的利益，这是大数据知识发现和应用的基底。效彰显大数据知识的经济、社会、生态等方面的价值。所以，大数据知识的价值是真、善、效的同一。

大数据知识更注重知识的公共性和共享性。从知识超越的历程看，人类对知识的追求经过普遍性与确定性、信仰与神秘、自我与显现再到当代的现象学。大数据知识来自民众、企业、政府、自然界等主体产生的大数据，大数据来源的广泛性和公共性，决定其应用也应服务于社会，彰显其共享性。目前，交通状况的预测和即时反映都是借助大数据技术完成的，其取之于民，用之于民。大数据知识共享性客观要求大数据的开放性，它们是彼此联系的。

总之，大数据知识彰显当代知识发展的主要形态，彰显当代知识论研究的特质。从知识论发展看，大数据知识论既对传统知识论具有继承性，同时在起源、产生过程、结构、确证、价值、目标等方面都对传统知识论具有超越性。所以，当代知识论的研究一定要彰显当代知识发展的新特征，否则从哲学层面对知识论进行研究的空间会越来越小。

第三章　大数据知识的实现机理

认识论偏重于一种主体认知的动态过程，知识论要能够寻找出存在于一切知识中的本性。知识作为人类认知的结果，传统意义上重视知识发现问题研究。大数据时代，大数据知识的实现机理是研究大数据知识的重要方面。大数据知识的实现机理包括对大数据知识实现条件、实现结构和实现模式等方面的认识，只有深刻研究大数据知识的实现机理才能把握其对传统知识的变革意义。

第一节　大数据知识的实现条件

亚里士多德在《形而上学》一书开头说道："求知是人的本性。"荀子说："凡以知，人之性也。可以知之，物之理也。"（《荀子·解蔽》）柏拉图试图对许多关于知识的概念进行归纳，认为知识具是被证实的真的信念。大数据知识不仅用于发现自然规律，更在于利用大数据知识实现社会变革，这样，对于大数据知识的研究不仅应分析其发现条件，而且应分析知识是否有效即知识的实践条件。

一、大数据知识实现条件及其特征

知识作为人类认识自然和社会的系统化理论，我们首先需要发现它，然后利用它，实现人类对自然和社会的认识和改造。所以，知识的实现包括知识的发现与实践，先从认知到实践，再从实践到认知，螺旋式上升。从哲学层面看，学者重视知识的发现问题，而将知识的实践留给其他具体学科研究，这似乎是合理的，但是，这种人为的分割不利于知识的整体性发展。在我看来，对于知识的实践问题，从哲学层面也是可以研究的，主要研究知识实践的共性问题，这是哲学的任务。

（一）知识实现条件的演进

知识主要有理性知识和经验知识。对于理性知识来讲，如数学、逻辑学等知识多是通过理性推理获得。知识论更多地研究经验知识。不同时期，人们研究知识论的侧重点不同，对于知识实现条件的研究也是不同的。古代知识论主要是从本体论探讨知识是什么，满足什么样的条件就是知识，即知识的确证条件。知识就是被确证为真的信念，信念、真、确证成为知识构成的必备条件，否则，就不是知识，最多是知道或者理解。随着知识论向认识论转向，人的理性、判断、概念、推理等成为知识发现的重要条件。康德在综合经验论与理性论的基础上，提出先天综合判断如何可能的问题。信念只是潜在的知识，只有确证为真的信念才是知识。随着科学技术的发展，知识论研究从本体论、认知论向实践论转向，知识的社会功能逐渐引起学界的重视，特别是 20 世纪 90 年代，随着知识经济的兴起，许多学者更是从知识的经济功能研究知识的社会价值，知识实现条件也因此从发现条件扩展到实践条件。

对于经验知识来讲，其发现条件主要包括以下四个方面。一是经验世界。这是人类发现知识的本体，没有认识的对象，也就没有知识。二是人类认知。人类通过认知发现客观事实背后的原理。人类如果没有认知，经验世界只是我们观察到的对象而已。三是语言表征。人们把发现的原理或知道的东西表征出来。四是技术。随着科学技术的发展，被遮蔽的知识可以通过实验、计算、模拟等方法和工具被人们发现，并在这些条件基础上形成对经验世界的理性认知。对于具体的知识其依赖的发现条件可能是有区别的，但是，以上这四个方面都是很重要的。

对于经验知识来讲，很重要的一个方面是其实践问题。特别是大科学时代的到来，知识的社会功能越来越凸显出来，知识的纯理论研究和基础研究成为国家的事情，其价值体现在理论上的创新，解决了某个理论难题。随着知识社会化进程的加速，更多的经验知识不仅在于解释世界，而且在于改造世界，知识在实践层面的应用正是知识改造世界的过程。所以，对于知识来讲，其实践条件包括改造经验世界的客观需要、知识、实践工具和人的主体性的发挥等。只有社会需要，知识才有转化为实践的动力。知识本身作为理论化被确证为真的信念，是不能直接转化为实践的，需要借助于一定的工具，如技术、机器等。知识能否转化为社会价值，还有一个重要方面就是人的主体性的发挥；知识本身不具有社会实践的功能，关键在于人的主体性的发挥，将知识转化为社会变革的力量。

总之，知识论不仅研究知识的发现条件，还要研究其成为知识的实践条件。只有弄清楚知识的发现条件和实践条件，才能解决知识的发现和实践问题。知识实现条件的不同层面是相互联系、辩证统一的。发现条件使知识成为可能，实践条件则使知识成为社会生产力。可以说，发现条件是基础，实践条件为实践结果提供现实基础。知识作为社会生产力，我们需要对它的实现条件进行客观的分析。

（二）大数据知识实现条件的内涵

大数据时代，"正在兴起的这场轰轰烈烈的大数据技术革命即将引发一场彻底的哲学革命，必将带来世界观、认识论、方法论、价值观和伦理观诸多方面的深刻变革"（黄欣荣，2015）。大数据驱动成为发现知识的第四范式，我们需要发现并表征大数据中包含的知识。大数据知识直接来源于社会需要，并在社会实践中彰显其价值。这样，大数据知识实现条件包括发现条件和实践条件，发现条件在于归纳表征大数据中包含的知识，实践条件是将大数据知识用于实践，既验证大数据知识的真与善，也彰显大数据知识的效。

大数据知识的发现条件包括大数据的全样本性、大数据技术、人类认知、伦理分析、语言表征等，这些条件涉及历史、技术、伦理、认知、语言等因素。大数据不是单纯的数据，而是对经验世界发展动态的镜像反映。大数据的全样本性包括经验世界动态的全方位全样本数据，如分析某市交通状况，我们需要该市指定时段内所有交通大数据，包括车流、人流、拥堵情况等。这是发现大数据知识最基础的大数据，这些大数据作为大数据知识发现的本体，离不开经验世界和网络世界的客观运动。也就是说，大数据知识的本体是经验世界和网络世界与大数据的联合体，经验世界和网络世界是基础，大数据是其镜像反映，没有经验世界，也就没有大数据。大数据本身并不能成为大数据知识，只有对大数据进行存储、分析、挖掘等将大数据中包括的知识可视化出来，才能真正获得知识。我们主要是通过传感器、网络等手段收集大数据，并借助大数据技术发现其中的知识。也就是说，知识遮蔽在大数据中，我们需要借助大数据技术来解蔽，以发现其中的知识。"伦理主要指天伦、人伦和人际关系的客观法则和他律性。"（郝文武，2015）由于大数据本身并不是经验世界和网络世界，有些人可能制造虚假数据，或者人为地制造数据孤岛，数据的不真实性直接影响大数据知识的可靠性。因此，对大数据进行伦理治理是非常必要的。对于可视化结果，需要人类认知结合传统小数据、经验、影响因素等，通过语言表征将大数据中包含的信念表征出来。实践证明，语言表证是非常必要的，否则可能只是潜在知识或者是隐性知识。因此，为发现大数据知识，大数据全样本、大数据技术、伦理治理、认知水平、语言表征等也都是必要的因素。只有依靠以上这些因素，大数据知识才可能被发现，这些因素构成大数据知识的发现条件。

大数据知识转化为社会生产力，需要依靠一定的实践条件。首先，社会需要是第一位的。社会需要决定人类采集哪些方面的大数据。大数据平台建设、大数据采集、大数据分析与挖掘等需要很高的社会成本。如果没有社会需要，经验世界和网络世界中包含的大数据只能混乱地客观存在着，它的价值也很难被发现。其次，社会认知和社会支撑是很重要的。如政府、企业、社会组织等对大数据的认知和支撑是很重要的。再次，大数据知识的实践应用既可以验证其真、善又可以彰显其效。大数据知识作为知识的一种新形态，其应具有知识真的本性，其真需要回到实践中进行检验。大数据的采集与应用涉及国家、企业、个体的隐私，所以，大数据知识的发现与应用应保障大数据本身的安全，彰显其善的特性。大数据知识应用于实践中，可以实现精准预测。如果大数据知识不能服务于经验世界和网络世界，只是大数据而已或者只是大数据知识，那么人类发现大数据知识的积极性就不高，大数据知识也就没有太多的意义了。可见，大数据知识实践条件包括社会需要、社会支撑、社会实践。

（三）大数据知识实现条件的特征

大数据时代，大数据知识的实现条件包括发现条件和实践条件，分别解决大数据知识的发现问题和实践问题。大数据知识的实现既具有普遍知识的特征，也具有自身的显著特征。

第一，社会建构性。如果没有大数据技术，世界万物所包含的大数据只是凌乱地存在着，彼此之间的相关性其实也是凌乱地存在着。大数据技术使经验世界和网络世界运行所产生的大数据能够以即时数据的形式存储并分析、挖掘和可视化，发现其所隐含的知识。大数据技术需要采集哪些大数据，是由社会需要所决定，也就是说是社会建构的结果，包括采集哪些大数据，建设怎样的大数据平台，需要哪些人才、资金等都是社会建构的结果。另外，社会文化、制度、法律等方面的支撑也是社会构建的结果。大数据知识的社会构建性决定了大数据知识的选择性和不公平性。只有被选择认为具有研究的必要性，才可能发现其中潜在的大数据知识，没有被选择的经验世界和网络世界并不能认为不包含知识，或者通过小数据也可以获得知识，而且一些经验世界，不具有大数据的 4V 特征，也没有必要劳民伤财地通过大数据来发现知识。所以，对于社会建构，我们需要判断所研究的对象是否产生即时的大数据，是否需要通过大数据技术来研究，是否需要社会建构。

第二，普遍适用性。大数据知识像普遍知识一样，需要被表征和实践应用。大数据知识作为知识新的形态，具有经验知识所具有的信念、真、因果分析、真证据等。虽然，大数据知识对其语境具有依赖性，但是，其作为知识就应具有知识最本质的特征。经验世界和网络世界每时每刻都在产生巨量的大数据。对于大数据知识，其发现条件具有普遍性，即包括发现条件和实践条件，而且不同条件所包含的内容具有普遍性。正是这种普遍适用性凸显大数据知识作为知识形态的认可度。

第三，实现特殊性。大数据知识作为知识发现新的形态，又具有不同于经验、理性、实验等知识条件的特殊性。

大数据知识的本体不是传统意义上的经验世界，而是经验世界和网络世界被镜像的大数据，既与经验世界和网络世界直接相关，又不是经验世界和网络世界，是经验世界和网络世界与大数据的联合体，以经验世界和网络世界为最根本，以全样本的大数据为分析对象。传统意义上主体与客体是二元分割的，大数据不仅可以分析客观的经验世界和网络世界，还可以分析主观的经验世界和网络世界，如通过对主体社交语言、行为等相关大数据的分析，可以精准预测人的行为。目前此技术已用于分析自杀倾向或犯罪预测。

传统认识论分析多是侧重主体通过概念、思维、语言等发现知识。而大数据技术通过机器学习，减轻了人类的脑力劳动，人类需要根据可视化结果，结合主观判断和小数据知识，形成由语言表征的大数据知识。

大数据知识的伦理问题更复杂。传统知识的伦理问题主要是技术伦理，直接对象是科学共同体，大数据知识的伦理问题包括发现和应用大数据知识的所有主体，如科学共同体、政府、企业和民众等。

大数据知识的发现具有不确定性。传统知识应用于实践的目标是确定的。由于大数据发现知识的不确定性，使大数据知识应用于实践解决哪个问题存在不确定性，而且发现和应用大数据知识的成本很高，其具有低价值性。

第四，价值多元性。从知识论发展历程看，古代知识论主要从本体论和认识论上关注知识及知识的发现问题，重点探讨知识的真和善。"苏格拉底把知识看作是道德的基础，认为人的德行来源于洞见，而洞见就是对善的认识。"（戴景平，2003）近代社会，在知识就是力量的文化背景下，知识论不仅追求知识的真，还关注知识的社会变革力量。第一次和第二次科学技术革命作为知识最主要的形态，不仅促进科学技术的重大变革，还引起第一次和第二次产业革命。现代社会，特别是 20 世纪 90 年代发展迅速的知识经济，彰显了知识的经济功能。

　　大数据时代，"美国的沃尔玛公司通过数据挖掘，把啤酒与尿布放在一起卖，在飓风来临前把手电筒和蛋挞一起卖，显著提高了公司的销售额；谷歌通过大数据预测'非典'的大爆发；美国麻省理工学院的'十亿价格项目'编制的网上商品 CPI、阿里巴巴编制的淘宝 CPI，提前洞见 2008 年国际金融危机的爆发，等等"（张启良，2016），都是大数据知识应用的经典案例。作为当代知识论研究的重要领域，大数据知识的发现与应用"充满了安全、隐私、公正、透明、平等、可及等人类终极价值"（宋吉鑫 等，2017），大数据知识的实现条件彰显其追求真、善、效等多元价值的特质。从发现条件看，大数据分析、挖掘不能侵犯个人隐私、商业秘密和国家秘密，这是从伦理视角规范大数据拥有者、使用者的行为，也是大数据知识追求善的价值体现。从实践条件看，大数据知识目前被广泛应用于社会治理、公共治理、企业治理中，正在通过大数据治理实现政府、企业治理数据化，这是大数据知识在实践层面的价值体现。与此同时，大数据知识应用于生态保护、健康医疗等领域，正在努力实现我们环境美、生态美等目标。所以说，要实现大数据知识的真、善、效等价值，我们需要不断完善其在发现和实践等方面的条件。

　　第五，跨学科性。知识论研究知识的定义、性质、来源、获得手段、确证和效力等，其发展与知识本身的发展方式是紧密联系在一起的。从哲学研究视角看，传统意义上的知识论就是认识论。古代知识论多是从认识论视角研究知识如何通过人类的观察、理性、概念、归纳、逻辑、语言等被发现和表征的，这与古代知识发现方式有很大关系。古希腊知识的生产，如自然哲学的兴起、欧几里得的几何学等彰显人的主观能动性的发挥，所以，当时的知识论主要是从认识论层面研究知识如何被发现的问题。当代知识论的生存实践论、德性知识论转向与知识的实践转向、德性要求密切相关。大数据知识发现和实践条件包括历史、技术、伦理、语言、实践等，所以，大数据知识的实现问题是多学科相融合的过程。大数据知识论研究应反映大数据知识发展的时代特质，而不能仅局限于认识论层面的分析。也就是说，大数据知识论应彰显大数据知识本身发展的特质，不能将大数据知识论人为地割裂为大数据知识认识论、大数据知识实践论，而应从多学科交叉视角进行研究，只不过不同学科侧重点不同而已。

二、大数据知识的发现条件

　　大数据知识作为知识新的形态，能否发现大数据知识是大数据知识发挥其功能的重要前提。从客观实践看，大数据知识的发现条件主要包括全样本大数据、大数据技术、伦理支撑、人类认知和语言表征等。

（一）全样本大数据为大数据知识发现提供可靠的数据来源

对于大数据知识来说，其分析的本体是大数据。大数据的全样本性直接决定了大数据知识的客观性。

数据共享是保障全样本大数据的重要条件。对于经验世界和网络世界来讲，其时刻都在产生大数据，数据采集往往涉及多个部门或组织，为采集全样本大数据，我们需要融合不同的大数据，将它们整合到大数据仓库中，以便加以分析。现在的问题是这些大数据有的涉及国家、企业和民众的隐私或者秘密；哪些数据是可以开放和共享的，政府、企业和社会应建立开放数据的边界。或者通过技术手段隐去涉及隐私和安全的大数据。

经验世界的小数据为大数据提供必要的补充。现实中往往完全获得全样本大数据是很困难的。这样造成两个后果。一是依靠非全样本大数据分析结果的可靠性，二是小数据弥补的重要性。所以，大数据时代，对于小数据，如传统统计、定性资料、分析报告等可以作为大数据的重要补充，二者相辅相成。

（二）大数据技术为大数据知识发现提供技术支撑

经验世界和网络世界时刻产生大数据，如果我们不去采集这些大数据，这些大数据也是客观存在的。我们借助大数据技术，实现对经验世界和网络世界的数据进行治理形成知识。可见，大数据技术是对经验世界和网络世界的大数据进行解蔽的重要工具。

大数据技术主要指对大数据进行存储、分析、挖掘、可视化等一系列技术。大数据技术来源于大数据科学的发展。数据科学是通过发现或者假定设想以及假定验证等数据进行分析，直接从数据中抽取出可执行的知识。数据生命周期是把原始数据转换成可操作知识应用的一系列过程。数据科学应用程序在大数据工程背景下，实现数据生命周期中的数据转换。数据科学家和数据科学团队通过在一个或多个学科中、在商务策略背景下以及在领域知识指导下，利用深厚的专业经验来解决复杂的数据问题。

大数据技术是在数据科学基础上的技术创新，是实现经验世界和网络世界大数据采集、存储、分析、挖掘和可视化的具体技术。没有大数据技术，就不会有大数据知识。大数据技术通过对经验世界所产生的大数据治理，解蔽其中所包含的知识，形成大数据知识。当然，大数据技术作用的发挥需要大数据平台、大数据人才、需要采集的经验世界等条件。

（三）伦理治理为大数据知识发现提供安全支撑*

1970 年，著名的分子生物学家和哲学家莫诺在其《偶然性与必然性：略论现代生物学的自然哲学》一书中提出了"知识伦理学"的概念，他认为"真正的知识定义归根到底是建立在一种伦理假定之上的"（莫诺，1977）。大数据时代，通过对大数据的存储、分析、挖掘和可视化，发现遮蔽在大数据中的知识，即数据驱动成为发现知识的新来源，大数据知识不仅被发现还被应用于社会实践，成为实现治理变革的重要工具。可以说，大数据知识的发现和应用，是社会、政府、企业、民众等主体进行伦理选择的过程。为了更好地应用大数据，我们首先要解决大数据知识的安全问题。目前，国内研究多是侧重大数据技术、大数据的安全问题，对于大数据知识的安全问题研究较少。安全问题最主要是由于伦理选择的差异性等造成的。伦理治理为大数据知识的安全提供伦理保障。

1. 大数据知识的伦理视角

大数据知识作为知识新的形态，客观要求大数据本身的客观与真实。大数据知识的价值选择、发现过程和实践应用等都存在着伦理问题。

大数据知识对传统知识的价值选择提出了挑战。伦理涉及价值的选择。知识与伦理的关系，从古至今不断地被研究着。苏格拉底提出"美德即知识"的知德合一说，柏拉图提出"知识是被证明为真实的信念"的真理论，中国古代哲学家的知行合一说，及知识社会学所探讨的知识社会论等，彰显知识的德性、客观性、实践性及社会性等价值取向，这本身就是一种伦理选择。大数据时代，大数据知识本身应坚持什么样的价值选择，直接决定了大数据知识的发展方向。有学者认为"大数据为伦理世界带来的最大改变就是确定性的终结"（朱锋刚 等，2015）。大数据知识来源于对经验世界和网络世界大数据的存储、分析、挖掘和可视化，由于大数据的即时性、历时性、共时性等特征，无法实现像传统知识那样的重复实验。另外，大数据知识对相应语境具有强依赖性。大数据资源不同，可能获得的知识就不同。大数据知识对传统知识所追求的确定性、普遍性、客观性等提出挑战。

大数据知识对传统的科技伦理提出挑战。科技伦理伴随着其在改变人类生活与交往手段时频频向伦理提出挑战而备受关注。传统意义上的科技

＊ 部分内容发表于苏玉娟：《新时代大数据知识的伦理问题及其应对》，《中国井冈山干部学院学报》，2018 年 a 第 1 期。

伦理主要研究科学家以责任概念为表征的伦理问题，延伸出科研伦理与社会责任问题。大数据时代，大数据知识的发现过程首先需要借助大数据技术对大数据存储、分析、挖掘大数据中隐含的相关关系，并通过语言、图表等形成将大数据知识表征出来。大数据技术的相关性分析可能挖掘到民众或企业的隐私和商业秘密。所以，我们需要在技术层面尽可能地消隐隐私大数据和商业秘密大数据。

大数据知识对传统知识的边界提出挑战。传统知识的发现来源于经验世界和理性分析。而经验世界多是以小数据的形式呈现出来，科学共同体通过采用定性描述、样本分析或对历史资料的梳理、计算、模拟等方式发现知识。这些经验世界多是自然世界或模拟世界，其所包含的伦理问题多是客观性与真实性。大数据时代，传统的结构性数据和图片、视频等非结构性数据都成为知识的来源，而这些大数据虽然也是对经验世界和网络世界的镜像表征，但多数是人类社会产生的大数据。我们应该在多大程度上采集大数据，即大数据边界涉及伦理问题；同时又在多大程度上开放大数据，即大数据开放涉及伦理问题。

大数据知识对传统知识的实践价值提出挑战。休谟第一次将价值命题与事实命题分开，似乎知识的发现过程是事实命题，而知识应用过程是价值命题，并认为不能从事实命题逻辑地推导出价值命题，似乎事实与价值无涉。笛卡儿将主体和客体二分开来，蕴含了科学研究的"客观性"原则，客观性本身也是一种价值选择。随着科技革命的不断推进，生态、可持续发展等伦理问题越来越突出，知识应用的伦理问题备受关注。传统意义上知识的实践价值主要侧重知识对产业结构、经济发展方式、社会变等方面的变革。近代科技革命不仅是一场知识革命，而且引起产业结构变革，引领人类进入工业文明。现代科技革命在实践领域的应用凸显生态、环保、安全等价值目标，并引领人类进入信息文明。大数据知识的伦理价值有两个方面：大数据知识的伦理价值和大数据知识应用的伦理价值。前者指其本身所赋予的伦理道德意义，即大数据知识活动中的精神和规范。后者指大数据知识应用中的价值。即大数据知识被政府、企业、民众等主体应用所彰显的价值。大数据知识所蕴含的精准预测，正在引起一场治理变革。当然，大数据知识被不法分子所利用，将成为侵害个体隐私、企业秘密的重要工具。目前，数码产品的发展，使数据泄露从过去以计算机为载体延伸至数码平台，如手机二维码漏洞，安卓应用程序漏洞等，会导致数据丢失和篡改、隐私泄露乃至金钱上的损失。因此，大数据时代，如何应用好大数据知识是一项重要的社会课题。

大数据知识主体的多元性使其价值选择更复杂。小科学时代，知识来源于科学家或哲学家对经验事实的归纳与总结，知识发现要求科学家或哲学家遵从"真"的价值标准。大科学时代，知识论研究从本体论和认识论转向实践论，知识发现、确证与应用的主体从科学家扩展到政府，科学共同体发现知识的经费受政府的支持，知识应用的方向更是政府价值选择的结果。知识不仅追求真而且追求效。大数据时代，政府、企业和民众已不是知识的"门外汉"，而成为知识的"剧中人"，他们既是大数据的生产者，同时又是大数据的使用者。大数据知识的发现要求不同主体产生的大数据是对经验世界的客观镜像，具有真实性，利用大数据我们可以得到很多的事实命题（"是"）。但此过程中已渗透政府、企业和民众等主体的价值选择。原因在于大数据作为大数据知识发现的基础，对于采集哪些大数据本身就是不同主体价值选择的结果；大数据知识应用的价值选择，即"应该"怎么做，或者是对现实"应该"如何治理等更是政府、企业和民众价值选择的结果。显然，差异性和多元性成为大数据知识不能忽视的价值。因此，大数据知识发现与应用是科学共同体、政府、企业和民众多元价值选择的过程，彰显大数据知识的伦理诉求。

总之，大数据时代，大数据知识能否被发现和应用不仅仅是技术问题，更重要的是社会层面的伦理问题。

2. 大数据知识的伦理问题及其表现

大数据知识发现与应用的过程"充满了安全、隐私、公正、透明、平等、可及等人类终极价值"（宋吉鑫 等，2017），其不仅对传统知识论所追求的客观性、普遍性、真理性等提出挑战，而且对当代社会行为规范构成了严重冲击。目前，大数据知识的伦理问题表现在以下几个方面。

（1）客观性与主体性并存。传统意义上，知识就是对主观世界和客观世界的正确反映，也就是对主观世界和客观世界的认识从去蔽到无蔽，追求客观真理。这是知识对主观世界的伦理要求。自近代西方哲学家提出主观与客观二分法之后，知识越来越成为主体对客观世界的认识。客观性成为知识最基础的伦理追求。可以说，传统知识论追求客观真理，现代知识论强调价值，而价值是人的理性选择的结果。"没有主体性不能符合人的目的，没有客观性不能符合自然的规律。"（郝文武，2016）

由于大数据来源于对经验世界和网络世界的镜像反映，其中包含了一些虚假数据、个体隐私数据、企业秘密数据和国家安全数据等，完全实现对大数据的去蔽以发现知识，彰显大数据知识的客观性显然是有困难的。

虚假大数据、模糊的大数据边界等成为影响大数据本身客观性的重要因素。所以，大数据知识是否能够客观地反映和认识经验世界和网络世界，彰显知识的客观性，受到人们的质疑。与此同时，有些人提出唯大数据论，拥有大数据，即可产生大数据知识，人工智能正在代替人类的思维和理性，这种价值选择也是值得商榷的。原因在于通过大数据所挖掘出的相关性有无数种，哪些才是根本性的或本质的，需要人的理性思维进行综合判断。

（2）实效性与无用性并存。知识不仅是人类对客观世界和主观世界的认识，而且也是人类改造客观世界和主观世界的重要工具。传统意义上的知识论侧重对真的信念的确证，多是理念层面的研究。随着知识社会学的发展，知识的社会价值越来越受到关注。"行动是使知识和价值同时发挥作用，或同时成为问题，一切行动都意味着是有利于或有损于某种价值的行动；或构成了，或企图构成对价值的一种选择。"（郝文武，2015）特别是 20 世纪 90 年代知识经济的兴起，知识成为一种经济形态，一种生产力。

大数据时代，我们通过对交通、医疗、环保、民众消费等大数据的存储、分析、挖掘和可视化，产生对某领域发展动态的预测，这些知识成为政府治理、企业治理的重要工具，彰显大数据知识的治理价值，同时也成为改变政府、企业治理方式和民众生活方式的重要工具。可以说，大数据知识正在引领一场治理变革，并成为提升经济价值、推进民主进程、拓展文化空间的重要工具。目前，一些人夸大了大数据知识的效用，似乎用大数据可以解决人类所面临的一切问题。我们知道，大数据知识的实效性首先要求其大数据是可靠的和全面的，大数据技术主要通过对大数据进行相关性分析，这种相关性包括强相关性、弱相关性等多种形态，哪种相关性是对客观实在的真实反映，是一个非常复杂的选择过程。因此，大数据知识实效性的彰显，也不是一件容易的事情，这也是很多大数据被闲置的重要原因，这样就产生另一种价值选择，即大数据知识的无用论。

（3）普遍性与特殊性并存。传统意义上，知识多是指科学知识，只要条件满足，无论在何时何处知识都是可以被确证的，这彰显知识的普遍性。正是知识所具有的普遍性特质，知识才能被人们公认为是真理，是可以依靠的信念。

大数据知识来源于对特定大数据的存储、分析、挖掘和可视化，大数据不同，所获得的大数据知识可能不同。所以，大数据知识更多彰显的是特定语境中的碎片化知识。这样，大数据知识是否具有普遍性，受到质疑。一方面，大数据作为对历时语境中经验世界和网络世界的记录，是不可重复的，想验证大数据知识的真、善与效，需要借助人的理性思维和实践应用。另一方面，我们不能将某个领域的大数据知识推演到整个领域，即不能以单称命题推得全称命题。正是大数据知识的不可重复性和语境依赖性，使大数据知识的普遍性受到质疑。

（4）确定性与不确定性并存。按照传统的知识定义只有确证为真的信念，才可以成为知识，显然，知识具有确定性。也就是说某种信念如果不能确定，那么，它就不能成为知识。西方哲学一直把寻求确定性知识作为研究的终极目标。

对于相同的主题，由于大数据不同，最后获得的知识是不同的，由于不可重复性，即使采集相同领域，时间不同，所获得的大数据也不同，就是说不同时间所获得的大数据知识也可能是不同的。我们不仅需要确证某个大数据所产生的碎片化知识，还需要确证不同碎片化知识融合形成的普遍知识。同时，由于大数据相关性分析所彰显的碎片化知识是一种相关集，哪些相关集应该被确证，是非常复杂的选择过程。似乎确证大数据知识陷入相对主义的泥潭。再加上大数据的不可重复性，使得大数据知识的确证更困难。不能确证，也就不能确定其为知识。似乎大数据知识不具有确定性，因而很难被确证为真的信念，这样它构成知识很困难。但是，知识论是时代发展的结果，我们不能固化在传统认识中，需要发掘大数据知识所具有的伦理特质。

（5）多主体性与多价值性并存。传统意义上，知识是德、真、效的统一体。被确证为真的信念的知识，往往会从信念层面逐步向实践层面转化。传统社会中由于分工的不同，知识发现的主体往往是哲学家或者科学家、科学共同体，他们一般在理念层面实现知识的"真"；而知识应用的主体多是社会，如政府、企业和民众会从公共性、经济性等方面探讨和实践知识的价值。大数据时代，发现知识和应用知识的主体的边界越来越模糊。政府拥有大数据，可以依托大数据服务公司实现对大数据知识的挖掘与应用。政府所承担的角色已不单单是知识的应用主体，要发现什么，如何发现，如何应用等都需要政府来决策。而对于科学共同体来讲也不能只关注对大数据"真"的挖掘，还需要根据政府、企业和民众的技术需要，不断创新大数据技术。民众既是大数据的生产者，也是大数据知识的使用者，他们更追求"效"。但是，他们出于某种目的往往会产生虚假数据，这些因素会影响大数据知识的效用。不仅民众而且企业和政府某种程度也存在这种双重矛盾的价值选择。正是由于不同主体角色的双重性，导致他们价值选择的冲突。

（6）技术性与社会规范性并存。大数据时代，三分技术，七分数据，得数据者得天下。数据竞争成为经济发展的必然，与此同时也带来一系列新的社会问题。新时期依法治国应体现大数据时代社会发展新的法治需求。

随着大数据技术在企业、政府、科学和法律等领域中的进一步推广应用，不仅为我国法治公开公正提出了新的课题，同时也成为促进社会公开公正的利器。大数据技术的应用，为实现法治公开公正提供了新的时代课题。传统意义上的公开公正主要侧重执法理念和过程要公开公正，政府信息要公开公正，民众信息被二次利用要公开公正等。自2013年"大数据元年"以来，大数据技术的应用产生了新的不公开不公正问题。

其一，由于缺乏对民众数据身份管理的相应制度，民众的躯体隐私、信息隐私和空间隐私的安全性越来越受到威胁。很多企业为了企业自身的发展，不惜以牺牲民众的隐私安全为代价。所以，大数据时代由隐私问题产生了权利与责任的不公平问题。其二，大数据拥有分析过程产生的数字鸿沟可能引起对不同年龄、性别、族群、健康状况和社会背景的歧视，引发新的社会不公平不公正问题。大数据的产生与应用过程多是利用互联网和物联网，非网民就会被大数据边缘化，而产生不公正问题。同时，由于普通搜索引擎和专业搜索引擎之间搜索能力差异很大，在信息搜索阶段就产生了数字鸿沟。也就是说即使都是网民，由于所使用的搜索引擎的不同，也会产生不公正问题。因此，大数据时代，我国法治工作的公开公正，不仅需要协调民众、企业、政府、科研机构的利益关系，而且需要关注弱势群体，促进社会公平公开公正。

大数据应用引发的国家安全与个人隐私问题，需要不断完善国家法律体系，维护社会公平正义和国家安全稳定。个人隐私保护包括位置、标识符、连接关系等的保护。大数据技术已广泛应用于科学计算、医疗卫生、金融、零售业和政府管理过程，大数据在应用过程中产生了一系列新的安全问题。其一，大数据技术主要通过"追踪痕迹"，不仅可以盗用身份，泄漏个人隐私，而且可以基于大数据对人们的状态和行为进行预测。目前，用户数据的收集、存储、管理与应用等缺乏法律条文的明确规定，也缺乏政府部门的监管，单纯依靠商家的自律对用户的隐私进行保护是非常困难的。其二，某些行业如金融机构、医疗机构、政府等有可能因为保密措施不当，引发个人信息泄漏，对于这些涉及公共领域的行业也需要通过法律体系进行规范，以保护民众的权益。其三，由于信息的不对称性，民众对自己的信息被泄漏和被使用往往不知情，这就产生了不同群体或者利益相关者之间的矛盾。一旦民众知道自己的信息被泄漏，要么选择远离大数据，尽量避开被追踪，要么在网评或者涉及个人信息环节处留用假信息，要么通过法律手段维权，最终影响大数据分析的可靠性。在大数据时代，为了进一步发挥好大数据的正能量，协调不同利益相关者的权益，我们需要不断完善法律体系，维护国家和个人隐私安全。

　　大数据应用引发的数字鸿沟，需要进一步推进政务公开和司法公正。数字鸿沟指某些群体在信息认知、可及和应用等方面遇到不合伦理和得不到辩护的排除。大数据时代，除了衣食住行、医疗、教育、安全和环保等基本需要外，数字信息成为民众新的必需品。一方面，网民与非网民之间存在数字鸿沟。2014年7月第34次《中国互联网络发展状况统计报告》显示，我国网民达6.32亿人，20～29岁年龄段网民的比例为30.7%，在整体网民中占比最大；农村人口占比为28.2%。从网民的结构看，数字鸿沟首先产生于网民与非网民、青年人与中老年、城市人口与农村人口之间。另一方面，网民之间存在数字鸿沟。对于不同的网民来讲，由于数据开放程度、搜索引擎和数据分析能力的差异，造成他们之间也存在数字鸿沟。所以，大数据时代数字鸿沟的存在，客观上要求政府应提高治理能力。其中完善法律服务平台是实现政务公开和司法公正的重要渠道，也是缩小不同群体数字鸿沟的重要手段。政府要通过网络、电视、报纸、宣传册、培训等方式提高农村人口、中老年人群对大数据的可及和应用能力，同时解决好个人信息安全、信息的归属权问题及大数据的共享问题。

　　大数据产生的相关性分析，成为我国实现依法治国的重要方法。《大数据时代：生活、工作与思维的大变革》的作者之一，牛津大学大数据专家迈尔-舍恩伯格认为，大数据时代思维变革体现在三个方面，不是随机样本，而是全体数据；不是精确性，而是混杂性；不是因果关系，而是相关关系。相关性分析成为大数据时代至关重要的方法。利用大数据可以多维度地更加清晰和准确地分析事物。相关性分析也成为我国实现依法治国的重要方法。其一，每一次技术革命都带来新的思维革命，只有积极学习和应用新的思维，才能保持与时俱进。大数据的发展和应用影响着思维主体、思维客体和思维中介的变革。大数据时代，个体思维者已无法独立将庞大的数据量消化，必须寻求相关的合作对象；思维客体也由传统的对客观事物局部"数字"的认识转变为对客观事物全方位和多角度的大数据认识，这样，对客观事物的认识需要相关性思维；思维中介也从传统的信息方法转变为云计算。大数据引起的相关性思维变革会渗透到社会的各个层次也包括法律层次。因此，要实现依法治国必须学习应用相关性分析方法，实现我国依法治国的与时俱进。其二，大数据采集、存储、利用的过程本身就是协调民众、企业、政府等不同群体利益的过程。因此，解决大数据技术带来的安全、效率、认知等问题必须基于不同群体相关利益的分析。

大数据的低价值密度特征，需要不断提高我国依法治国的效率。大数据技术的低价值密度来源于信息垃圾，高额的信息存储成本、计算成本和人力成本。谷歌数据中心只有 6%～12%的电能被用来支撑大数据的分析处理，绝大部分电能用来支撑很多闲置状态的服务器。目前，不法分子利用虚假信息进行诈骗，垃圾信息占用了很多的空间，仅仅依靠道德让民众不要随意产生和传播诈骗信息和垃圾信息是很困难的。因此，一方面，我们要倡导民众要有健康的信息观念，不传播虚假或者无价值的信息；另一方面，我们要提高政府对大数据的治理能力，对于无用的、虚假的、价值比较低的数据要及时删除，以提高存储效率。再者，加大执法力度，构建大数据收集、保存、维护与共享的良性社会环境，提高民众对有效信息的利用效率，形成一种良性的大数据循环应用系统。

总之，党的十八届四中全会提出的依法治国战略，应体现大数据时代新的需求，既要进一步解决好大数据应用带来的安全问题和数字鸿沟问题，又要提高相关性分析方法在依法治国战略中的应用，并不断提高依法治国的效率。

3. 大数据知识的伦理治理

"治理的意义是决策和决策实施过程，并包括公司、地方、国家以及国际多个层面。"（邱仁宗 等，2014）可以说，治理是多方面协调的行动。由于大数据知识发现与应用过程是科学共同体、政府、企业和民众等主体多方参与的过程，此过程产生的伦理问题也是较复杂的，彰显多元价值和具体行动的协同。"伦理原则是利益攸关者应尽的义务，也是我们应该信守的价值，这些伦理原则构成一个评价我们行动的伦理框架。"（邱仁宗 等，2014）1942 年，默顿在《论科学与民主》一文中提出科学活动的规范结构，也是其基本原则——普遍主义、公有性、无私利性、有组织的怀疑主义。历史上知识恶果的根源在于重视知识的效用，却忽视其伦理。大数据知识作为知识新的形态，也需要遵从一定的伦理原则，彰显知识发展的时代特质。

（1）坚持善的原则。苏格拉底关于"知识即美德""美德即知识"的"知德合一"说与其的性善论是相通的。"人们只有有了这种普遍的善的知识，才会自觉地合乎道德地去行动。"（郝文武，2016）弗朗西斯·培根认为："善的定义就是有利于人类。"求知不仅获得个人最大快乐和幸福，而且可以造福于整个人类，即服务于人类命运共同体。中国古代哲学家认为，不仅要认识（知），尤其应当实践（行），只有把"知"和"行"统一起来，才能称得上"善"。伦理领域是求善的过程，知识是求真的过程。善与真在一定的条件下是可以转化的。人类命运共同体的价值观包括国际权力观、共同利益观、可持续发展观和全球治理观等。大数据时代，虽然科学共同体、政府、企业和民众等不同主体具有不同的价值追求，但是求善，即大数据知识服务于人类是所有价值中最基本的原则，也是一项最初始的义务。为了整个人类的生态、安全、健康等，大数据可以突破国界，实现国际联盟与共享。可以说，造福人类是大数据知识追求善的总目标和原则。

（2）坚持真的原则。追求"真"一直是知识论研究的重要方面。无论是真的信念的形成，还是确证的过程，都是在追寻"真"，没有"真"，知识就无法成立。真的核心是对客观世界的真实反映。小数据时代，很多知识来源于对抽样或者是个别样本的研究或者模拟实验，并通过归纳形成知识。此过程由于不是全样本，也会存在失真或不确定等，后通过不断地纠偏或修正，才逐步接近真理。因此，追求"真"是一个动态的过程。大数据时代，可能存在虚假数据和隐私数据，我们需要通过大数据技术创新，不断完善大数据。我们也需要不断地纠偏和修正，实现大数据知识对客观世界的真的反映。可以说，追求大数据的真是一个基本的原则和规范。

（3）坚持效的原则。效强调"功用"和"结果"。知识作为人类文明进步的象征，不仅实现了人类对客观世界的认知，而且成为人类支配和改造自然的有力工具，体现为知与行的统一。中国传统文化重视实用性，也就是对效的追求。现代知识论从本体论和认识论向实践论转向，知识的实践价值越来越成为社会关注的焦点。由于大数据无所不在，无所不包，不仅传统的自然科学实现了数据化；而且社会科学借助大数据，实现了像自然科学一样的数据化，促进了社会科学的发展；同时社会领域借助大数据，发现了社会领域数据之间隐蔽的相关性关系，并成为政府、企业和社会实现治理变革的重要工具。大数据知识对效的追求，是科学共同体、政府、企业、民众共同的价值选择。如果大数据知识不能产生行动，它就会成为不同主体的负担。因为存储、分析和挖掘大数据，是需要费用的。作为社会人和经济人，如果没有产出只有投入，这项技术的发展前景将会越来越暗淡，并被新的技术所取代。

（4）坚持公平的原则。公有性是知识显著的特征，每个人都有公平的机会和权利拥有知识。大数据时代，政府、企业、民众等都产生大数据，但是大数据的拥有者可能是政府、企业、科学共同体，知识发现的主体可能委托给第三方大数据服务公司。但是，大数据知识拥有者多是大数据的拥有者。可以说，谁拥有大数据，谁就可以拥有大数据知识。由于大数据生产者与拥有者存在差异，如何体现公平原则，是一个很难的现实问题。原因在于大数据本身的低价值性和大数据知识的强语境依赖性，使大数据知识传播的动力不足。但是，对于涉及交通、安全、环保、健康等公共领域的大数据知识的传播是彰显其公平性的重要途径。大数据知识作为知识的一种形态，应该适当地平衡个体与公共的利益，维护每个人从大数据知识中受益的权利。将有限的大数据知识公平分配，努力缩小和消除数字鸿沟，特别关注社会中的弱势人群。

伦理原则是大数据知识发现和应用的客观法则。要实现大数据知识的伦理治理，我们还需要具体的策略。虽然大数据知识的伦理问题很复杂，但是我们不可否则，大数据知识所具有的客观性、实效性、普遍性和确定性等，是大数据知识发展的新常态，而主观性、无用性、特殊性和非确定性等是大数据知识追求新常态过程中所呈现的复杂性和曲折性。我们需要通过具体的治理策略，在实现大数据知识德与知、知与行辩证统一的同时，促进其新常态的形成。为此，我认为，应做好以下工作。

以大数据技术创新为工具，提高大数据知识的客观性。解铃还须系铃人。大数据技术实现对大数据的去蔽，并发现知识。大数据技术背后的工具理性成为规约整个现实的价值导向。"构建大数据技术的过程就是要通过隐式或显式方式把价值嵌入到数据使用中"（王绍源　等，2017），以提高大数据的客观性和安全性，也就是说要通过技术创新过滤虚假数据和隐匿隐私数据。当然，提高政府、企业、民众的社会责任感，也是削减虚假数据的重要途径。

以张扬人的理性为支撑，提高大数据知识的实效性。大数据时代，有些人认为"让数据发声""得数据者得天下"，似乎大数据成为主宰人类命运的主体，这种唯数据论带来很多负面的影响。如忽视人的理性或主体性。而现实中采集哪些大数据，选择和应用哪些大数据知识等都需要人的理性思考。没有人的参考，就不会有大数据。我们知道，大数据知识彰显大数据之间的相关性特质，仅有相关性分析，并不能上升为知识，此过程还需要人的理性其对进行归纳总结，形成系统化的知识体系，进而应用于社会实践中。因此，为提高大数据知识的实效性，我们必须张扬人的理性，使冰冷的大数据有理性的温度，实现相关性与因果性的有机统一，提高大数据知识的实效性。

以整合碎片化知识和融合大数据为手段，彰显大数据知识的普遍性。

普遍性是知识所具有的显著特征。没有普遍性的知识，也许只是一个意见或者建议。当然，这种普遍性是有条件的普遍性，即在满足一定条件下的适用性。大数据知识作为知识的一种形态，也应该具有普遍性。但是，由于大数据来源的强语境依赖性，导致大数据知识多是碎片化知识，我们需要将相关的大数据碎片化知识连接起来，形成大数据知识网络，并对其进行提炼形成更具普遍性的大数据知识。也就是"将以往局域的、临时的、琐碎的粗糙知识上升到全局的、长久的、精细的普遍知识"（方环非，2015）。同时，我们也可以通过实现更大范围大数据的融合，形成更具普遍性的大数据知识。

以客观规律和人类需要为基础，寻求大数据知识发展的合理性。伦理首先是信仰，其次才是知识和行动。对于确定的时间确定的大数据来讲，它所产生的大数据知识是确定的。但是，对于不同时间不同的大数据来讲，大数据知识是不确定的。那么我们如何来判断和理解大数据知识的确定性呢？胡塞尔认为，"我们时代只愿意相信合理性。劳丹也认为，合理性的核心是做我们有充足理由去做的事。合理性在于做出最进步的理论选择。我国学者欧阳康认为，合理性是合规律性、合目的性和合规范性的统一，也是真理性和价值性的统一"。（郝文武，2016）大数据知识目前已被广泛应用于政府治理、社会治理和企业治理中。我们应在遵循客观及符合人类目的性和规范性的基础上，寻求大数据知识的合理性。以对合理性的追求，彰显大数据知识的价值。

以大数据知识联盟为依托，构建系统的价值体系。知识最大的价值在于使人类从繁重的体力劳动、脑力劳动中解放出来，实现全人类的解放，这是最高价值。在现实中，个体、群体和社会的利益总是存在不一致，价值冲突时常存在。大数据知识发现主体、应用主体所追求的价值也是不相同的，也会存在价值冲突。只有构建以人类命运共同体为价值依托的大数据知识联盟，才能协同不同群体的利益。所以，我们应建立包括不同国家科学共同体、政府、企业和民众在内的大数据知识联盟为依托，实现更大范围内大数据的融合，为全人类的解放贡献大数据的力量。

组建国家科技伦理委员会是保障大数据知识安全的重要举措。20 世纪80 年代末以来，医学领域关于医学伦理问题讨论比较多，建议成立医学伦理委员会，对试管婴儿、克隆技术等进行伦理价值的引导。随着大数据、人工智能及基因编辑技术的发展，高科技应用带来的伦理问题不仅关心到个体的发展，而且直接关系到人类未来的发展。如基因编辑婴儿事件就是突破人类伦理底线、打破生态系统多样性发展的重要伦理事件。克隆人也是在突破人类多样性发展的底线。所以，建立国家乃至世界层面的科技伦理机构及相关制度迫在眉睫。2019 年 7 月，中央全面深化改革委员会第九次会议审议通过了《国家科技伦理委员会组建方案》等方案或意见。会议指出，科技伦理是科技活动必须遵守的价值准则，组建国家科技伦理委员会，目的就是加强统筹规范和指导协调，推动构建覆盖全面、导向明确、规范有序、协调一致的科技伦理治理体系。国家科技伦理委员会的成立大大推进了我国科技伦理政策与制度的建设，为解决大数据知识的伦理问题提供了指导。

　　总之，大数据知识既具有传统知识的伦理价值，又具有自己新的价值特质，我们需要用发展的辩证的思维，看待大数据知识体现知识论发展的继承性与突破性；同时，我们还需要用理性的思维，提升大数据知识的客观性、普遍性和确定性等，彰显大数据技术与人的理性的完美结合。

　　（四）人类认知水平为大数据知识发现提供主体性支撑

　　认知是一种心理活动。习惯上将认知与情感、意志、感觉相对应。认知是个体认识客观世界的信息加工活动。感觉、知觉、记忆、想象、思维等认知活动按照一定的关系组成一定的功能系统，从而实现对个体认识活动的调节作用。在个体与环境的作用过程中，个体认知的功能系统不断发展，并趋于完善。传统意义上，认知活动是认知主体通过概念、感觉、知觉、记忆、思维等对客体进行信息加工，形成潜在的信念或潜在的知识。

　　大数据知识虽然借助大数据技术通过机器学习，将大数据中包含的相关性关系通过可视化技术展示出来，理想状态下这种相关关系即体现为大数据中的知识形态，这就是一些人认为的"用数据说话"就可以的数据决定论。人类被大数据所控制，人类从繁重的脑力劳动中解放出来，似乎可以万事大吉了。但是，从现实看，我们的大数据样本也不一定是全样本的，大数据对经验世界和网络世界的数据镜像反映，如果不是全样本，也就是说对经验世界和网络世界的反映可能存在一定的偏差。这是由于数据镜像所导致的结果。在传统知识论研究过程中，也存在这样的情况，如我们的实验、问卷调查等数据量更小，对结果的分析需要人类认知进行进一步的判断。大数据知识也是这样的。对于可视化结果，研究者需要结合历史语境中的小数据，如传统的统计小数据、定性研究报告、主体判断等集成形成一种信念，这构成知识的基础。大数据知识离不开人类认知，包括采集哪些经验世界和网络世界的大数据、建立怎样的数据平台等都是人类认知的结果。对于信念形成背后的原因也需要人类认知进行分析。仅相关性并不能反映经验世界的客观规律。所以，人类认知是大数据知识发现的重要因素。

（五）语言表征为大数据知识从隐性走向显性提供支撑

人类认知是一种心理活动，认知的结果只是一种潜在的知识，是需要通过语言表征为理论化的知识体系。语言表征是心理表征的符号实现，但它还受特定语用和文化习惯的制约，所以同一心理表征可以有不同的语言表征。传统意义上，知识表征过程是知识从潜在形态向显性形态转变的过程。对于人类的认知我们需要通过语言形式展现出来。从表征能力看，语言表征除了符合语言修辞、语言习惯、语言规范等之外，还需要研究者具有专业的语言表征能力。从表征形式看，对于同样的经验世界和网络世界的运行规律，我们可以用学术语言、群众语言等多种形式表征出来，根据具体的对象采用不同的表征形式。

语言表征是大数据转化成知识的重要环节。主体对大数据认知的结果需要通过语言表征展示出来，形成一种信念。对于大数据知识的语言表征来说，主体不仅应具有基本的语言表征能力，还应具有对大数据的理解能力和对可视化结果的分析能力，与小数据、定性资料等的整合能力。大数据知识的语言表征需要更强的专业能力和整合能力。

以上大数据知识的发现条件是从大数据到大数据知识所需的条件。这些条件也可以称之为大数据知识的发现条件，只有发现大数据中的信念，才谈得上在实践中应用。

三、大数据知识的实践条件

随着实用主义知识论的兴起，对知识客观性和普遍的追求向知识实用性转向。而知识的实用性体现在其在科学、社会、生态等领域的广泛应用。大数据知识的发现与实践直接来源于社会需要。所以，大数据知识发现是前提，最重要的是实践应用。目前，大数据知识已被广泛应用于国家治理、政府治理、社会治理和企业治理中，成为实现治理现代化的重要支撑。大数据知识在实践中的应用需要一定的社会、文化、制度等方面的支撑。从目前大数据知识的实践应用看，其实践条件包括社会需要、社会支撑、社会实践等。

（一）社会需要是大数据知识实践的前提和基础

恩格斯曾经说过，社会需求比十所大学更能推动社会和技术的进步。

随着大数据技术的发展，凌乱的、非结构性的镜像大数据和网络大数据可以通过大数据技术整合到大数据仓库中，通过存储、分析、挖掘和可视化等发现其中隐含的知识。正是大数据技术的发展，使大数据知识实践成为可能。所以，社会需要成为大数据知识发展的直接动力。

社会需要首先要求政府加大大数据技术的研发投入，推动大数据技术的发展。目前，我国已出台大数据发展纲要及大数据产业发展规则等。从国际发展趋势看，大数据产业正在迅速发展。

社会需要决定大数据采集的领域和对象。世界万物每时每刻都在产生大数据。人类根据社会需要采集相应的大数据。目前，交通、医疗、环保、安全、经济等领域通过大数据实现精准预测。如交通环境的改善，可以根据大数据知识分析城市拥堵现象，在分析原因基础上采取相应的对策。

（二）社会条件为大数据知识实践提供多元支撑

大数据知识虽然来源于经验世界和网络世界。但是，不是对经验世界的直接反映，而是通过对经验世界和网络世界镜像的大数据进行研究。这些大数据的采集、分析、挖掘和可视化等不仅需要大数据技术的支撑，还需要相应社会条件的支撑。如大数据平台的建设，大数据文化的塑造，大数据相关制度的创新，大数据人才的培养。

大数据平台的建设是关键。大数据与小数据的不同首先表现在数据量上。传统的小数据由于存储能力有限，只能对有限的小数据进行存储和分析。大数据的即时性要求足够大的大数据仓库来存储。大数据平台可以运行巨量的大数据。

大数据相关制度创新是保障。制度创新作为社会进步的重要体现，是不同时代社会发展的需要。由于大数据可能涉及国家安全、企业秘密和个人隐私，大数据可采集的边界需要通过相应的制度进行规范。大数据服务公司作为大数据产业的主力军，它在采集、分析、挖掘和可视化大数据过程中，应遵循一定的制度，对于涉及国家安全、企业秘密和个人隐私的大数据可以通过技术手段模糊大数据的主体，以保护大数据的安全。

大数据文化的塑造是重要条件。大数据作为知识发现和应用的新来源，需要得到科学共同体、政府、企业民众的认可和支持。大数据文化通过价值观、大数据理念、大数据思维等支撑大数据知识的发现与实践。所以，大数据文化塑造作为大数据时代来说也是非常重要的。

大数据人才是重要因素。每一次技术革命都在引起一些行业的消失，同时产生新的行业。大数据时代的到来，大数据处理过程需要专业的人才队伍。我国近两年来在很多省份都建立了大数据学院，培养专业的大数据人才。没有大数据人才作支撑，大数据知识无法被发现和应用。大数据人才包括专业技术人才、管理人才和综合型人才等。

（三）社会实践为大数据知识提供试验场

知识作为人类对世界认知的理论性结果，其价值具有多元性，由于其是人类对世界的正确反映，所以其价值首先彰显为认知价值；知识在科学、社会领域的广泛应用，又可以彰显为经济价值、社会价值、生态价值、政治价值等。正是社会实践实现了大数据知识的多元价值，使大数据所包括的潜在价值向多元价值转换。

从普遍意义上讲，大数据知识可以提高整个社会的治理能力。古代知识的发现，主要解决人类的认知问题。近代知识的发现特别是第一、第二次科技革命，知识成为人类进入工业文明时代的重要工具。现代科技革命特别是高技术的发展，引领人类进入信息时代，知识成为经济的一种形态。大数据时代，大数据知识来源于经验世界的镜像大数据和网络大数据，通过对这些大数据的存储、分析、挖掘、可视化和确证形成大数据知识，这些知识已成为引领治理现代化的重要依托。

从具体应用看，大数据知识彰显为科学价值、经济价值、社会价值、政治价值、生态价值等。通过对实验、生态大数据的处理形成的大数据知识，成为科学发现新的工具，彰显其科学价值。大数据知识在企业的运用，不仅促进企业治理现代化，还可以提高企业经济效益。如通过对企业产品流水线的监测形成的大数据知识，可以提高企业对不合格产品的筛选等，提高企业效益。大数据知识在交通、医疗等领域的应用可以彰显其社会价值。而大数据对生态环保的监测可以实现对生态问题的精准解决，彰显其生态价值。大数据知识目前还被应用于腐败问题的解决，彰显其政治价值等。

总之，大数据时代，大数据知识实现过程包括大数据知识的发现和实践应用两个环节，其中大数据知识发现是基础，实践应用是结果。不同环节的实现需要相应的条件作支撑，形成大数据知识的发现条件和实践条件。正是这些条件的不断完善，大数据知识才可能实现。从这些条件可以看出，大数据知识实现过程是一个多主体参与，技术、认知、伦理、社会等多条件综合作用的结果。当然这些条件的作用过程不是机械地、彼此分离地起作用，而是相互作用，交织在一起。在这个复杂过程中，大数据知识究竟通过什么结构实现的呢？这将是下一节需要回答的问题。

第二节　大数据知识的实现结构

大数据时代，大数据技术通过对大数据存储、分析、挖掘、可视化等形成大数据知识，大数据知识成为继经验知识、理性知识和计算知识之后知识新的形态。组织理论家罗素·艾可夫认为知识的三角形金字塔包括三层，最下层为数据，中间层为信息和知识，最高层为理解和智慧。这样，大数据知识实现彰显知识发现和实践的整个过程。

通过上一节的分析，大数据的发现条件和实践条件是客观存在，在大数据知识实现过程中这些条件并不是机械地发挥作用，而会在恰当的阶段发挥作用，有的可能始终都在起作用，如社会需要，正是社会需要我们才应用大数据技术发现大数据知识并在实践中应用。可以说，这些条件内化在大数据知识的实现结构中，形成网状的复杂结构。

"事实上，当代知识论研究的出路就在于它需要综合地看待知识的内在特征，即不仅需要保留传统认识论的规范特性，同时也需要积极地吸纳知识内在的社会特性。"（尤洋，2013）而这些特性通过语境可以表征出来。最初提出"语境"（context）概念是为了解决索引词的指谓问题，它仅包含谈话的时间、地点、谈话者、上下文这些决定索引词指谓的各种因素，后来扩展到解决抽象语句的指谓问题，增加了可能世界、听话者、被指的对象和域值等因素。这种静态语境后来发展到动态语境，指言语交流时不断变化的环境，并增加了谈话者和听话者的知识、信念、意图和态度等新因素。（黄华新 等，2016）这样，语境在内涵和外延上均得到扩展，表现出语言性和非语言性两方面的特征，其任务"在于筛选种种适当意义"（李幼蒸，1999），"语境从时间和空间的统一上整合了一切主体与对象、理论与经验"（郭贵春，2002）。语境的广义性从时间、空间两个维度实现了历史的、现实的、未来的等多时间跨度中相应语境的空间结构。对于大数据知识来讲，其实现结构是不同历时、共时语境共同作用形成的空间结构。

知识实现的历史进程、经验世界和网络世界的大数据和数据科学的发展，构成历史语境；大数据技术对大数据的存储、分析、挖掘和可视化等，这构成技术语境；科学同共体、政府、企业和民众对大数据知识负有伦理责任，构成伦理语境；不同主体对大数据可视化结果的认知，构成认知语境；认知结果需要通过语言的形式表征出来，构成语言语境；大数据知识在实践中的应用凸显为多元价值，构成实践语境；社会也为大数据知识实现提供人才、技术、制度等方面的支撑。

一、历史语境

大数据知识实现的历史语境不仅包括知识实现本身的发展，而且包括大数据、数据科学的历史进程。

对于知识实现可以追溯到古希腊。早在古希腊时期，亚里士多德就将知识分为纯粹理性、实践理性和技艺。目前知识有内在主义和外在主义两种类型。内在主义者柏拉图认为知识是被证明为真实的信念，外在主义者海德格尔认为知识是对实践行为有益的理论认知。知识的分野直接影响对知识的实现。知识作为可以指代某种信念或实践行为的符号，有陈述性知识和程序性知识两种形态。陈述性知识侧重于"是什么"的知识，程序性知识是关于"如何做"的知识。也就是说陈述性知识侧重内在认知信念的实现，程序性知识侧重外在实践知识的实现。随着知识主体从哲学家扩展到科学共同体再扩展到政府和民众，知识实现就不能局限于对信念的真的确证。吉姆·格雷认为科学发现形成经验、理论、计算和数据挖掘等四种关键性范式。经验范式客观要求知识实现凸显经验归纳形成的知识与客观的相符性。理论范式客观要求知识实现应凸显建模和归纳形成知识与客观的相符性；计算范式要求通过模拟和计算形成的知识与客观相符；数据范式客观要求通过数据挖掘形成的知识不仅应反映事物运行客观性的陈述性知识，而且应反映将相应知识应用于实践的程序性知识，形成大数据—信息—表述性知识—程序性知识的实现过程，凸显大数据知识实现的客观性与实践性。知识从经验范式走向数据范式，为大数据知识实现提供了历史机遇。

从知识实现的历程看，知识从来没有离开过数据。传统经验阶段，知识多是来源于对经验数据的归纳与总结，知识实现形式多是文字的，虽然经验数据比较少，但仍然是知识产生的主要来源。实验科学阶段，随着近代科技革命的不断推进，理论建模与实验数据的相符性成为知识实现的重要形式。计算科学阶段，知识实现来源于模拟和计算等数据，通过对数据的分析挖掘形成相应的信息和知识。大数据时代，随着社交网络、镜像世界中数据的爆炸式增长，自然界和人类行为通过大数据形成记录下来，这些大数据具有数据体量巨大、类型繁多、价值密度低、处理速度快等特征。数据资源的不断拓展和激增，为大数据知识实现提供了数据资源。小数据与大数据知识最大的区别在于小数据先有研究目的再收集数据作证，而大数据不做理论预设，通过对已存在的大数据发现其中的知识，这是大数据时代知识生产的一种新途径和新方式。没有大数据，就没有大数据知识，也就谈不上大数据知识实现了。

大数据知识实现不仅与知识和数据的发展相关，而且与数据科学的发展相关。20 世纪 60 年代数据科学已提出，当时并没有得到学术界的认可。1996 年，数据科学开始受到重视，成为一些会议的主题。2001 年，美国统计学家克里夫兰（Cleveland）首次将数据科学作为一个单独的学科。数据科学主要研究数据的理论、方法和技术，包括数据理论和数据技术。正是数据科学的发展，使存储、分析、挖掘和可视化复杂的巨量的结构性和非结构性大数据成为可能，使大数据转换成信息和知识成为可能。数据科学的发展，为大数据知识实现提供了科学基础。

从历史语境看，知识实现的历史进程、数据的多样性和巨增性、数据科学的发展为大数据知识实现提供了可能。大数据知识实现正是建立在历史基底上，体现了大数据知识实现的继承性与变革性。

二、技术语境

大数据本身并不是信息和知识，只有大数据技术对自然、社会和人类行为产生的大数据进行存储、分析、挖掘、可视化等，大数据才能转换为信息和知识。大数据技术为人类获取信息和知识提供了新的工具。

数据科学的理论创新是大数据知识实现的理论基础。今天，数据科学的发展为大数据知识实现提供理论、方法和技术方面的支撑。特别是数据技术随着处理大数据能力的提升逐步发展为大数据技术，包括对大数据的存储、分析、挖掘和可视化等。数据科学的理论创新包括对数据的存在性、数据测度、时间、数据代数、数据相似性与簇论、数据分类、数据实验和逻辑推理方法的研究等。大科学时代，科学走在技术的前面，科学引领技术进步。数据科学的理论创新为大数据技术创新和知识实现提供理论基础。

大数据技术成熟水平是大数据知识实现的技术支撑。大数据技术解决大数据开发利用的技术问题。随着社交网络和现实世界大数据的巨增，大数据已成为重要的现代战略资源。大数据技术成熟水平是制约大数据知识实现的重要环节。"技术成熟度指单项技术或技术系统在研发过程所达到的一般性可用程度。"（王立学 等，2010）传统意义上对技术成熟度的衡量侧重技术指标，如技术基础研究、可行性证明、技术研发、技术演示、系统开发与运行、产出产品和能力等。大数据技术目前被广泛应用于经济、交通、环保、健康、安全等领域。技术性是大数据技术成熟首先要考虑的。大数据技术是否能实现对现实世界和网络世界大数据的全样本采集，决定大数据分析结果的客观性和真实性。由于目的不同，大数据所彰显的意义可能不同，会呈现不同的知识形态。如对于交通大数据，根据分析目的的不同，我们不仅可以分析交通拥挤产生的原因，还可以分析民众出行的习惯及方式等。大数据技术对大数据处理的关键是要彰显大数据所表征的意义，意义经过客观判断和理论概括形成知识，意义多样性的彰显也是大数据技术成熟度的重要衡量指标。由于大数据资源包含国家机密、企业秘密和个人隐私，大数据技术需要在技术层面解决大数据的安全问题。所以，对于大数据技术的成熟程度的衡量我们不仅需要技术性，还需要全样本性、多样性、安全性等指标。

从科学语境看，数据科学的理论创新和大数据技术成熟水平是大数据知识实现的科学技术基础。数据科学特别是大数据技术的发展，实现了大数据向信息和知识的转换。

三、伦理语境

传统的经验范式中知识来源于哲学家和科学家对经验事实的概括，由于经验事实的获得具有普遍性,他们的善与恶对知识实现影响不是很明显。随着实验工具的不断发展,很多科学研究需要借助实验数据进行理论概括。数据的真实程度直接影响知识实现的结果。大数据时代，大数据知识实现更复杂，伦理问题不仅存在于学术领域，而且存在于社会领域；不仅涉及科学共同体，而且涉及政府、企业和民众；不仅存在于知识生产过程，而且其结果的不当应用还会对国家、社会和个人产生新的伦理问题。

科学共同体担负着解决大数据技术的伦理责任。一些科学家为验证其理论的正确性，不惜做虚假数据，这是在知识生产过程中产生的伦理问题。大数据时代，在民众、企业不知情的情况下，他们产生的大数据已进入大数据仓库，大数据时代没有旁观者。所以，科学共同体应从技术层面过滤或隐蔽个人隐私、企业秘密和国家秘密，能够从更具普遍的技术层面分析、挖掘和可视化大数据，形成大数据知识，使大数据知识实现更具有普遍性。

政府担负着解决大数据应用的伦理责任。随着大科学时代的到来，科研经费来源、研究方向及科研成果的应用等越来越成为政府的事情。人们曾谴责科学家不负责任将核能用于战争，其实核技术应用的方向在当时已不是科学家能控制的，而是政府的事情。大数据技术也不例外。随着大数据战略的不断推进，政府拥有最广泛的大数据，政府对大数据知识应用方向负有社会责任。目前，大数据知识多是应用于环保、安全、健康、交通、气象等公共治理领域。由于大数据来源于民众，必须服务于民众，政府使用大数据知识的方向应接受民众的监督。同时，政府在应用大数据知识时，应保护国家安全、企业秘密和民众隐私。

　　企业和民众担负着解决大数据可靠性的伦理责任。传统小数据时代，民众主要担负着使用知识的角色，企业既生产知识也使用知识。大数据时代，民众和企业都产生大数据，他们对大数据的可靠性负有伦理责任。一方面，一般企业对于自身产生的大数据可靠性负有伦理责任。一些企业出于利益考量，雇佣"水军"点赞或好评是存在的，造成网络上虚假的大数据，这些行为会影响大数据知识本身的可靠性，进而影响大数据知识实现结果的客观性。为此，"我们应该对依赖有缺陷的大数据可能给公共服务及公共政策造成的影响有所警惕"（苗东升，2014）。另一方面，大数据服务企业对大数据采集、存储、挖掘等负有伦理责任。目前，政府多是将大数据业务外包给大数据服务企业，这些企业对大数据的安全、分析结果的可靠性等负有伦理责任。对于民众来讲，最关心自身的隐私安全。一些民众为规避大数据，不惜制造一些虚假数据。因此，大数据知识实现的要求大数据应在个人隐私与公共大数据之间保持必要的张力，在应用民众产生的大数据之时，要保障民众的隐私。

　　从伦理学语境看，大数据知识实现需解决复杂的伦理问题。只有科学共同体、政府、企业和民众都负担起相应的伦理责任，大数据知识才可能求真求效，更具有可靠性。

四、认知语境

　　传统意义上，知识论主要从认识论层面研究主体是如何认知客体的。大数据作为新的知识实现方式，需要科学共同体、政府、企业和民众等主体实现对大数据客体的认知，在此基础上形成知识。认知过程彰显认知主体的多元性、认知对象的复杂性、认知过程的求真与求效和对认知结果的确证。

　　认知主体的多元性与认知对象的复杂性。认识论的核心之一是研究主体与对象的关系。小科学时代，认知主体主要是哲学家或科学家，认知对象主要是自然界。知识生产的过程是认知主体对认知客体概念、体系等方面的把握。大数据时代，随着科学共同体的不断发展和政府的广泛参与，认知主体从个体扩展到科学共同体、政府、企业和民众。大数据应用于科学研究和政府、企业、个体等层面，认知主体包括科学共同体、政府、企业和民众，"认知主体高度分化并社会化"（吕乃基，2014）。传统意义上，认知对象是经验世界。大数据知识实现认知的对象主要来源于自然科学大数据、社会科学大数据和人类本体大数据（吴基传 等，2015）。这些大数据不仅数据量巨大，而且包括结构性和非结构数据，非常复杂。大数据本身不是信息和知识，它需要借助人的认知将大数据转换成陈述性知识和程序性知识。

认知过程是求真与求效的统一。传统意义上，知识实现主要将已确证的真的信念表征出来，认知过程是求真的过程。大数据认识论中，甲方所关注的不仅是真，而且是善，当然也可能是恶，不仅是客观，而且要有用，也就是所谓求真求效。（吴基传 等，2015）随着大数据战略的不断推进，政府、企业和民众渴望从大数据中获得具有指导实践的知识。这样，对大数据的认知包括认识层面的求真以形成陈述性知识和实践层面的求效以形成程序性知识，是求真与求效两个阶段的认知。首先，在认识层面不同主体通过大数据技术对大数据的存储、分析、挖掘和可视化结果的认知，形成反映经验世界和网络世界确证是真的"是什么"的陈述性知识。其次，在实践层面不同主体根据不同需要，在认知基础上形成具有实效性的"怎么做"的程序性知识。大数据知识实现就是将这两个过程的认知结果。

从认知语境看，大数据知识实现包括认识和实践两个层面，认知过程不仅求真而且求效，认知结果具有客观性与语境依赖性。

五、语言语境

语义学研究词语和句子的意义、词汇意义和意义关系。"语义学指称了符号与它们所实现的事物之间的对应关系。"（安军 等，2012）语义学的本质就是要实现意义的表征。

语义表征实现大数据隐性知识向显性知识的转换。从形式看，数据语义通过对客观实在的相关性分析，形成彰显对象之间的关联性，这种相关性中包含隐性的大数据知识。这些隐性知识通过词汇、句子的意义和关系，回答"是什么"的语义形式，表征为陈述性知识，这种知识是一种显性知识。大数据知识主要功能在于服务于社会领域，实现社会治理精准化，这客观要求大数据知识回答"怎么办"，表征为程序性知识，这是另一种形式的显性知识。语义表征实现了大数据知识从隐性走向显性，从数据形式转换成文字、语言、图表等可以被人类认知的形式，提高了大数据知识被认知和应用的便捷性。没有语义学表征，大数据知识只能处于隐性形式，是不能被广泛传播和应用的。

语义表征具有主体能动性和语境依赖性。大数据技术主要在技术层面实现了对大数据的存储、分析、挖掘和可视化，这个过程是大数据隐性知识被发现的过程。大数据隐性知识是否可以转化为显性知识，需要依靠科学共同体、政府、企业和民众的认知。不同主体的理论背景、社会背景、历史背景、文化背景等都会影响大数据知识语义表征的客观性。同时，语义表征具有语境依赖性。大数据知识的实现通过揭示语义与各种大数据世界之间的关联来说明意义。大数据不同，彰显的意义也就不同，语义表征的结果也就不同，相应的知识也就不同。因此，大数据知识的语义表征是主体能动性彰显和语境相结合的结果。

从语言语境看，大数据知识的语义表征是大数据隐性知识向显性知识转换的桥梁，是实现大数据知识走向社会化的关键，是大数据知识的意义被表征的过程。

六、实践语境

随着知识社会化程度的提高，知识发现与应用是社会建构的结果。大数据时代，大数据采集边界、应用范围等都是社会建构的结果。一方面，社会提供相应的人才、技术、资金、制度和文化支撑；另一方面，大数据知识实现具有经济、生态、政治等方面的社会价值。

大数据知识实现需要社会支撑。社会建构论认为世界是客观存在的，但是对于世界的理解和赋予的意义都是由每个人决定的，强调个体经验、心理反应和信念。由于强调相对性，容易导致相对主义。小科学时代，知识实现都是科学家和哲学家自己的事情。大数据时代，大数据本身是对经验世界和网络世界的再现，我们采集、分析、挖掘和可视化哪些大数据，是社会建构的结果。同时，政府需要在人才、技术、资金、制度和文化等方面提供支撑，提高全民大数据安全意识、应用意识和责任意识。

大数据知识的应用体现社会价值。一般而言，知识都是通过陈述性知识和程序性知识形式表征出来的，解决"是什么"和"怎么办"问题。小科学时代，知识侧重陈述性知识。随着科学技术社会化进程的加速，知识的社会需求越来越多。特别是大数据时代，大数据被广泛应用于环保、健康、交通、反腐等领域，程序性知识的需求更明显。这样，大数据知识的环保、健康、安全、政治等方面的价值都是社会建构的结果。为了满足社会需求，促进社会进步，我们需要不断拓展大数据的应用范围，彰显其更多方面的社会价值。

从实践语境看，大数据知识是社会建构的结果，因而其相对主义倾向是比较明显的。为此，我们需要通过大数据融合，将大数据知识建立在更具普遍意义的大数据基础上，实现去语境化，提高大数据知识的适用性。

总体上，大数据知识的实现是一个复杂的过程，历史、技术、伦理、认知、语言和社会等语境之间不是零乱地或者机械地存在着，而是动态有机地相互作用，彰显为协同性、历史性和共时性等特征。

首先，不同语境之间具有协同性。虽然不同语境在大数据知识实现过程中发挥不同的功能，但是只有它们之间的协同，大数据知识才能实现。历史语境为大数据知识提供基础的大数据资源，技术语境为大数据知识提供技术支撑，伦理语境为大数据知识提供客观性和安全性支撑，认知语境为大数据知识提供主体性支撑，语言语境为大数据知识提供意义表征支撑，实践语境为大数据知识提供最终的归宿。只有不同语境有机地协同起来，大数据知识才能实现，缺少任何一个环节，都会影响大数据知识的客观性与实效性。

其次，不同语境之间具有历时性。对于一个确定要研究的大数据来说，不同语境的出现具有一定的先后性，如历史语境、技术语境、伦理语境、认知语境要先于语言语境和实践语境，体现不同语境发展的历时性特征。大数据知识实现不同语境形成的历时性，形成大数据知识从历史语境→技术语境→伦理语境→认知语境→语言语境→实践语境不断转换的过程。

最后，不同语境之间具有共时性。由于大数据处于动态运行过程中，每一时刻不同语境又处于共时的发展中，你中有我，我中有你。只有每个语境都承担好自己的责任，大数据知识的价值才能更好地彰显。

第三节　大数据知识的实现模式[*]

大数据知识的实现过程是大数据所隐含知识的价值体现。大数据知识从发现到应用是大数据在历史、技术、伦理、认知、语言和实践等语境中不同转换而被表征的过程。

一、实现模式：不同语境的转换

从历史语境、技术语境到伦理语境，实现经验世界和网络世界向大数据形态的转换，经验世界和网络世界通过大数据技术的存储，实现从经验世界和网络世界向大数据的转换，并在分析、融合和挖掘等技术基础上，经验世界和网络世界的大数据转换成基于大数据的相关性信息，这构成大

---

[*]　部分内容发表于苏玉娟，魏屹东：《大数据知识表征的机制及其意义》，《科学技术哲学研究》，2017 年第 2 期。

数据知识表征的第一个环节，即技术转换；从技术语境到伦理语境、认识语境和语言语境，实现对大数据的安全保障、认知和语言表征，大数据的相关性信息还需要根据科学共同体、政府、企业和民众等不同主体的经验、感觉及小数据，将相关性信息转换成陈述性知识，回答"是什么"，这构成大数据知识表征的第二个环节，即认知发现；从语言语境到实践语境，实现大数据知识的价值，大数据技术的发展直接来源于现实需要，要让沉睡的大数据发声，这就要求陈述性知识根据实践需求转换成程序性知识，回答"怎么办"并应用于社会实践，这构成大数据知识表征的第三个环节，即实践应用；大数据知识实践应用结果又会反馈到认知发现和技术转换环节中，形成双向运行过程。大数据知识表征能否实现需要相应制度、相关人才等的支撑，这些支撑因素构成支撑体系，以服务于技术转换、认知发现、实践应用等环节。不同环节的需求又会反过来促进支撑体系的变革，形成双向运行过程。这样，大数据知识的实现模式是由技术转换、认知发现、实践应用三个环节和支撑体系构成，彼此之间具有反馈，形成双向运行机理。

技术转换实现了经验世界和网络世界向数据镜像世界的转变，对经验世界和网络世界大数据的挖掘和可视化，为分析事物之间的相关性提供了技术支撑，为实现大数据知识的认知发现、实践应用提供了基础，它是大数据知识的源头和关键。认知发现是联结大数据的信息与大数据知识实践应用的桥梁与纽带。只有实现大数据信息向知识的转换，才可能实现对实践的指导。虽然有些人认为拥有碎片化知识足矣，但是，这种偶然性并不能反映事物客观的运行规律，只有拥有更普遍意义上的陈述性知识，才能更客观地反映事物的运行方式，为实践提供更精准的服务。实践应用实现了陈述性知识向程序性知识的转换，彰显大数据的实践应用价值。这样，大数据的知识表征经过了经验世界和网络世界→大数据→信息→知识→实践的表征历程，同时彰显人的两次认识飞跃，即从对大数据的感性认识到理性认识再到实践应用，并揭示主与客、知与识、知与行二元基因辩证发展的历程。同时，知识表征的语义形式经过了再语义化的动态过程，即数据和信息→陈述性知识→程序性知识。

传统的知识发现过程主要是认识主体对认识对象的理性认识。大数据技术包括存储、融合、分析、挖掘、可视化等技术，这些技术间的协同发展对于实现知识表征是非常重要的。大数据的认识主体包括科学共同体、政府、企业和民众，大数据的全样本性、完备性等需要不同主体的共同认知，大数据知识的发现与应用也需要不同主体之间的协同认知。"政府必须按照'一数一源、授权使用、分层管理、分级应用'的原则，实现政府与民众、社会之间数据使用的协同性。"（苏玉娟，2016a）大数据知识表征的研究对象从传统经验世界扩展到网络世界，从大数据形式转换为信息，再转换为陈述性知识和程序性知识，并内化于实践中，对象间性反映了知识表征的不同形态。人才、技术、制度与文化等社会因素的协同，为大数据的知识表征提供支撑。所以，大数据知识的实现是技术间性、主体间性、对象间性与社会间性协同发展的过程，每个因素内部的协同也是非常重要的。

大数据知识表征从技术转换到认知发现再到实践应用的双向运行过程，大数据知识在实践层面的应用水平会反馈到认知环节和技术转换环节。支撑体系为技术转换、认知发现、实践应用提供人才、技术、制度和文化等方面的支撑，支撑效果会反馈到支撑体系，促进支撑体系的进一步变革，形成支撑体系与各环节的反馈机制。因此，大数据知识的实现必须要保障不同环节之间的双向运行，任何一个环节的缺陷都会影响大数据知识的实现。接下来分别对技术转换、认知发现、实践应用和支撑体系的主体、对象、功能等方面进行论述。

二、技术转换：从历史语境到技术语境

从知识表征的历程看，传统意义上知识表征的对象是经验世界。大数据时代，知识表征的对象不仅包括传统的经验世界，还包括虚拟的网络世界，不仅包括结构性数据，还包括非结构性数据。技术转换首先离不开大数据技术，以实现经验世界和网络世界向大数据的转换，并形成基于大数据的信息，这是形成大数据知识的来源。从结构看，技术转换的因素有经验世界和网络世界、大数据技术、不同主体和语义体系。传统的经验世界是经表象的自在的现实世界。大数据时代，知识表征的对象不仅包括传统的经验世界，还包括网络世界，网络世界包括社会发展及个体行为等相关大数据，是人类经验在网络世界中的呈现，但又不同于传统经验世界，它具有虚拟性。没有经验世界和网络世界的大数据，就没有基于经验世界和网络世界的知识。

大数据技术是技术转换的主要技术支撑。随着人类活动轨迹从现实的经验世界扩展到虚拟的网络世界，我们急需将经验世界和网络世界中的大数据进行整合，以实现对事物的全视角透视。"数据是作为认识主体的人给研究对象的信息以编码表达的结果。"（苗东升，2014）大数据技术的出现实现了对经验世界和网络世界相关大数据的存储，世界万物表征为大

数据形式。这种大数据形式表征了事物客观运行的状态，并通过对大数据的分析、融合和挖掘等，实现了经验世界和网络世界从大数据向信息的转换。

从知识表征的主体看，古代科学还没有从哲学中分离出来，哲学家是知识表征的主体。小科学时代，科学家从哲学家中分离出来走向职业化，科学共同体成为知识表征的主体。大数据时代，科学共同体从技术上实现对经验世界和网络世界大数据的存储、分析、挖掘，这是实现大数据知识表征的前提和基础。政府、企业、民众为技术转换提供最基础的大数据资源。政府通过政府门户网站、各类社交媒体、网络、智能化终端及传统数据等多元渠道收集相关数据，并为大数据技术转换提供公共服务平台。不同主体所拥有的大数据不同，其被分析、挖掘后呈现的数据信息也不同。大数据的语义表征是技术转换结果的外在表现。语义学指称了符号与它们所表征的事物之间的对应关系。（安军 等，2012）大数据知识表征的过程是知识形态不断被语义化的过程。技术转换体现了语言形式与经验世界和网络世界、数据世界、信息世界之间的对应关系，"实现复杂关系的动态认知和演化计算，探索多源感知信息的多层次关联、语义提取与融合分析的机制和方法，实现多源异构数据的紧耦合"（吴信东 等，2016）。经验世界和网络世界经过两次语义转换。

在历史语境中，经验世界和网络世界转换成大数据语言，体现语言形式与编码数据间的对应关系；伦理语境中，大数据通过诚信文化、社会责任和制度等方面创新，保障大数据安全；大数据技术的分析、融合、挖掘等将大数据呈现为具有相关性的信息，体现语言形式与编码信息间的对应关系。这样，经验世界和网络世界所隐含的知识以包括数据流在内的语言的形成展示出来。

从运行过程看，经验世界和网络世界通过传感器等技术彰显为结构性和非结构性数据，并通过存储技术实现从表象世界向大数据形式转换；同时要保障大数据的安全，在此基础上对大数据分析、挖掘等形成彰显事物相关性的信息。这样，经验世界和网络世界从表象转换为数据语言再转换为信息语言。人类对经验世界和网络世界的认知转换为对大数据的信息的认知。这是大数据知识产生的主要来源。

从运行结果看，作为知识产生基础的经验世界和网络世界在大数据技术转换下，经过了两次表征形式和表征语义的转换。以大数据技术为支撑，经验世界和网络世界转换成大数据并被挖掘出相关的信息，以数据信息的形式展示出来，同时，经验世界和网络世界转换为以数据为基础的信息语言，彰显数据的信息与经验世界和网络世界的关系，这种信息是潜在的知识。

三、认知发现：从技术语境到伦理语境、认知语境和语言语境

大数据知识表征不仅包括技术转换，而且包括认知发现，以实现不同主体将经验世界和网络世界从数据、信息转换成陈述性知识，并实现从感性认识到理性认识的飞跃。传统的认知主要研究分析、综合、归纳等方法认知客观事物，并经过比较、分类和归纳找出共同点，实现从完整的表象到抽象的规定；在此基础上解释原有和更多的现象，由抽象规定再上升为具体的再现。采集回来的大数据包含国家、企业和民众等秘密和隐私。为保障大数据的安全，伦理语境主要从保障大数据安全方面促进大数据共享。大数据知识的实现来源于大数据认知主体对大数据客体的研究，认知主体包括科学共同体、政府、企业和个人等。从认知过程看，是技术语境向认知语境和语言语境的转换过程。认知发现的因素主要包括认知对象、认知主体、语义体系等。认知主体是科学共同体、政府、企业和民众等，认知对象是大数据所呈现的信息，语义体系实现信息向陈述性知识的表征。大数据的关联性信息是大数据认知发现的对象。认知发现主要解决大数据挖掘形成的信息向陈述性知识的转换。大数据挖掘结果往往彰显事物之间的相关性，这种相关性信息反映事物在时空中与其他事物之间的关联性，它是不同主体形成陈述性知识的基础。

科学共同体、政府、企业、民众等构成大数据知识发现的主体。科学共同体、政府、企业拥有不同程度的大数据资源，并具有挖掘大数据形成关联信息的能力，再根据信息形成知识。普通民众参与大数据的生产，普遍不具有存储、分析和挖掘大数据的能力，但是民众是大数据资源的重要来源，他们对大数据的需求决定或影响政府、企业的认知方向和行为，因而也是认知发现的主体之一。

被认知主体表现的大数据知识需要语言形式表征出来，形成陈述性知识。大数据的认知发现是充分发挥不同主体能动性的关键环节。对于不同主体来说，除大数据的相关信息外，每个主体所拥有的小数据、经验认识、感觉等都是信息向陈述性知识转换的重要因素。陈述性语义体系是大数据知识发现结果的表征形式。根据反映活动的形式不同，知识分为陈述性知识和程序性知识。无论是企业层面还是社会层面形成的知识，我们都需要用语言表征出来。该阶段的语义体系主要将主体发现的知识用陈述性语言表征出来。这种表征方式可以是图表式，也可以是语言的、文字的等多种

形式，体现了语言形式与不同主体大数据的意向世界的对应关系，并用精确的、无歧义的语言去表述，形成陈述性知识。

该阶段实现大数据所呈现的信息向知识的转换，凸显人的主观能动性。大数据挖掘结果可以彰显事物之间的相关性，如某超市啤酒与小孩尿不湿的相关性，交通堵塞与人的出行方式的相关性等。这个分析结果只是在特定语境下提供碎片化信息，这种强语境依赖形成的信息只能是碎片化知识或小知识。要形成具有普遍适用性的大知识，我们必须发挥主观能动性，从碎片化知识或小知识的现象背后寻找因果性，形成具有普遍性的大知识。相关性只能反映事物运动的偶然性，偶然性中包含必然性，知识发现是从偶然性中寻找必然性的过程，是从大数据仓库中归纳具有普遍意义的知识的过程。"云计算等数据挖掘手段将传统的经验归纳法发展为大数据归纳法。"（黄欣荣，2014）如啤酒与小孩尿不湿的相关性，背后与当地的家庭生活习惯有关，这并不具有普遍性意义，因而仅是碎片化知识。只有对多个超市的大数据仓库中包括类似的相关性进行因果性和归纳分析，才可能形成具有普遍性的大知识。

陈述性知识的形成以大数据的关联信息为基础，同时与不同主体的经验、感觉及小数据的状况等紧密相关，是主体发挥能动性认识大数据信息的过程。由于不同主体所拥有的大数据资源不同，形成不同层面的知识。企业所拥有的大数据多服务于企业决策，因而多是企业层面的碎片化知识；科学共同体、政府拥有自然、社会层面的大数据，多是从人类、社会治理需求出发发现知识，他们发现的知识对语境的依赖性越来越弱，因而更具有普遍性，形成反映经验世界和网络世界运行的陈述性知识。一方面，该阶段实现了大数据的信息向陈述性知识的转换。传统意义上的知识论追求知识与客观的相符性，所获得的知识是一种陈述性判断，因而从形式上看是一种陈述性表征，我们称之为陈述性知识。另一方面，该阶段实现了偶然关联与普遍联系的辩证统一。事物运动的规律是客观存在的，偶然的关联只能形成碎片化知识，只有建立在多数据仓库基础上普遍的关联，才能形成具有普遍性的知识，这种普遍关联彰显事物之间的因果性与普遍联系性。

四、实践应用：从语言语境到实践语境

大数据时代，大数据产生的知识直接服务于实践需求。实践应用是大数据陈述性知识向程序性知识转换的关键阶段，彰显大数据的实践功能。

从结构看，实践主体包括科学共同体、政府、企业和民众等，实践对

象是大数据的程序性知识在公共治理、企业治理和个人决策中的应用。语义体系实现对大数据的程序性知识的表征。大数据程序性知识是大数据知识应用的对象。大数据的陈述性知识要彰显其实践价值，必须转换成适合某个语境的具有指导实践的程序性知识，如具体指导交通、公共安全等方面的程序性知识。然后将这些知识内化于不同领域的实践中去。

科学共同体、政府、企业和民众等是大数据知识应用的主体。天文、生物、医学、物理等科学中，各种数据呈现指数增长，大数据成为科学知识产生与应用的重要来源。科学共同体根据生态环境、人口健康等大数据的程序性知识，进一步服务于生态环境和人口健康，如改变人民的生活方式，彰显大数据知识的民生价值。政府将交通、公共安全、腐败治理等大数据程序性知识进一步应用于解决交通、公共安全、政治生态等问题，彰显大数据的政治价值。企业根据自身大数据仓库产生的知识进一步服务于企业，彰显大数据的经济价值。普通民众可根据科学共同体、政府、企业等提供的大数据知识服务于改变自己的生活方式，以提高民众的生活质量，彰显大数据知识的社会价值。程序性知识的语义表征是大数据知识实践应用的表征形式。大数据的程序性知识形成过程是社会表征的过程。"社会表征是集体成员共享的观念、意向和知识，这种思想的共识形态由社会产生，并由社会沟通而形成。"（魏屹东，2014）大数据程序性知识体现语言形式与实践世界的对应关系，这个过程是知识从抽象到具体的再语义化过程。

从实践应用过程看，程序性知识为大数据应用于实践提供了具体策略。科学共同体、政府、企业等主体根据实践需要将陈述性知识转换成为实践服务的程序性知识，再将这些知识应用于科学研究、企业管理、社会和公共治理中，彰显大数据知识的科学、经济、社会等方面的价值。从实践应用结果看，该阶段大数据的程序性知识，不仅凸显大数据知识的科学、民生、政治、经济和社会等价值，而且引领科学共同体、政府、企业和民众等主体价值观念、生产方式和生活方式的转变。这正是大数据知识实践价值之所在，是很多国家发展大数据产业价值之所在。

五、支撑体系：为大数据知识提供人才、技术、制度和文化保障

大数据知识产生的前提要求大数据能够真实、全面地反映经验世界和网络世界。为保障大数据知识的客观有效，我们需要通过人才培养、大数据产业发展、制度和文化建设，提高大数据的真实可靠性，为大数据其他环节的实现提供支撑。

大数据人才的培养是大数据知识发现、确证与应用的基础。一方面，由于大数据技术人才的缺乏，政府和企业拥有的很多大数据仅停留在碎片化信息阶段，无法实现信息向知识的转换。另一方面，由于政府、企业和民众缺乏大数据相关知识，容易造成对各部门、个体大数据的过度保护，进而影响大数据的共享，造成数据孤岛、数据沉睡等问题。解决这些问题，人才是关键。

大数据产业的发展是大数据知识发现与应用的关键。大数据产业以大数据为引领，以数据中心为依托，以端产品、芯片等集成电路、云平台运用等全链条推进，围绕商用、政用、民用开发大数据核心业态、关联业态、衍生业态及大数据服务业等。大数据产业发展水平决定了大数据知识在生态、安全、环保、健康、交通等领域应用的水平。大数据开放与共享制度和大数据文化建设是大数据知识发现与应用的环境保障因素。要保障大数据的可靠性与全面性，"政府和行业共享数据应该是大数据的基础，离开共享政策，根本就没有大数据"（高博，2013）。因此，大数据时代，要发挥大数据知识的功能，必须保障大数据资源的开放与共享。大数据文化培育为提高全民大数据理念，为确保数据安全、数据合伦理规范提供保障。

第四节　大数据知识实现机理的重要意义

显然，大数据知识既具有普遍知识表征的特征，又具有本身的一些特质，大数据知识的实现机理对发展知识的本体、认识、方法和实践等具有重要意义。

一、大数据知识彰显本体的包容性

传统知识追求真，知识表征的本体是经验世界，表征的结果是形成陈述性知识体系，并彰显理论与经验世界的相符性。大数据知识求真求善求效，大数据知识的本体包括经验世界和网络世界。随着表征目的的变化，大数据知识的形式从大数据到信息再到知识和实践。

二、大数据知识彰显主体的能动性

大数据时代，有些人认为只要拥有大数据就可以了，人的能动性意义不大。其实，大数据知识的实现最重要的是人的因素，人的主观能动性贯穿始终。"在大数据认识论中，问题已经转化为能够认识的是否都要去认识。"（吕乃基，2014）显然，我们需要判断哪些知识是由主体所决定，并不是所有的相关的信息都需要表征为知识。技术转换中，大数据技术本身的成熟度、大数据采集的范围与边界都受人的认知水平所影响；认知发现环节充分展示人的主观能动性，没有人的因素，大数据只能是偶然的碎片化知识。实践应用环节人的能动性的发挥也是很重要的，我们在多大程度上应用大数据知识，都是需要发挥人的主观能动性。

三、大数据知识彰显认识多元性和复杂性

传统知识论也称为认识论，主要任务是发现知识和确证知识。大数据时代，大数据来源、存储、分析、挖掘与融合过程是科学共同体、政府、企业和民众共同参与的过程。不同主体根据自己所拥有的大数据，可以形成企业、国家、社会等层面的陈述性知识。同时，多元主体对本体的认识，不仅依靠大数据，而且依靠小数据、不同主体感觉、经验等因素，是多因素综合作用的结果。

四、大数据知识彰显相关性与因果性、归纳法与演绎法的统一

传统的知识多采用归纳法，通过因果性分析形成知识。当然，归纳法是有缺陷的，波普尔提出证伪法，以验证知识的真伪。大数据时代，一方面，大数据彰显的是事物之间的相关性，这种相关性本身是一种弱因果性。我们还需要充分发挥人的能动性，从相关性中归纳分析其中的因果性，形成知识体系。另一方面，大数据知识不仅求真求善而且求效。所以，大数据知识要服务于人类未来，不侵犯不同主体的隐私，并需要从抽象演绎到具体的实践中，以验证知识的真伪问题。可以说，大数据知识的实现方法是相关性与因果性、归纳法与演绎法的统一。

五、大数据知识是德性知识论和社会建构论的应用典范

德性知识论是当代知识论研究的一个新方向，它从对单纯知识定义的分析转向对认知主体自身的认知品质和能力的分析。大数据时代，大数据本身的真伪直接影响知识表征的结果，由于大数据发现与应用的过程是科学共同体、企业、政府与民众共同作用的结果，因此，不同主体的认知品质与诚信直接关系到大数据知识表征的客观程度，大数据时代需要一个有诚信的社会作支撑。大数据边界的确定，大数据存储、分析与挖掘，大数据转换成信息、知识与社会实践等都是社会建构的过程。政府在社会建构中发挥极其重要的作用。

第四章　大数据知识的确证[*]

对于知识来讲，传统意义上我们不仅应将发现的知识表征出来，而且还应确证这些知识的可靠性，这就涉及知识的确证问题。大数据知识对语境具有依赖性，其实现具有一定的规律性和历史性，彰显了大数据知识的后现代特征。大数据知识的确证与其内涵、实现过程等特质紧密联系在一起。由于大数据知识的内涵包括真、善、效三个价值取向，因而大数据知识的确证包括真、善、效三个维度。

第一节　大数据知识确证的基础

"拥有真的信念并不是一件很艰难的事情，真正的困难在于我们的信念为什么是真的……我们的真的信念或意见要有其他的意见或信念或别的什么东西作为其支撑或基础……在认识论或知识论研究领域内，我们把寻找这样的支撑或基础的过程叫做证实。"（胡军，2006）传统意义上，知识是被确证为真的信念，因而对知识的确证主要是对真的确证，确证就是确证信念与经验世界和网络世界的相符性，相符合即为知识。目前，确证主要有基础主义、融贯论和外在主义等。大数据时代，基于大数据表征出来的信念并不一定就是知识，大数据知识的确证不仅应分析其相符性，即真，还应分析其善与效，这与大数据知识本身的内涵有紧密的关联。虽然有专家认为，"用数据说话""相关性比因果性更重要"。但是，大数据来源于经验世界和网络世界，对于经验世界和网络世界来说万物运行都有其普遍性和客观性，万物运动都有其客观原因。因此，对于大数据知识来说，不仅应确证其与经验世界相符合，还应分析其善与效。对于网络世界的大数据来说，只要是客观反映事物运动规律的大数据，我们也需要分析其原因，以便更好地解决问题。如对网购商品的评价，如果购买者是真实评价，这些由评价构成的大数据可以反映商品存在的问题，商家就需要针对这些问题，分析原因，并提出整改意见等。

---

　*　部分内容发表于苏玉娟：《大数据知识表征的确证问题》，《晋阳学刊》，2017 年 c 第 4 期。

一、传统哲学视域中知识确证的基础

证实是一个很普遍的概念，是任何一门学科成为科学不可或缺的组成因素。由于各门学科研究对象、研究方法等的不同，确证是有区别的。哲学意义上，知识论所指的确证究竟应研究哪些问题？

知识论所研究的确证与知识的含义紧密联系在一起。柏拉图试图把许多关于知识的概念进行归纳，认为确证主要在于确证信念的真，即信念是否与经验世界相符合，即采用符合论。一信念是真的，"因为信念作为能指，它必须指向一外在的并与它相关的事物或物体……一信念是真的，是因为这一信念的内容实际指向一外在的经验事实。"（胡军，2006）这样，确证不仅要求信念与经验世界相符合，而且要求证据是可靠的。知识作为人类智慧的象征，不仅在于认识世界，更重要的在于改造世界，改造世界的过程是知识在实践中的应用。从哲学意义上看，我们应研究与知识相关的认识问题与实践问题的规律性特质，这样才能全面反映当代知识发展的特质。因此，我认为，知识是 S 知道 P，P 是真的，S 相信 P，S 相信 P 得到了证实，S 证实 P 的证据不应包括任何假的信念，P 能够在实践中合理运用，这就涉及知识的效的问题。杜威的知识论重视知识的效的挖掘，是一种实用主义知识确证观。所以，知识内涵的不同，确证的目标、方法都是不同的。知识的内涵除了真与效两个维度外，还有善的维度。

确证理论的多样性。目前，知识的确证理论主要包括基础主义、融贯论、外在主义。经验知识的确证不仅需要提供一套标准，而且要确定在什么条件下经验信念得到证实，同时还需要对证实标准提供证实，即这些证实标准理论足以将我们导向真理。而这种元证实是很困难的，我们可以通过认为元证实来源于常识，不证自明，或者将元证实作为从相对真理到绝对真理的途径，这是基础主义的核心理论。而融贯论主要从关联性上确证知识，而外在主义主要通过外在的因果关系、辩证关系等确证知识。当然，随着知识论的发展，知识的确证理论还有语境论、实用主义等。

确证理论与真理问题紧密联系在一起。不同的学科有不同的标准，因此也就有不同的确证。从哲学意义看，知识的确证与真理问题紧密相关。知识的确证有两个预设的前提，即知识是存在的，确证的标准也是存在的。"知识证实是引导我们走向真理的手段，是联结我们认识活动的起点与认识活动的客观目标——真理的桥梁，因此知识证实概念只具有工具性的价值，而并不具有认识论的终极目标的价值。此处所谓的证实仅仅是非终极性的、弱的、理论上的可证实性。而非终极性的、强的、事实上的证实是不可能的。"（胡军，2006）也就是说，从知识论视角看，对真的信念的确证的标准与真理问题联系在一起，是非终极的、弱的和理论上的可证实性。

二、大数据知识确证基础的特质

大数据知识的确证目标来源于大数据知识的内涵。大数据来源于经验世界、网络世界。大数据知识不同于传统知识之处在于：其不仅追求对客观实在的真实反映，而且还应保护不同主体的数据安全，最后还能解决现实问题。因此，大数据知识是真、善、效的统一。从大数据知识的概念看，大数据知识彰显当代知识求真、求善、求效的多维价值诉求，这些价值通过信念与实践彰显出来，而信念与实践所彰显的价值需要确证。

大数据知识的确证方法由大数据知识的实现过程所决定。大数据时代，大数据知识是否为真、为善和有效需要确证。从大数据知识实现条件、实现结构和实现模式看，大数据实现过程是多语境相互作用的结果，在此过程中彰显大数据知识的真、善、效。所以，大数据知识的确证也需要采用语境分析方法。所以，大数据知识的发现与应用是一个很复杂的过程，是多语境相协同的结果。对大数据知识的确证需要验证其不同语境所承担的责任，这种责任表征为历史语境是否全样本大数据，这种全样本是否与客观实在相符合；技术语境能够实现对大数据的技术支撑；伦理语境解决大数据的安全问题，不侵犯个体、企业和国家隐私和秘密，彰显大数据知识的善；认知语境实现对大数据知识的理性认知；语言语境实现语言表征的逻辑一致性，通过语言表征形成的显性知识与经验世界和网络世界相符合，彰显大数据知识的真；实践语境彰显大数据知识在科技、社会、生态等方面的应用，是大数据知识效的体现。

大数据知识的确证结果需要因果分析。基于发现条件形成的信念是否真需要确证，以判断信念与经验世界的符合性，这种相符合性为什么是可信的呢？这就需要挖掘其中蕴含的原因。传统意义上的确证，包括基础主义、融贯论和外在主义等。确证的条件包括信念、真、证实、因果分析及证据的真实性等。对于大数据知识，我们同样需要确证信念与经验世界、网络世界的符合性，如果信念不符合经验世界和网络世界的运行规律，其就不可能成为知识，也许只是错误的信念或虚假的信念。对于被确证为真的信念，我们还需要分析其因果性。虽然有些专家认为，其主要反映经验世界的相关性，因而不需要研究其因果性。我们不认同这种观点。原因在于对于经验世界和网络世界，我们追求的是其客观性和普遍性，因果性分析是确定其客观性和普遍性成立的重要条件。大数据是经验世界和网络世界的镜像反映，虽然这种反映彰显的更多的是相关性，但是，作为对经验世界反映的大数据知识，最终是要判断信念与经验世界、网络世界的相符性，而不是信念与大数据的相符性。大数据知识也追求善与效，因而对其善与效结果的分析，也需要分析其原因。如，对于大数据发现的可能涉及大数据安全与伦理的问题，如果这些问题解决不好，直接影响大数据的全样本性，进而影响大数据知识的真与效。对于大数据知识来讲，其效的确证，以大数据知识的真和善为前提。这样，我们必然需要对大数据知识的真、善、效的因果性给予分析，为进一步提高大数据知识的真、善、效提供决策依据。

确证理论的构建是大数据技术知识确证的重要依托。如何确证是知识论研究的重要内容。对于确证目前主要有基础主义、联贯论、外在主义等。但是，每一种确证都有一定的局限性。基础主义容易引起循环论的嫌疑，联贯论注重事物间的关联性，而失去核心的信念，外在主义主要是因果关系的分析，具有因果关系的信念不一定就是知识。语境论的确证是多语境因素分析信念与事实的相符合性，它的不足在于语境的繁杂性。最理想的确证是吸收不同确证的优点而将其融合在一起进行确证。大数据知识作为知识新的形态，我们需要采取哪种确证理论是由该知识的特质决定的。大数据知识所彰显的相关性，体现事物之间的联系，这种联系是在经验世界和网络世界运行的语境中产生的，这种相关的程度决定了大数据知识确证的程度。只有强相关性才可能是一种必然的联系。所以，大数据知识的确证需要在语境基础上确证信念与经验世界相关的程度，并证明这种必然性是事物运行的客观规律。

第二节 大数据知识确证的标准、条件与阈值

当代知识论中，我们不仅应研究知识确证的性质，而且应研究确证需要满足的标准、条件及其阈值等。关于确证的标准，有主张从认识上的应当来规范确证的义务论标准，有主张以认识是否达到好的标准来判定的价值论标准。义务论侧重主观标准，价值论强调客观标准。除了标准外，知识确证还需要相应的条件与阈值。大数据知识具有知识语境性、客观性、合理性和多元逻辑性等本质特性。判断大数据知识表征结果是否可信、友善、有效也需要相应的标准、一定的条件以及相应的阈值。这样，大数据知识才具有更广泛的使用价值和发展空间。

一、大数据知识确证的标准

对于确证标准，不同的知识论持有不同的观点。义务论认为"主体具有好的理由来相信某个命题。适度的主观确证蕴含了客观的确证"（陈嘉明，2003a）。但是，主体即使尽到认识责任，由于没有客观的证据，也是非确证的。主体认识有主观与客观确证的区别，"一信念是主观上确证的，当且仅当它在认识上是无可指责的；客观上确证的，假如它得到充分证据的支持"（陈嘉明，2003a）。单纯的义务论知识观侧重主观标准的确证，是不能被确证是正当的；证据论侧重客观标准，认为知识的确证应考证其正当性的证据，但是，没有主观判断，证据是否正当是无法辩护的。因此，我们需要将主观确证与客观确证相结合，来确证知识的正当性。

大数据知识是否为真、善、有效是需要确证的。由于大数据知识的实现是大数据→信息→知识→实践的过程。不同阶段语境不同，知识的形态不同。具体来说，大数据知识表征经过陈述性知识和程序性知识两种形态。政府、企业、民众等从大数据中发现知识，实现了从数据、信息到陈述性知识的转换；大数据最大的功能在于实践应用，大数据实践应用的过程体现了陈述性知识向程序性知识的转换。大数据知识的实现过程彰显为多语境的表征，主要包括历史语境、技术语境、伦理语境、认知语境、语言语境、实践语境等，大数据知识的确证是一个很复杂的过程，是主观确证与客观确证、历史确证与现实确证等的结合，既要确证政府、企业、科学共同体和民众等主观认知的正当性，又要确证大数据来源、分析、挖掘过程的客观性与全样本性；既要对大数据历史资源进行正当性分析，又要对大数据知识的经济、社会、生态等现实价值进行确证。也就是说，大数据知识表征的确证依赖对其相应语境的确证，并彰显主观标准与客观标准的结合，即不同主体认知语境等主观标准与大数据历史语境、实践语境等客观标准的结合，同时还需要考虑不同语境的逻辑结构及大数据知识发现的因果性分析。

二、大数据知识确证的条件

有不同的标准就有不同的证实，有多少种标准就有多少种类的证实。"证实的标准不是单向度的，而必须兼有信念的特点和信念所指向的外在事物或物体的特点。"（胡军，2006）知识确证的条件与所持知识论确证的性质具有内在相关性。"在20世纪所接受的传统中，确证是一个必要的且（与真理一起）几乎是充分的知识的条件。"（Sosa，1994）那么满足什么样的条件获得的知识才是正当的？阿尔斯顿曾从证据主义、可能主义、内在主义、语境主义、一致主义、义务论等所主张的确证条件出发，概括为六种条件，即"理由，可能性，可把握性，环境中被肯定性，一致性，理智的义务等"（陈嘉明，2003a）。这六种条件可概括为内在条件、外在条件。大数据知识具有语境论知识观的特质，其确证应满足语境方面的条件。

从历史语境看，确证的信念应体现大数据资源的历时性与共时性，即历史的时间与共时的空间大数据的动态整合，彰显大数据资源的 4V 性，即 volume（大量）、velocity（高速）、variety（多样）、value（价值）。

从技术语境看，确证的信念必须建立在具有广泛适用性的大数据技术基础之上，没有可靠的大数据技术，对广泛的大数据无法存储、分析、挖掘形成体现差异性或异常性的相关关系，也就无法产生信息和知识，这是技术基础。

从伦理语境看，由于大数据涉及国家、企业和个人等层面的安全和隐私问题，只有解决好安全问题，不同主体才能信任地开放和共享大数据资源。传统意义上知识的发现也存在伦理问题，如科学家本身的道德水平，需要具有诚信和为人类发展而献身的精神等。大数据知识除了对科学家有伦理要求外，还对政府、企业、民众具有伦理要求，并要保障大数据本身的安全与友善。

从认知语境看，政府、企业、科学共同体、民众等主体具有可靠的认知能力与良好的品质，应当不违背一些基本的认识义务，并承担相应的认识责任，如在证据不足的情况下不相信信念，在大数据资源明显不足的情况下对分析结果应慎重相信。

从语言语境看，大数据中隐含的知识需要通过语言表征出来，实现大数据从隐性知识向显性知识的转换。基于大数据的陈述性知识和程序性知识表征还应彰显习惯、风俗、社会等规范性。没有语言语境，大数据最多是意见。

从实践语境看，大数据知识表征结果应指向实践应用，彰显大数据知识的经济、生态、健康、政治等方面的价值，同时大数据平台建设、制度建设、人才队伍等为实现大数据知识提供社会支撑。

可见，大数据知识的确证条件是多个语境条件的综合，任何环节的疏漏都会影响大数据知识的可信性。对这些语境的确证需要从历史语境向技术语境、伦理语境、认知语境、语言语境和实践语境不断递归。"一般认为，X 得到确证，仅当它已经或至少能够通过引用一些理由来进行证明，这就涉及作为理由的信念与被确证的信念之间的支持关系。"（张立英，

2004）历史上关于确证的条件有一个无限回溯理论，即一个信念的确证需
要另一个信念作支持，另一个信念是否可信需要再一个信念作支持，无限
循环下去，这样容易导致不可确证，这就使信念确证陷入怀疑论的泥潭。
解决回溯问题是确证的核心之一。基础论、一致论和语境论在这个问题上
各有自己的见解。基础主义认为确证的条件问题与确证的一个基本的信念
有关，由它构成确证的基础，其他的信念由此出发，获得正当性支持。一
致主义认为，"确证所需要的只是在一个信念系统中达到各信念间的一致
状态，就可满足确证的要求"。（陈嘉明，2003a）语境论认为知识确证具
有历史性、群体性和社会性。

　　大数据知识的确证除了确证不同语境的符合性外，还需要确证这些语
境之间的融贯性和协同性，即不同语境之间的内在关联性，彰显大数据知
识确证的结构性。这种结构性体现在不同语境的逻辑层次和逻辑结构的展
开与递归。

　　大数据知识的确证还需要确证大数据信念为什么能成为真、善、效。
大数据知识的确证首先是对真、善的确证，即依托对历史语境、技术语境、
伦理语境、认知语境、语言语境等的确证，主要确证这些语境对经验世界
和网络世界的客观性与合理性，并保障大数据的安全。在确证大数据信念
为真与善的条件下，大数据信念才可能成为大数据知识，进而从实践语境
分析大数据知识的效用问题。由于大数据知识来源于经验世界和网络世界，
对于经验世界我们追求普遍性与客观性，对于网络世界虽然具有一定的虚
拟性，其实它也是建立在主观对客观世界认识基础上，并不是无中生有。
追求客观性和普遍性也是其目标。而因果性分析是追求普遍性和客观性的
重要条件。这样，大数据知识确证除了确证为真、善与效的语境条件外，
还需要分析其背后的原因。虽然有些专家认为"用数据说话"就可以了，
有相关性分析就可以了，没有必要研究其背后的原因。这种认识存在缺陷，
会引领人类走向唯数据论，而唯数据论将弱化人类的主体性，过度地依靠
大数据会掩盖非全样本大数据的缺陷，因而是不可取的。大数据知识确证
的因果分析会更科学、更合理地分析大数据知识背后的因果性，更可靠。

三、大数据知识确证的阈值

　　近现代知识观认为对知识的确证只有真的一元阈值，科学活动都在追
求真。后现代知识观认为对一信念的确证会有多元阈值，也就是说在真与
假之间会有多种选择，越靠近真，其可靠性和可信性越高；越靠近假，其
正当性和可信性越低。所以，后现代知识观认为知识的确证就是在寻找阈

值的正当性范围。大数据知识的确证既是后现代知识论确证的一个典范，同时又为语境论知识观中知识确证提供了一种途径或参照，也是对近现代知识论确证的继承与发展，还彰显了知识论与技术进步的协同性，依靠的技术不同，知识的确证也不同。大数据知识的确证条件包括历史语境、技术语境、伦理语境、认知语境、语言语境、实践语境等，这种多语境的确证结果是多元逻辑值的综合，而不可能只是一元逻辑值。为了保证确证的正当性，我们应赋予不同语境不同的权重，加权后形成确证的总阈值。我们根据标准，对总阈值进行确证，以判断大数据知识的真、善、效。

那么，大数据知识涉及的不同语境的权重如何确定呢？由于大数据知识追求真、善、效，不同语境解决不同的问题，赋值应坚持什么原则呢？在我们看来，我们需要根据具体研究对象的大数据特征来决定。首先，权重的确定应坚持重点原则。根据矛盾论，对于主要矛盾我们应赋予较高权重。如对于医疗大数据的处理，大数据的安全与友善直接决定医疗大数据的全样本性，因而对其伦理语境可以赋以高权重。其次，权重的确定应坚持客观原则。由于不同领域产生的大数据知识虽然需要分析的语境具有共性，但是，不同领域其语境呈现出来的重要性等方面是不同的，我们需要综合分析历史的、技术的、伦理的、认知的、语言的和实践的等不同语境的综合地位，以确定其权重。再次，权重的确定应坚持发展原则。对于大数据知识不同语境权重的确定，也不是一成不变的，在实践中不断修正。即不同语境权重的确定处于螺旋式发展之中。没有僵硬和不变的权重，只有在实践中不断修正权重。最后，权重的确定应坚持协同原则。大数据知识发现与应用过程通过对大数据在不同语境中不断递归的过程实现，不同语境之间存在必然的联系，因而权重的确定应兼顾不同语境的地位和作用，不能顾此失彼，也不能平均分配，在不同语境协同发展的过程中确定其权重。

第三节　大数据知识确证的性质

传统知识论研究主要集中在认识论，重点考察认识活动及知识起源。笛卡儿、康德作为近现代知识观的主要代表，他们关注知识的普遍必然性、客观有效性，追求知识的同一性与普遍适用性。历史地看，确证理论包括基础主义、融贯论、外在主义等。基础主义的基础信念包括经验主义、理性主义、先验主义、语境主义等。后现代知识观寻求差异性和意义的多样性，"用意义的语境性代表知识的客观性，用规则性来代替知识的必然性，用来自生活形式的约定性，来代替笛卡儿式的确定性，这就形成一个不同的知识论框架"（陈嘉明，2007）。大数据技术作为 21 世纪新发展的科学技术，已形成大数据-信息-知识-实践的新的知识形式。大数据知识具有后现代知识观的特质。大数据知识的确证问题是大数据知识可靠性判断的理论问题和实践问题，我们不仅需要从理论上回答大数据知识的后现代知识论特质，还需要回答大数据知识确证的性质、标准、条件、阈值，同时还需要将该理论应用于判断目前大数据在交通、安全、环保、健康、反腐等过程中被表征出来的知识的正当性。

一、大数据知识确证性质的表征

知识是证实了的真的信念，并被客观展现的结果。知识论所研究的中心问题是你如何认识知识的，即人们是如何使自己的信念成为知识，凭什么相信某一命题或是什么东西证明了你的信念是正当的。这些问题就是知识的确证问题，它决定了我们应当相信什么和不应当相信什么。不同的知识观形成不同的确证，"即确证是负责地形成的、可信赖地产生的、使相信者具有充分证据的、在内在可把握的基础上、在真实根据基础之上形成的、作为对认识者如何追求其认识目的的评价概念等"（Sosa，1994），这些表述是知识论者对确证性质的不同理解。大数据知识表征体现了后现代知识观的特质，它的确证具有以下性质。

由对知识普遍的逻辑特征和条件的追求转向对知识语境的关注。近现代对知识的确证，如基础主义、一致主义、证据主义等是对知识普遍逻辑特征和条件进行确证。后现代知识的确证主要对知识语境、认知观念等进行确证。语境论知识观"认为确证在某种意义上是与其语境有关的，有关知识之真的论断是随着相关语境的变化而变化"（陈嘉明，2003a）。"语境论的优势主要在于强调确证的社会性与历史性。"（吕旭龙，2005）知识本身具有社会性和历史性，它要求确证也应该具有社会性和历史性。与此同时，"语境论认为信念的辩护可以通过对社会群体的历史活动的考察而得到说明，信念所具有的合理性就不再是个体合理性，而是群体合理性"（吕旭龙，2005）。后现代知识的意义多样性主要来源于相应语境，也就是说对语境具有强依赖性。语境不同，知识表征的意义很可能不同。语境论知识观认为对知识的确证关键是对其语境因素正当性的确证。大数据知识是否可信，需要分析其相关语境的正当性语境不同，大数据知识表征的结果也可能不同。因此，我们需要关注大数据知识相应的语境。

由对客观性和普遍性的追求转向对客观性和合理性的关注。近现代知识观追求知识的客观性和普遍性，即对知识的广泛同一性进行研究，一旦有反例，知识的可信性就会受到质疑。"后现代知识观关注语言的表征，知识的属性问题也由客观性与普遍性转向了合理性或合法性，亦即意义解释的多样性的合理性根据何在，语言游戏的多样性的合法性何在。"（陈嘉明，2007）大数据知识表征依赖其语境，其表征的结果是否可信需要判断其知识表征的客观性、意义多样的合理性和表征内容的合法性。其客观性是比较容易理解的，因为大数据资源本身就是对经验世界和网络世界中活动痕迹的反映，而这些痕迹是客观存在的。不同的语境，大数据彰显的意义是不同的，这些意义是否合理是需要确证的。确证过程依赖意义产生的不同语境标准的合理性。合法性概念在社会科学（社会学、政治学等）中有广义和狭义之分。广义的合法性概念被用于讨论社会的秩序、规范或规范系统。狭义的合法性概念被用于理解国家的统治类型或政治秩序。大数据知识的合法性主要谈其合法性的规范或规则。

由对真的一元逻辑值的追求转向对多元逻辑值的关注。近现代知识观追求真的一元逻辑，即对命题非真即假的判断。知识是被证实了的真的信念。笛卡儿、康德等哲学家都在寻找真的信念。后现代知识观认为"命题除了有真、假两个值之外，还可以有第三个不确定、中间状态的逻辑值，还可以有四值、五值……直至无穷多值的存在。"（陈嘉明，2007）现代科学技术的发展，如概率、测不准原理等也证明命题除了真假外，还有很多可选择的值，这些值也是对客观世界的真实反映。大数据知识表征结果的意义多样性，说明多元逻辑值存在的合理性，这主要因为目的不同，大数据资源经过存储、分析、挖掘后反映的差异性不同，通过大数据相关性表征出来的意义也就不同，这就彰显了多元逻辑值。如对于民众资金往来的大数据分析目的不同，就会彰显意义的多样性。银行会根据差异性或异常性，预测股票的走向或民众的消费能力等，纪检部门会根据差异性或异常性，发现或预测可能存在的腐败问题。

二、大数据知识确证性质的特征

大数据时代，大数据技术通过对大数据的存储、分析、挖掘和可视化等，产生的是大数据知识，其依赖于相应语境，通过相关性分析发现大数据之间相关性所彰显的差异性，并且对于同样的大数据根据需要可以有多种意义。所以，大数据知识具有后现代知识观的特征。

彰显意义的多样性。传统意义上，"知识是由信念、真和确证三个要素组成:命题P是真的,S相信P,S的信念是P确证了的"(林奇富,2006)。近现代知识观以确定性、必然性为研究对象,追求信念的同一性和真理性。后现代知识观受维特根斯坦语言哲学的影响,以语言为研究对象。语言彰显知识所包含的意义,不同的知识所彰显的意义是不同的。后现代知识论重点发掘知识所彰显的意义的多样性。大数据知识表征通过大数据反映事物相关性所彰显的知识,这种知识通过语言将其意义展示出来。大数据知识的实现是大数据→信息→知识→实践的过程,这个过程是大数据所包含知识的意义不断被发掘和表征的过程,这个过程除了依靠大数据技术之外,关键看政府、企业、科学共同体、民众等主体对大数据知识意义多样性的彰显。目的不同,大数据所彰显的意义也不同。所以,大数据知识的实现是其包含的多样意义被彰显的过程。

追求大数据关联的差异性。近现代知识观追求同一性,同样的知识希望它放到任何地方都是可靠的。如数学公式、牛顿物理学原理等的广泛适用性,彰显其同一性和普遍必然性。后现代知识观的产生受量子力学、测不准原理等自然科学的影响,追求不同叙事或知识之间"差异"的合法性。大数据知识不在于发现大数据之间的同一性,而在于发现大数据彰显的异常性或差异性所彰显的新的关联性,这种新关联性与以前的表征不同,这种差异性是大数据知识产生的基础,也是大数据知识表征的客观依据。所以,大数据知识的实现正是基于这种差异性,从差异性中发现知识,表征知识。

具有语境依赖性。传统知识观认为知识是从特殊到一般,来源于归纳分析和因果分析,是一种去语境的知识观,希望知识具有普遍必然性,追求知识的广泛适用性。这样,知识发现与应用的过程是去语境化的过程。后现代知识观追求意义的多样性,不同的意义是在不同的语境中彰显的。大数据知识产生的过程依赖相关的大数据语境,大数据资源不同,分析、挖掘产生的信息、知识就不同,表征的意义也就不同。正是多语境协同作用下,大数据知识的多样性意义才能更好地彰显。

第四节　大数据知识确证的意义

通过对大数据知识确证问题的研究,我们发现基础主义、证据主义、义务主义、语境主义等不同的知识观之间具有一定的联系;大数据知识的确证是一个复杂的过程,对当代知识确证理论的发展具有重要意义。

一、大数据知识的确证具有语境正当性

大数据知识是一种后现代知识观的典型代表，追求大数据表征意义的多样性，这种多样性是大数据通过对异常性或差异性产生的相关原因进行挖掘而获得的，体现了求异的知识表征，而意义多样性建立在不同目的对大数据相应语境分析的基础上。基于同样的大数据资源，由于目的不同，大数据分析、挖掘、可视化的结果也会不同。如对于交通大数据，我们不仅可以彰显民众出行习惯的知识，而且可以彰显交通堵塞与民众出行方式的相关知识等。大数据知识的实现是对其语境进行分析、挖掘和可视化的过程。当然，对大数据知识的确证就是对其语境正当性的确证。

二、大数据知识的确证具有真、善、效等多元目标

传统意义上知识的含义包括信念、真、确证三要素，因而确证主要是对真的目标进行确证。大数据知识来源比较复杂，涉及不同主体的安全，人们对大数据的挖掘与分析，主要是发现大数据中存在的知识，以指导实践。这样，我们对大数据知识的确证就不能仅局限于真，而应同时分析大数据知识的善与效。大数据知识作为当代知识发展新的形态，凸显出多元目标的确证，这是对传统知识论的重大发展，也彰显大数据知识的本质特征。只有能够反映知识客观运行本质特征的确证理论才能真正指导实践，在实践中不断发展。

三、大数据知识的确证是对知识论不同确证理论的综合

目前，对知识的不同看法形成义务知识论、价值知识论、目的知识论、德性知识论、社会知识论、语境知识论等多种理论。笛卡儿和洛克是义务知识论的主要代表，他们认为在认识中应当不违背一些基本的认识义务和应承担的认识责任。价值知识论认为，确证"应着眼于使认识达到真理最大化，错误最小化的目标，从认识的好这一价值概念来提出评价的标准"（陈嘉明，2003a）。阿尔斯顿认为，正是这种证据的充分性保证了知识论能够无需是义务论的，但又是评价的，从而是规范的。目的知识论认为，确证问题是关于目的与手段关系的合理性问题，即目的合理性问题。索萨将伦理学引入知识论，建构了德性知识论。社会知识论认为，应研究社会关系、利益、作用与制度对知识与确证的规范条件的影响。"罗蒂认为，知识的确证是一种社会现象，是对话、讨论和社会实践。"（吴开明，2007）语境知识论认为，对知识的确证包括对语言语境、社会文化语境等的分析。

历史语境要求大数据资源是客观存在的，具有客观证据，具有证据论的倾向。技术语境的确证要求大数据技术应达到对大数据存储、分析、挖掘等目的，这显然具有目的论的倾向。伦理语境的确证具有德性知识论的特质。认知语境的确证要求政府、企业、科学共同体、民众具有可靠的认知能力与良好的品质，应当不违背一些基本的认识义务，这显然是义务知识论主张的观点。实践语境中我们不仅应分析大数据知识的经济、生态、政治和社会等方面的价值，而且应分析大数据平台、制度、人才等社会支撑的作用，这是价值知识论和社会知识论主张的观点。因此，大数据知识的实现不仅体现了一种后现代知识观，而且是对不同知识论确证理论的综合。

四、大数据知识的确证借鉴传统确证理论的合理内核

从知识论发展历程看，知识的确证主要有基础主义、融贯论和外在主义等。基础主义侧重对基本信念的依靠，融贯论主要从关联性上确证知识，外在主义主要通过外在的因果关系、辩证关系等确证知识。对于大数据知识来说，其确证依靠历史语境、技术语境、伦理语境、认知语境、语言语境等，只有这些语境都是客观的真实的，大数据知识的信念才可能可靠。而这些语境不是零散的，彼此之间具有融贯性，这种融贯性彰显为不同语境之间的协同性。对于大数据知识的确证还需要分析其因果关系，彰显大数据知识的普遍性与客观性。虽然大数据知识具有个体性或地方性知识的特征，但即便如此，它也是追求客观性与其普遍性的，否则就会陷入相对主义的泥潭，外在世界成为无法认知的不可知世界，这不符合客观实在。可以说，大数据知识的确证融合了基础主义、融贯论和外在主义的核心思想，是相对完美的确证理论，既彰显基础主义不同语境的主体地位，又彰显不同语境之间的关联性，同时彰显大数据知识背后的因果性，弥补基础主义存在循环论的不足，同时也弥补融贯论无主体性的不足。

五、大数据知识的确证是社会建构的结果

社会建构论是一种后现代知识观，主张知识是社会建构的，主张放弃经验主义的科学观和方法论，力图避免主观—客观、内在论—外在论的两分法，把知识放到社会文化背景中加以考虑，以考察知识的政治、道德、伦理和实践等方面的意义及其相对于特定社会和历史时期的实用特点。大数据知识是社会建构的结果。大数据来源于社会的全样本、共享的大数据。这些大数据既是客观实在的，又是社会建构的结果。政府、企业、科学共

同体和民众对大数据的认知不仅需要相应的认知能力，而且应承担相应的社会责任，而社会责任来源于社会建构。大数据知识应用于政府治理的公共领域、企业决策的经济领域、民众所需的社会领域等，也是社会建构的结果。大数据知识的表征离不开人才队伍、大数据技术发展水平、大数据平台建设、制度等社会因素的支撑。可以说，我们对大数据知识的历史语境、技术语境、伦理语境、认知语境、实践语境、语言语境正当性标准、条件和阈值的确定都是社会建构的结果。当然，社会建构的过程不是随意的，是建立在对不同语境客观分析和相关证据的基础上，因而具有一定的客观实在性，不会陷入相对主义和唯心主义的泥潭。

六、大数据知识的确证是主观确证与客观确证的结合

近现代知识的确证是一种主观确证。笛卡儿认为，"凡是在我的心灵中是清晰明白的观念，它就是确定的，从而是真正的知识"（陈嘉明，2007）。这显然是一种主观确证。真理是主观认识与客观实在的符合，单纯的主观确证是不能认识真理的。康德提出主观因素使知识具有客观的属性是不可能的。后来的证据知识论、社会知识论等将知识的确证问题建立在客观实在的基础上，没有体现主观确证，因而并没有实现主观确证与客观确证的统一。大数据知识的确证过程既包括主观的义务知识论和德性知识论，又包括客观的社会知识论和价值知识论，是主观确证与客观确证的结合，是大数据知识主观认识与客观实在的相符合。大数据知识的确证发展了知识的确证理论，丰富了后现代知识论。

七、大数据知识的确证需要塑造诚信负责任的社会文化环境

无论是近现代的义务论还是当代的德性知识论，都强调认知主体本身的认知能力与认知责任的重要性。诚信既是对民众个体的要求，同时也是对社会的要求，诚信的社会文化环境可以塑造诚信的民众。负责任主要讲的是担当。因此，建立一个诚信负责任的社会文化环境对于知识的生产与应用至关重要。历史上，曾发生过由于科学家的不诚信而导致的假信念，危害非常大。所以，塑造诚信负责任的社会文化环境对于知识生产与应用来说非常重要。大数据知识表征是义务知识论和德性知识论的应用，是政府、企业、科学共同体、民众等的认知能力与认知责任彰显的过程。由于大数据知识表征过程包括政府、企业、科学共同体、民众等多个主体，每个主体的诚信与负责任都关乎大数据知识的可信性。大数据知识的确证不仅依靠大数据资源的客观实在性、大数据技术的实用性，而且依靠对不同

主体诚信和所承担责任的评价。因此，大数据时代，塑造诚信负责任的社会文化环境，对提高大数据资源的可靠性，彰显大数据知识的正当性、社会性等具有非常重要的现实意义。

总之，大数据时代，数据治国已成为国际发展的新趋势，美国、德国、日本等许多发达国家已经将大数据技术应用于社会治理、企业治理和政府治理并取得显著成效。目前，我国的大数据技术已被广泛应用于环保、金融、医疗、交通、安全等领域。大数据之所以具有经济、政治、社会等方面的价值，关键在于大数据包括的知识价值。为利用好大数据知识，我们不仅需要把大数据知识表征出来，而且必须确证大数据知识的正当性与可靠性，为实现数据治理提供理论依据。

对于大数据知识的确证来说，不仅彰显基础主义、融贯论和外在主义的优势，而且其确证条件是一种螺旋式上升循环的发展方式，如历史语境、技术语境、伦理语境、认知语境、语言语境、实践语境等不仅是大数据知识的实现条件，也成为大数据知识的确证条件，而且反过来实践语境又会成为新的历史语境，进而形成从新的历史语境到技术、伦理、认知、语言、实践等语境，形成不断螺旋式上升的发展方式。

加州大学圣迭戈分校谢尔（Sher）认为对于知识的确证提出了整体基础论。"所谓循环，即使用了X或X的组成部分来研究X、辩护X或者为X奠基。对于这里牵涉到的循环，可能存在三点疑虑：循环会在我们的知识体系中引入错误；循环会导致无法发现错误；或者循环使我们的理论变得平庸。在她看来，循环未必就是恶性的。谢尔认为，那种禁止任何形式的循环的基础主义主张恰恰是未经辩护的。而她所倡导的基础整体论可以很好地回应上述三点疑虑：其一，只有恶性循环才会引入错误，我们只反对恶性循环就好，不必清除非恶性循环……其二，循环并不会导致我们无法发现错误，例如，罗素用于发现弗雷格理论中悖论的逻辑，恰是一种与弗雷格逻辑同等强度的逻辑；其三，循环并不必然使得理论走向平庸。"（路卫华，2017）对于大数据知识的确证来说，其确证条件除了语境因素的符合性外，还要研究其融贯性，并进行因果分析。如果说大数据知识的确证具有循环性，也只是局部的，这种循环是良性的，因而是可以依靠的和合理的，这种循环还是一种螺旋式上升的发展方式。

第五章 大数据知识的真理问题

真理是客观事物及其规律在人的头脑中的正确反映。科学则是由实践检验且无限趋近于真理的理论。任何一个知识体系不仅要研究知识的确证，还必须合理地说服接受确证的标准就可以或可能达到真理，并引导我们走向真理。大数据知识的确证具有后现代知识确证的特质，集中体现为一种语境论的确证，确证的标准和阈值依赖于相关语境。

第一节 大数据知识真理观的彰显

从历史进程看，不仅人们对知识有不同理解，对真理也存在不同的理解，进而形成不同的真理观。大数据知识作为对经验世界和网络世界运行规律的反映，追求对客观事物运行规律的认识。因此，追求真理也是大数据知识论的重要目标。

一、真理概念的演进

关于真理的概念，比较普遍的看法认为，"真理就是客观事物及其规律在人们意识中的正确反映"（贺玉萍，1996）。这个概念反映了真理是客观存在的，具有客观性；同时这种客观性需要主体主动地发现，具有主体性；并且主观认识是对客观的正确反映，又具有符合性，要实现正确反映，必须通过实践来检验这种正确反映，这是马克思主义真理观的本质。

还有人认为，"真理是与对象相符合一致的知识；具有必然性的知识；是包含客观内容的知识；是全面性的知识；是具体性的知识；是符合性和价值性的统一"（贺玉萍，1996）。真理概念的演进和变革体现了知识发展的动态性特征。如果知识仅是被确证为真的信念，说明客观世界是可知的，可知是需要被确证的，最终是要实现对客观事物的真的认知。真体现了知识追求的重要目标，真理就是关于真的目标的理论。当然，不同时期，人们追求真的意义是不同的。古希腊时期，"真"更多的是一种符合论，即主观认知与客观事物的相符合，这种知识具有客观性。近代科学技术逐步从哲学中分离出来，知识具有全面性和具体性，如哲学还属于全面性或高层次的知识，而具体的科学技术、社会科学或实践知识等具有明确的对象指向，因而形成的知识具有具体性，这样，真理就具有全面性和具体性之分。20 世纪 50～60 年代，知识不仅仅是对客观事物的正确反映，而且成为生产力的重要因素，知识最显著的代表便是科学技术，科学技术已成为第一生产力。显然，知识不能仅停留在认识论层面，知识从认识论扩展到价值论，即知识不仅是对客观事物的正确反映，而且是生产力的重要因素。真理的概念演进是科学技术发展、知识形态变革、社会需求等综合作用的结果，彰显真理发展的动态性、开放性、实践性和社会性。

真理概念的发展具有主体性。对真理的追求是人类文明演进的重要动力，发挥主体的能动性是发现真理和应用真理的重要途径。失去人的主动性和能动性，知识不可能获得，真理也就不可能被发现。虽然有人认为，真理是人类对客观事物及其规律的被动反映，认为真理是客观存在的，人类不过通过主观认知发现了客观的规律。但是，我们不能忘了知识发现和生产过程是人类通过主动性的发挥建构出来的。可以说，真理是客观存在的，它需要人的主观能动性构建出来，并能够反映客观规律，离开人的主体性，真理永远是不可能达到的。

真理概念的发展具有动态性。从古希腊到 21 世纪，人类知识围绕一条主线在不断地演进着，这条主线也是人类文明演进的主线，即经过了古代农业革命知识体系、近代技术革命知识体系、现代信息革命知识体系和21 世纪大数据技术革命知识体系等。知识体系的演进也是真理概念不断演进的过程。真理从古希腊时代的思辨走向实践，从对客观事物及其规律的正确反映到成为实现技术革命、信息革命核心力量的实践变革。所以，真理不仅追求真，而且追求效。

真理概念的发展具有开放性。从真理概念演进的历程看，人们对真理的研究并没有仅停留在对真理的定义上，还研究了真理本身应具有的属性，感性认识和理性认识在真理中的地位，真理的检验标准、真理的发展规律、真理与价值的关系问题等。因此，对真理概念的把握不能仅停留在是什么层面上，还需要分析真理相关的问题，通过对其进行全视角透视，才能理解真理概念的实质。

真理概念的发展具有实践性。真理作为对客观事物及其规律的正确反映，对知识的确证可能或可以达到真理，而实践是检验真理的唯一标准。虽然联贯论认为，只要理论上一致或自洽就可以说是达到真理了，显然是站不住脚的。可见，无论是真理符合论、还是真理联贯论或者真理价值论，对知识真理性的确证都需要回到实践中去。

二、真理观的演进

知识论的诞生是与怀疑论相对立的。怀疑论认为，我们不可能拥有知识，因而也就不存在知识论的研究。知识论坚持可知论的立场，即人类通过努力总是可以认识客观事物。自知识论成为哲学关注的重要领域以来，真理问题一直是知识论探讨的核心话题之一。"西方传统哲学史上曾经出现过三个一般类型的真理观，即符合论、融贯论和实用论。"（柳明明，2015）随着知识概念的不断变革，对于知识确证的真理问题的研究形成新的真理观。目前，对于知识论的真理问题研究形成传统的符合论、联贯论和实用论，马克思主义哲学的真理观，语境论真理观，哈贝马斯真理共识论，海德格尔真理观，曼海姆知识社会学引发的真理问题，蒯因、福柯、洛克、库恩、波普尔等的真理观。

（一）传统的真理观

符合论是关于知识真理论中最古老而影响最大持续时间最长的一种真理观，主张认识的真理性在于与现实相符合，它以实在论和可知论为基础。"说是者为非或非者为是，为假；说是者为是和非者为非，则为真。"（亚里士多德，2003）这可能是关于符合论真理观较早的论述了。亚里士多德侧重从主客体的统一性来理解真理，首先主体与客体相对立而存在，主体能够认识客体，即坚持可知论。在他看来，真理就是命题与事实的符合，这里的事实指客观存在的事物。对于符合论来讲，不同学者认为主体与客体相符合的对象和内容还存在差异。近代，很多哲学家就具体符合的对象存在差异。维特根斯坦认为，符合就是语言组成的命题与单体或逻辑原子排列形成的事实之间的符合。罗素的符合真理观是近代杰出代表之一，他实现了符合论真理观从传统向近现代的转变。罗素认为，真理就是命题与事实的符合，命题与外部世界具有相同结构。一个原子命题对应着一个原子事实，复合命题的真假可以从检查其原子命题是否真实，其所运用的逻辑规则是否完全符合而推论，就是命题的逻辑结构要严格对应于事实的逻辑结构。洛克的真理观具有经验主义色彩。他认为，真理的符合论在于观念与事实的一致或契合，强调观念与事实的符合。后来，维特根斯坦又进一步发展了符合论，他把真理看作是命题与事实的符合，而命题是事实的图式，能够对事实进行叙述、描写和表达。不同符合论的差异在于"什么与什么相符合"即符合的关系项问题，符合的证明问题等不同。由于符合论是关于经验知识的真理问题，证明命题或观念或图式与客观实在相符合存在一定的困难，后又出现融贯论和实用论等。

融贯论认为世界是一个合乎逻辑的实体。"一个命题的真理性取决于它是否与该命题系统中的其他命题相一致。"（柳明明，2015）在近代哲学家中，笛卡儿作为唯理论的奠基人，同时也是融贯论的首倡者，他所持的理性真理标准是观念自身的"清楚明白"。融贯论的贡献在于将逻辑证明作为科学发现证明是真理的重要方法。其不足也是很明显的，即仅从逻辑证明是真的，不一定符合客观事实，不一定是真理，如神话、宗教等；对于形式真理，融贯论标准是可以判断的，对于经验真理很难仅从逻辑上就能证明知识是真的。制约融贯论的一个基本的思维矛盾就是他无法在自己的体系中说明真理与存在的统一问题。

随着知识的发展，特别是科学技术的发展，科技知识从追求认识世界向改造世界方向发展，知识的真理问题从证实向效用转变。实用论真理观正是在此背景下发展起来的。实用论真理观主要从观念、命题、理论所产生的实际效果来分析真理。皮尔士（Peirce）认为真理是那种给人带来满足感的后果或效果；詹姆斯（James）进一步发展了皮尔士的真理观，"他把真理作为经验的一种形式，真观念能使人的需要得到满足，给人带来某种利益，或使人取得某种成功，它能连接和协调经验"。（张艳伟，2010）实用真理观从实践哲学角度探讨真理问题，真理从属于价值。效用真理观的特点就是把效用、价值引入真理，由于没有明确的标准容易导致主观主义的真理观，同时由于将"真"与"有用"作为同一过程的不同称谓，降低了真理的客观性标准，同时有效的观念不一定是真观念，这容易导致相对主义。由于对效用的衡量具有个人主义的色彩，实用真理观不利于整个社会的和谐和整体主义价值观的发展。从实践层面看，实用主义真理观肯定了实践的价值和真理改造世界的功能，具有一定的进步意义。

对于真理而言，传统的符合论、融贯论和实用论都具有一定的合理性，但是，都存在一定的缺陷。从现实发展看，任何一个真理的确证不仅需要确证信念是对客观实在的真的反映，同时信念必须是一个系统的逻辑体系，而不是简单的凌乱的描述，对真理的发现仅是人类认识客观实在的一部分，关键还需要在认识世界的基础上改造世界。这样，真理具有效用的价值诉求。正如夏佩尔强调的"为了处理好真理和理由之间的关系，应该协调这三种真理观之间的互补性"（夏佩尔，2006）。

（二）真理观的新发展

从马克思主义观点看，真理问题是一个实践问题，它与人的本质和人类社会的发展紧密相连。在实践基础上，真理是主观认知对客观事物及其规律的正确反映，是主客体之间的一种动态耦合过程。在实践过程中，彰显真理的相对性和绝对性，是二者之间的辩证统一。实践也是检验真理的唯一标准，人们通过感性认识、理性认识上升到客观事物和规律的正确反映，而实践是检验主观与客观相符合的唯一标准，真理源于实践，指导实践，推动实践，并在实践中不断完善和发展。真理的价值在实践过程中得以体现，真理与价值的关系统一于主体的实践中，发现真理是实践价值的基础，而实践价值是追求真理的起点和归宿，这一点越来越得到学界的认可。可见，马克思主义真理观是一种实践真理观，在实践基础上解决人类社会存在的多种二元对立，祛除异化，寻求合作，最终实现共产主义。马克思主义的真理观在实践基础上把真理问题与现实生活问题结合起来，使真理回归现实生活。

20 世纪以来，真理观取得一些新进展，整体上从某一种真理观走向多种真理观的融合，主要有创造论真理观、语境论真理观、后现代真理观。

创造论真理观认为真理是一个在对话过程中不断生成和不断创造的过程。罗蒂是其中的代表，他认为"语言学转向"成果将创造性真理观取代发现论真理观是当代西方哲学发展趋势。（柳明明，2015）这里的创造是主体间共同参与创造的结果。创造性真理观强调真理发展的动态性、主体间性和表征性，彰显真理发展从个体的符合性向群体的共识性转变，体现了现代知识发展从个体向共同体发展的特征。对话是主体与客体、主体与主体之间关系的彰显，创造论真理观也可以说是建构论的体现。

语境论真理观伴随着语境实在论发展起来。成素梅、郭贵春所写的《语境论真理观》一文比较全面而系统地研究了语境论真理观的内涵、特征和优势等理论问题。他们"把真理理解为是科学追求的理想化目标，而不是个别研究的单一结果；强调真理的条件性与过程性，也强调真理发展的动态性与开放性……我们始终应该在一个动态的、开放的语境中理解科学理论的真理性……当下的语境既是对过去进行批判与继承的结果，也是未来准备扬弃与发展的前提。语境论真理观具有语境性、动态性、层次性、开放性、多元性等特征"。（成素梅 等，2007）语境论真理观承认客观真理的存在，强调因果证实离不开特定语境，逼真性衡量离不开相关语境，语境开放使真理证实更具有客观性。"逼真性和逼真度是波普尔真理思想中最有价值、最有争议的地方，指一个理论接近客观真理的性质，它与客观真理具有同样的客观性。"（李笑春 等，2011）但是，对于确定的某个真理的研究其语境因素是确定的，而不是抽象的，这就要求我们必须分析真理确证具体的语境因素，不同语境所承担的角色，语境是如何确定真理的标准，如何通过语境确定其逼真度等，这些问题是需要进一步深入研究的。

曼海姆知识社会学从广义的社会范畴研究真理问题，具有语境论真理观的特质。对于知识的范围，曼海姆认为"知识不仅包括自然科学知识，还包括社会科学知识和人文科学知识，与此相应的各种活动方式也是多样的，有的求真，有的求善，有的求美，有的求利。曼海姆主张一种基于主体社会文化环境的动态的真理观。在他看来，人文社会科学知识的真理性是通过视角的扩大获得的，而视角的扩大要综合进行。第一种综合都试图得到比前一种综合更宽广的视角，后来的综合都吸收了先前的综合的成果"。（林建成，2010）可以说，曼海姆的知识社会学真理观是一种语境论真理论，强调社会境况和社会位置对思想家的影响，境况不同，真理也就可能不同，他将构建关系限定在一定的范围，有效程度的确证也是在一定的范围内，将"特定的具体思想与所属的思想类型关联起来，再把思想类型与特定的社会历史条件关联起来"（林建成，2010）。从这个意义看，他的真理观又具有相对意义的色彩。随着科学技术社会化程度的提高，自然科学与人文社会科学融合进程的加速，知识越来越走向更广泛的语境，其真理性所依赖的社会因素的作用越来越大。

一些著名的科学哲学家提出了自己的真理观。海德格尔提出"存在"真理观，真理就是让存在无蔽。真理与非真理之间的张力就是解蔽与遮蔽之间的张力。技术是一种解蔽方式。哈贝马斯提出真理共识论，"真理是人际间语言交往中的一种有效性要求，命题为真的条件是所有其他人的潜在的同意"（刘志丹，2012）。这种经验约定论带有真理共识论的"主体间性"色彩。库恩作为20世纪科学哲学领域最具影响力的学者，他反对科学积累进步发展观，"主张科学理论是智力工具，并以范式的解谜能力作为范式评价的最终指标，实际上是从实用合理性角度出发"（宋志润，2017）。库恩认为，真理标准首先是解题能力，如预言的精确性，定量的精确性，解决不同种类问题的数量等；其次包括精确性、一致性、广泛性、简单性和有效性次级标准。福柯认为"真理是权力的一种，真理是掌握权力的人们根据必须的礼仪说出的话语，是提供正义的话语"（刘魁，2005），权力不仅起着压抑作用，而且还发挥着创造和生产真理话语的功能。

通过分析真理观的演进历程，我们可以发现真理观主要围绕以下几个方面进行讨论，并形成不同的真理观。

其一，真理观的研究建立在可知论基础上。如果前提就认为世界是不可知的，也就没有必要追求真理。虽然后现代真理观来源于后现代主义，后现代主义来源复杂，存在多元性，但在颠覆科学主义、消解科学真理的客观性方面具有一致性。但是，后现代性真理观虽然对张扬人文社会科学及日常生活的重要性具有一定的价值，但是消解科学真理的客观性，并没有得到学者的认可，仅仅是一种观点而已。

其二，判断"真"的标准不同。我们应衡量宇宙万物之"本真状态"，还是人类行为意义之"真"，或者信仰或信念意义上的"真"存在分歧。从以上分析看，多数哲学家关注客观事物或者人类行为的意义，而像基督教、神话等纯粹的信仰，不在真理范围之内，原因在于它们无法得到实践的确证。

其三，对"真"的判断标准问题的探讨。历史上因为对"真"的判断标准的不同，形成符合论、融贯论、实用论、语境论、创造论、实践论、存在论、共识论等。总体上看，这些真理观主要围绕命题与事实的一致性、命题逻辑的一致性、命题带来的效用或价值、命题成立的语境性与动态性、真理检验的实践性、存在的无蔽性和真理认知的主体间性，即主要围绕主体、客体、语境因素、实践等判断标准进行研究。

其四，对于真理的表现形式进行探讨。从目前真理观的发展看，有不同表现形式。马克思主义真理观认为，真理是相对真理与绝对真理的辩证统一，这种统一建立在实践基础上。由于科学技术发展具有积累性和革命性两种形式，与此相对应的真理表现形式有逼真性和范式更替的合理适用性两种形式。由于对真理的认知存在客观性和主体性两种极端看法。客观性认为真理是客观存在的，具有普遍意义，人类只是被动地反映这种客观。而主体性强调日常生活中的小真理，并强调真理的实用性。由于真理随着语境的变化处于动态发展之中，一种真理在这种语境下是成立的，语境不同，它的真理性可能就不一样。这样，真理的相对性与其语境性紧密联系在一起，充分彰显真理发展的开放性、动态性和语境性等特征。

其五，真理观越来越凸显多主体、语言表征、权力、技术等因素的重要作用。随着科学技术的发展，知识发现形式从古希腊时期的思辨走向实验、计算模拟和数据挖掘等，知识增长的速度呈现超指数形态。特别是大科学时代的到来，知识已不是某个人的事情，而成为科学共同体、政府、民众等多主体的事情；而真理的表征形态更多地依靠多主体的理论建构，而理论建构的过程是语言被表征和被认可的过程，语言表征的逻辑性与客观性是非常必要的。随着知识越来越依靠科学仪器、计算工具，只有拥有这些工具的人才可能创造知识，并发现和利用真理，而这些主体就拥有了生产和应用知识的权力，知识的传播正是在解决权力的不公平问题。大科学时代，技术成为实现真理从遮蔽到去蔽再到无蔽的解蔽工具，技术的工具性特征在发现真理和应用真理过程中具有重要作用。

其六，真是事实为真与信念为真的统一。知识作为被确证为真的信念，已说明真理是对信念真的判断，但是，信念的真需要依托事实内容，否则形式的真并不能构成知识。如今天是星期三，我从信念视角理解今天就是星期三，因为我们一般星期二开会，昨天刚开了会，所以，今天是星期三。但实质是星期一开会了，今天是星期二。所以，主观的信念只有与事实的真相符合，才可能构成知识。根据人类发现知识方式的不同，知识可以分为经验知识和理性知识，对于知识真的追求，有逻辑真理与事实真理之分，如数学、逻辑学强调逻辑真理，依赖于经验的物理学、化学、生物学、地理学等更强调事实真理。

随着科学技术发展和社会进步，真理观从宏大叙事走向微观确证，从单一主体走向主体间性，从静态描述走向动态发展，从主客体走向多元因素参与。真理观的演进彰显了真理发展的时代性、客观性、动态性、语境性和多主体性等特征。

三、大数据知识真理观的表征

大数据时代，大数据知识作为知识的新形态，既是知识论发展的新形态，也是真理观的新形态。大数据知识具有确定的指向，它的真理性更具体，不同于以上所谈的任何一种真理观。原因在于历史中的真理观都是建立在一种抽象的假定基础上，如可知论、主客体对立性、真理的逻辑统一性和适用性等基础上，进而研究与此前提相对应的真理观。大数据知识既具有大数据知识本身的真理性，又具有具体的某个领域大数据知识的真理性，是普遍性与具体性的统一。大数据知识作为知识的新形态是否具有真理性，这是首先必须回答的理论和实践问题。

大数据知识承认经验世界是可知的，并且物质世界是第一性的，主观认识是第二性的。大数据技术作为技术工具，使经验世界和网络世界成为可知的世界。所以，大数据知识只是使发现知识的工具发生了变化，由过去思辨、实验、计算模拟转向大数据分析。他们的共同点都是承认经验世界是可知的，我们需要借助一定的工具发现知识，发现真理。

大数据知识的来源具有客观性，彰显其潜在的真理性。客观性是真理性存在的重要特征。如神话、宗教等的客观性很难找到，因而其真理性也是不存在的。大数据知识来源于经验世界和网络世界中的大数据，这些大数据都是对事物运行规律的客观反映，虽然也存在虚假大数据、孤岛数据等情况，但毕竟是少数的，大数据知识是针对全样本大数据资源。正是因为这些大数据的客观存在，我们才能借助大数据技术对这些大数据进行技术分析，发现知识和真理，并应用于社会实践。

大数据知识彰显客观实在的运行规律，因而具有真理性。大数据知识发现经过技术层面对大数据的存储、分析、挖掘和可视化，并在语言层面进行表征，而表征的结果形成命题或理论知识，这些知识是对客观实在运行规律的客观反映，可以说是符合论真理观的具体体现，但又不同于一般的符合论。传统的符合论强调真理是命题或理念与事物实在的符合，这种符合多是通过因果性的挖掘发现主体与客体是相符的。而大数据知识不仅反映客观事物的动态运行规律，而且通过相关性挖掘客观事物运行的差异性特征，而不是简单的符合一致性。也就是说要挖掘客观事物运行的特殊相关性。这种相关性也是彰显客观事物运行规律的另一真理性特征。

大数据知识发现需要科学共同体、政府、企业、民众多主体参与，彰显大数据知识真理的主体间性和语境性。大数据知识是否具有真理性，首先这种真理性需要借助大数据技术进行挖掘，大数据技术对大数据挖掘过程是实现经验世界从遮蔽向去蔽再到无蔽的技术工具。正是借助大数据技术，我们可以发现复杂的经验世界和网络世界中所蕴含的客观规律。这种规律通过语言表征转化为系统性知识，这些知识是否具有真理性需要得到科学共同体、政府、企业和民众的认可。当然，大数据知识来源于特定语境中的大数据，语境不同，大数据就不同，所获得的大数据知识也就不同，其真理性程度也就不同。正是语境依赖性，彰显大数据知识真理的动态性。

大数据知识彰显实践是检验真理的唯一标准这一原理。知识有经验知识和理性知识，像数学和逻辑学属于理性知识，他们强调内在逻辑的一致性和合理性。而对于经验知识来说，这些知识来源于经验世界，其是否具有真理性，需要回到经验世界中进行检验。大数据知识来源于经验世界和网络世界中的大数据，其真理性又需要回到实践中进行检验和修正。实践是大数据知识产生和检验的源泉，彰显知识的真理性。但是，实践检验大数据知识与传统知识的方式是不同的。传统知识多是来源于对经验世界的归纳总结而形成的知识，实践检验多是回到相同的语境中进行重复检验，以彰显知识的逼真度来衡量其真理性。但是，大数据知识来源于对经验世界和网络世界中相关性分析凸显的知识，而且大数据处于动态运动之中，再回到实践中去检验，显然很难获得相同的语境。所以，对于不同语境，大数据知识的真理性需通过其解决问题的能力来衡量。目前，大数据知识被广泛应用于交通、环保、物流、医疗等领域，大数据知识作为精准预测的重要依据，其真理性就看其精准预测过程中解决实际问题的能力。所以，大数据知识是否具有真理性也是需要回到实践中去检验。而作为接近真理的逼真性的衡量是一种理论假设，衡量标准或参考标准是很难确定的。

大数据知识具有符合论、融贯论、实用论和语境论等多种真理观的特质。从真理观发展历程看，有符合论、融贯论、实用论和语境论等多种表征形态。其实，对于特定知识来说，往往很难区别其真理性是属于哪种形态，多是各种形态的联合体。大数据知识来源于经验世界和网络世界的大数据，而这些大数据是客观世界运行状态的具体表征。所以，大数据知识首先必须符合客观世界的运行状态，即大数据知识要与客观事物相符合。当然，大数据知识作为一种知识形态，其表征形式需具有内在的逻辑一致性，不能相互矛盾，即大数据知识具有融贯论的特质。大数据知识的发现直接服务于一定的社会需要，发现知识是为了更好地应用知识，其效用和价值更重要，因而大数据知识具有实用性特质。最后，大数据知识来源于特定语境中的大数据，特别是大数据知识很具体，因此，对其表征需要限定在一定的语境中。如啤酒与尿布销量的相关性，是对美国某大型超市分析的结果，并不适合于一切超市。

大数据知识的真理观追求其与客观世界和网络世界运行的相一致性，这种真理观是一种事实真理观。善与效的价值彰显与真的价值彰显具有辩证统一性。真理作为追求经验世界"真"的规律的理论，本身就是伦理判断的结果。大数据知识不同于传统知识的一个显著特点是大数据存在于世界的每个角落，但是对于哪些大数据进行挖掘分析转化成大数据知识则是科学共同体、政府、企业和民众根据科研和社会需要进行挖掘。也就是说大数据知识本身来源于社会需要，就是要追求有效性，如果没有有效性需求的指引，人们不会去发现大数据知识。因为发现大数据知识的过程需要很高的成本，如需要可靠的大数据资源、大数据技术、大数据服务公司的支撑等。当然，人们在追求有效性时首先要确保大数据知识能够客观发现大数据中所蕴含的知识，彰显其真的特质。即大数据知识的"真"是有效性实现的前提和基础。大数据知识效的价值的彰显又会反过来影响大数据知识真的判定。无效的大数据知识的产生，可能是大数据知识本身与客观世界和网络世界是不相符合的，因而其对实践的指导是无意义的，还有一种情况就是大数据知识本身是真的，在应用过程中出现的不当，造成无效，都是可能的。对于大数据知识所具有的善的价值的彰显，会影响大数据真的价值的实现。如果我们在大数据采集、挖掘、应用过程中损害了个体、企业、社会和国家的利益，根据程度不同，是需要承担伦理责任和法律责任的，而反过来不同主体加强对其产生大数据的保密，不利于大数据资源的共享，这样，非全样大数据资源，会直接影响大数据知识的真与效。所以，大数据知识的真理判定与其善和效的价值选择是紧密联系在一起的，是辩证统一的。大数据知识作为对经验世界运行状况的分析，对真理问题是一种建立在经验基础上的事实真理。

所以，大数据知识既具有一般知识的真理性特征，也具有自身一些独特的真理特质，是普遍性和具体性的辩证统一。我们必须具体客观地分析其真理性，及其实现的途径等。

第二节 大数据知识真理观的特质

传统意义上知识是确证为真的信念，追求真和解释世界是知识的根本。随着知识从象牙塔走向社会实践，知识不仅追求真，而且追求变革世界。真理观有真理符合论、真理融贯论和真理实用论及后来发展起来的真理语境论、真理创造论等。知识的真理观就是"要提供证实的论证，来合理地说服一个人去接受根据证实标准理论就会有可能达到真理，要能够说明坚持了这些证实标准就会最终引导我们走向真理"（胡军，2006）。大数据知识不仅追求真而且追求效，它的真与效建立在相应的大数据语境基础上。可以说，大数据知识真理观是一种语境论真理观。大数据知识的证实标准认为大数据知识的确证依靠大数据知识发现与应用的相应语境，不同语境被赋予不同的阈值，加权得到逼真度。这个逼真度是否能够合理地根据证实标准达到真理和走向真理，将是我们需要论证的。

一、传统知识真理标准的困境

对于任何知识我们不仅应提供其证实的标准，还应该提供证实的论证，使人们相信确证能够引导人们达到真理。

真理符合论认为，"真理就是命题与相关的事实之间的一种一一对应的符合关系"。（胡军，2006）我们需要证明命题与相关事实的符合关系，而这种符合关系从命题与事实相符合，演变为信念与事实相符，命题与命题之间的相符等，符合说由于仅停留在模拟或反应层面，而且对于什么与什么相符合，符合具体指向什么存在多种争论，导致真理符合论很难达成一致的观点。真理融贯论认为："真理就是信念之间的长时间的理想的联贯。"（胡军，2006）我们需要证明理念之间的融贯一致，但是仅从信念与信念的一致性就认为达到真理，容易走向循环论证，再者也容易不与事实相符，而受到质疑。对于先验世界来说，真理融贯论具有一定的合理性。对于经验世界来说，符合论更具有客观实在性和说服力。真理实用论的代表人物詹姆士认为，"真理不具有固定的、静止的性质。真理是对于观念而发生的。它之所以变为真，是被许多事件造成的。它的真实性实际上是个事件或过程，就是它证实它本身的过程，就是它的证实过程，它的有效性就是使之生效的过程"（胡军，2006）。实用主义真理观认为一个观念是有用的，它就是真的；或一个观念是真的，它就是有用的。这种标准的确证就是要看观念是否有用，强调一个信念的引导作用，即引导我们达到实在。洛克认为，实在就是独立存在的客体。但是，我们知道真是认识论意义上的性质，而有用是价值论意义上的性质，二者并不等同，追求的体系也是不同的。往往存在有用的不一定是真理，而真理不一定是有用的。

这样看来，传统真理观确证标准存在一定的合理性，但也有一定的局限性。这种局限性来源于不同真理观证实理论本身的缺陷及其适用范围的局限性。我们需要新的真理观来解决知识的确证问题。

二、语境论知识观能够指引我们达到真理

从认识论的转向看，认识论经过了从古代本体论转向近代的认识论再转向 20 世纪初的语言分析再到 20 世纪 80 年代的实践哲学。认识论转向反映了人类对客观世界的认识从是什么至为什么再到语言表征和实践应用。对于具体的知识来说，我们不仅仅要知道是什么，还需要将这种确证表征出来。随着大科学时代的到来，除纯粹理论知识外，多数知识需要应用于实践，显然知识的实践维度也是社会发展的必然趋势。这样，知识的真理性就不能仅局限于命题与事实的相符，还应有命题引导事实走向真理。可以说，对于知识我们不仅需要认识客观世界，还需要将客观世界的理性认知用语言表征出来形成系统化理论，并将这种理论应用于实践。这个过程是多语境协同发展的结果，而这种多语境协同的语境论真理观更适合对经验世界的研究。原因在于先验世界仅需要满足语言语境的确证即可。对于经验世界的语境论真理观来说，其语境包括历史语境、认知语境、语言语境、实践语境等，不同语境承担着不同的责任，其确证标准也是不一样的。

历史语境是知识发现的基础和前提。历史语境主要包括知识产生所依赖的经验世界。历史语境中的经验世界是人类知识产生的客观依据，没有历史语境就没有知识发现，也就谈不上知识的实践问题。人类对历史语境的认知可借助于观察、经验直觉、技术工具等。只有对历史语境的认知才可能形成知识。从真理角度看，历史语境的确证标准就是我们能够对经验世界有充分而现实的认知。

认知语境是知识发现的思维加工场域。知识能否形成需要认知主体在对经验世界感性认知的基础上形成理性判断。没有人类的认知就不会有知识。有些人认为，认知的过程就是经验世界在人脑中镜像反应的过程，也就思维的过程。随着科学技术的发展，人类认知的方式从认知主体的直接加工到机器加工，如人工智能技术的发展，可以在对经验世界认知的基础上，通过机器学习产生知识。

语言语境是知识发现的表征工具。人类对经验世界的认知需要通过语言表征形成命题或观念。没有语言表征，知识只是潜在的隐性知识，这种形态存在于个体的思维意识中，还不能称之为知识。只有通过语言表征出来的显性知识，才可能称之为知识。可以说，语言语境是知识实现的表征工具。

实践语境是知识发现和应用的实践场域。传统意义上的知识侧重命题与事实的符合。随着知识社会化特别是知识经济的发展，知识成为一种生产力。人类生产知识很大程度上为了改造世界。实践语境包括知识实现的社会条件，如社会需求、科学共同体、实验条件等；还包括知识的社会实践应用。大科学时代，知识生产和应用越来越成为国家、政府、科学共同体和民众共同的事情。知识是否可靠需要回到实践中进行检验。可以说，实践语境成为知识最终检验场。没有实践检验，命题或信念的逼真度是无法衡量的。

历史语境、认知语境、语言语境和实践语境是经验知识发现过程普遍需要经过的语境。当然，对于不同的具体知识，其语境因素需要具体分析。那么这些语境之间是什么关系，这些语境确证标准能否达到真理？

首先，知识的语境确证标准是不同的。从人类认识过程看，知识发现和应用经过了历史语境→认知语境→语言语境→实践语境，语境转换的过程是人类认知不断提升的过程，也是知识发现、确证和实践应用的过程。对于不同的语境知识其确证的标准是不同的。对于历史语境来讲，我们的确证标准要求是对经验世界客观、真实的认知。当然这种认知会随着人类认知工具的不断进步而会更精准。认知语境的确证标准要求实现对经验世界的认知从感性描述到理性思维，否则，知识无法形成命题与信念。语言语境的确证标准要求对认知结果通过语言表征形成命题或信念，此语境是知识实现从隐性知识向显性知识飞跃的关键一跳，语言语境要求命题或信念本身具有逻辑的融贯性。实践语境的确证标准要求被证实了的信念即知识能够指导实践并在实践中得到检验和完善。可见，只有不同语境的确证标准都得到确证，才可能保证知识的真。

其次，知识的语境确证标准是符合论、融贯论和实用论的有机统一。知识发现和应用经过历史语境—认知语境—语言语境—实践语境……新历史语境—认知语境—语言语境—实践语境，不同语境履行不同的责任。此过程还可以循环下去，形成新的更高层次的知识。此过程形成的知识要能够与历史语境中的经验世界相符合，彰显经验世界的运行规律，这是坚持了符合论真理观。语言语境对知识的表征要求逻辑一致性、合理性和自洽性，这是坚持了融贯论真理观。知识需要回到实践语境中进行实践，其价值在实践过程中得到彰显，这是坚持了实用论真理观。所以，对于语境论知识确证标准的证实需判断其符合、融贯和实用的程度。任何一个方面的缺失都会影响知识的逼真性，其中符合是基础，融贯是条件，实用是结果。可以说，通过对语境论知识确证标准的证实，可以指导我们达到真理，达到真理的程度可以通过逼真度来衡量。这个逼真度通过赋予符合、融贯、实用确证标准不同的权重，再加权形成总权数，总权数越高，其逼真度越高，越逼近真理，其可靠性越高。

最后，知识的语境确证标准克服了传统真理观的缺陷。传统知识论本身也存在一些缺陷，不断受到质疑。如真理符合论存在符合含义不清楚，真理融贯论存在循环论证，真理实用论可能存在实用但不真等缺陷。而语境论真理观通过以符合为基础，以融贯为条件，以实用为结果的知识确证，能够克服传统知识真理观的不足。

语境论知识观的历史语境直接决定命题相符合的维度。传统的符合论有认为是命题词句与事实原子的一一对应，有主张命题逻辑结构与客观实在逻辑结构的相符，有主张命题是事实的图式等。"马克思主义的真理观是一种实践论意义上的符合论……马克思主义的真理符合论是一种历史的、实践的、生态论意义上的符合论。"（陈英涛，2013）语境论知识观认为，对于一个客观实在我们可能要获得其内在结构、运行规律或其价值等方面的知识，对其研究目的和对其历史语境的把握，某种意义上已决定命题与客观实在相符合的具体指向，可能是逻辑结构、运行规律、价值等某个方面的相符合，这从根本上解决了信念与客观实在究竟是什么相符的问题。

语境论知识观的语言语境彰显融贯论的客观实在性。传统融贯论受到质疑集中在可能存在脱离客观实在，仅是逻辑形式的循环论证，而语境论知识观在语言层面的表征，其融贯性建立在历史语境基础上的语言表征，其逻辑一致性不仅仅是语言层面的融贯，还包括语言表征与历史语境中客观实在的逻辑一致性，彰显知识从历史语境向语言语境转换的客观过程，其中历史语境是其他语境的基础。也就是说，语境论知识观的融贯性建立在对客观实在的历史语境分析基础上，其融贯性以客观实在为基础，不是仅逻辑形式的融贯。

语境论知识观的实践语境彰显真与实用的统一性。传统实用论最大争议在于实用但不真的争论。语境论知识的实践建立在对客观实在历史语境分析基础上，并且基于命题与事实相符合、命题本身融贯基础上的实践。真是语境论知识实践的基础，是否有效需要在实践过程中得到彰显。

因此，语境论知识确证标准的证实需围绕不同语境所承担的责任，该证实应彰显命题与事实的相符合，语言表征融贯性和知识的实用性应以客观实在为基础，不断提高其逼真度，既要解释客观实在，又要为我们改造客观世界提供指引，并指引我们不断接近真理并达到真理。

三、大数据知识的确证标准能指引我们达到真理

大数据知识的确证标准其实质在于解决遵循一个既定的证实标准在认识论上是否真正的合乎理性的要求，并被证明能够达到真理。大数据知识的确证标准是语境依赖的，是一种语境论确证观，根据语境所获得的逼真度能够引导人们达到真理。具体来说，大数据知识是在历史、技术、伦理、认知、语言、实践等语境相互关联中实现的，每个语境承担着不同的功能。大数据知识的语境确证主要通过赋予不同语境不同的权重，通过加权形成对大数据知识确证的阈值。对大数据知识确证最后的阈值能否指导我们达到真理，这是需要证实的，这是大数据知识的真理性必须回答的问题。

第一，大数据知识语境确证秉承语境论知识观的确证标准。针对不同的知识来说，所依赖的语境是不同的。如对于先验世界来说，其主要语境主要包括认知语境和语言语境；对于传统的解释类知识而言，其语境主要包括历史语境、认知语境和语言语境；对于实践性知识更强调知识对实践的改造功能，其实践语境是非常重要的。

随着大数据时代的到来，大数据技术成为发现知识新的工具。大数据知识主要依靠大数据技术的存储、分析、挖掘、可视化获得对经验世界的认知。因此，大数据知识的发现离不开大数据技术，也就是说离不开技术语境。大数据来源于对经验世界和网络世界的镜像大数据，这些大数据本身可能存在安全问题，伦理语境是确保大数据知识善的重要体现。这样，大数据知识的语境确证包括对历史、技术、伦理、认知、语言和实践等语境赋予不同的权重，并加权形成总阈值。

第二，大数据知识语境确证以历史语境为基底，能够彰显大数据知识

与客观实在的相符性。知识的证实主要围绕确证标准能否达到或接近真理。真理首先要"真"，即反映客观实在。而大数据知识通过大数据技术对经验世界和网络世界的大数据进行分析，这些大数据要求全样本地反映客观实在的历史境况。所以，大数据知识的语境标准即赋予不同语境不同的权重加权形成总阈值，彰显大数据知识与客观实在的相符，是可依赖的。对于大数据中存在的虚假问题和伦理问题会通过技术语境和伦理语境给予解决。因而，我们应该相信大数据知识的真理性。

第三，大数据知识语境确证的语言表征，以历史语境、技术语境、认知语境、伦理语境为基础，因而其融贯性具有客观性，避免循环论证，是可信赖的。大数据知识的语言表征过程就是将经验世界和网络世界的客观运行规律表征出来，并在解决其虚假性和伦理问题的基础上，通过对可视化结果的加工，实现从隐性知识向显性知识的转换。大数据知识的语言表征不仅是逻辑形式的一致性，更是语言与客观实在的相符性，因而是可信赖的。

第四，大数据知识语境确证的实践语境彰显大数据知识真、善、效的统一，是可信赖的。大数据知识来源于历史语境中客观实在的表征，其基底是客观的，因而是真的。而对于大数据的分析来源于一定的社会需求，如交通治理、安全治理、精准医疗等。大数据知识如果没有效用或价值，发现其就没有实质意义。大数据来源于不同主体的运动，因而应保护大数据资源的安全。所以，大数据知识的真、善、效是辩证统一的。我们需要在真、善基础上发挥大数据知识的效用。当然，大数据知识不同于一般的知识在于大数据处于即时动态的运行中，大数据知识的真、善、效不可能回到原来的语境中进行检验，其真、善、效的检验根据其精准预测在实践中的效用或价值来确定。可以说，一般知识形成于历史语境，并在实践中检验和发展，而大数据知识来源于历史语境，并指向未来。

总之，大数据时代，大数据知识的语境确证标准是可以被证明实是合理的，可信赖的。我们可以根据其确证标准不断提高大数据知识的逼真度，进而接近真理和发现真理。通过对大数据知识语境确证标准的证实，为我们进一步发现和利用大数据知识指明了努力的方向。

第三节　大数据知识真理观的实现路径

在讨论真理问题时，"我们不仅要问一个思想是否得到了实践的证实，而且要问在什么样的情况下这个思想才算真正得到了实践的证实。我们不仅要让自己相信这个思想得到了实践的证实，还要让别人也相信"（柳明明，2015）。真理问题是主客体、主体间性的关系问题，也是知识发现和应用不同语境之间的协同问题。通过对大数据知识语境确证标准的证实，说明其语境确证标准是合理的和可靠的。为了使大数据知识越来越逼近真理，我们需要通过提高不同语境的权数，提高总阈值，进而接近真理。

一、实现全样本数据是历史语境功能的重要体现

样本数据是概率运算里的一个概念，样本数据来源于抽样结果。传统的小数据时代，为发现知识，我们会根据需要抽样调查一些样本，形成样本数据库，在对样本数据库分析基础上形成知识。知识包括理性知识和经验知识。对于理性知识，如数学和逻辑学，其追求逻辑的一致性和合理性，对其验证是从普遍到具体的过程，所以，理性知识并不追求样本的数量。经验知识来源于对客观实在的经验总结，是从特殊到一般的过程。样本数量越多，形成的命题的真理性越强。当然，波普尔提出证伪理论，可能一个反例会使即便是全样本陷入困境。无论如何，样本数据是经验世界知识发现的重要基础。

大数据时代，大数据技术的优势在于我们通过传感器或大数据平台，采集客观世界运行的全样本大数据，即对客观实在进行全方位的展现和挖掘，"用数据说话"充分彰显大数据的全样本性。我们去超市购物，超市通过大数据技术分析超市出售商品全样数据的销售情况，通过分析、挖掘出售商品之间的相关性，可以得到相应知识。如沃尔玛通过分析出售商品全样本数据，发现尿布与啤酒之间的相关性，而这种相关性隐含的知识在传统的小数据时代很难发现的。对于网络购物的大数据，我们可以通过大数据技术分析出售商品的评价记录，可挖掘出购物者的喜好，商品存在的问题及改进的方向，这成为商家进一步决策的依据。

为了提高对经验世界的全样本采集，数据融合是非常重要，是深度挖掘事物相关性的重要途径。如对于购物者，如果商家不仅能够采集消费者的消费记录单，还能获得消费者性别、年龄、职业、地址等大数据，不仅可以挖掘出售商品的相关性，而且还可以挖掘性别、职业、居住地远近等与所购商品的相关性，从而发掘出新的知识。数据融合既是解决数据孤岛，提高数据效率的重要途径，也是发现新知识的重要途径。大数据时代，政府拥有巨量的公共大数据，只有加大政府开放数据的程度，才能实现更多的数据融合。目前，欧盟、美国、英国等都提出了政府公开数据的具体进程。我国政府也在不断地开放公共大数据，为数据融合提供数据资源。这是实现全样本数据的必需条件。

二、提升大数据技术创新能力是技术语境功能的重要途径

科学技术不仅是知识的一种形态，而且是发现知识的重要工具。从知识发现的范式看，科学技术形成知识发现的实验范式、模拟范式、计算范式等。大数据时代，大数据技术成熟程度和应用程度为大数据知识发现提供技术支撑。特别是人工智能的发展，机器学习的本领越来越强。

大数据技术创新能力为发挥大数据功能提供技术支撑。历史地看，古代科学技术几乎融合在一起，还没有从哲学中分离出来。近代科学技术不断从哲学中分离出来并走向独立化，技术走在科学的前面。现代科学技术呈现科学走在技术前面的特征，科学技术发展主体从科学家个体走向科学共同体。二战后，政府成为支撑科学技术发展的重要力量。大数据技术作为当代科学技术发展的重要方向，从数据科学到大数据技术所需时间是非常短的。除了依靠科学共同体、政府的力量外，大数据技术创新离不开民众的支持。原因在于大数据时代主客体的界限越来越模糊，民众不仅产生大数据，作为客体存在，民众又是应用大数据知识的主体之一。民众参与大数据的程度不仅决定大数据的全样本性，而且为大数据技术创新提供可能的方向。为此，我们应充分发挥科学共同体、政府、民众等不同力量，提高大数据技术的创新能力，更好地适应社会发展的需要。

大数据服务公司是发挥大数据技术发现知识的主体。古代，知识发现和应用是科学家个人的事情，多是出于个人爱好。近代，科学共同体成为主力军。大科学时代，随着科学技术与社会化进程的加速，科学技术从实验室走向社会，虽然科学技术越来越智能化，但是，对于普通民众来讲，还存在一定的距离，这样就出现了专门的技术服务公司，如网络服务公司、计算服务公司等。技术服务成为一种社会职业。对于大数据如何采集、存储、挖掘和可视化目前多是由专业的大数据服务公司来做。政府发现大数据知识也是委托给大数据服务公司。因此，大数据服务公司影响大数据知识的发现与应用。目前，发展和壮大大数据产业已成为发达国家产业发展的重点之一。我国出台的《大数据发展纲要》也将大数据产业作为发展的重点。而大数据服务公司是大数据产业的核心。为促进大数据服务公司的发展，我国从项目、平台、政策、人才等方面给予支撑。

大数据服务平台创新和管理是发挥大数据技术发现知识的基础。大数据不同于小数据的显著特征就是其数据巨量，结构复杂，运行速度快，价值密度低等。对于其存储已不像小数据时代依靠传统的文档、光盘、移动硬盘、计算机等，而是依靠大数据服务平台，如百度云、阿里云、数据中

心等。如果数据平台不能满足对大数据的存储，大数据分析、挖掘、可视化和发现知识是不可能的事情。因此，大数据平台创新和管理是发挥大数据技术发现知识的基础。目前，美国谷歌已建立世界较先进的大数据服务中心，我国已在贵州建立国家级大数据中心，为大数据采集、存储、挖掘等提供平台支撑。各地方也根据需要建立自己的大数据中心。当然，这里存在一个问题，即不同大数据中心数据融合的问题。大数据时代，大数据已成为重要的社会资产，随之大数据交易也成为当下发展的趋向。同时，由于大数据价值的低密度性，对于过时的无用的大数据需要进行定时清理，否则，大数据会占用很多的宝贵空间，影响大数据知识的发现。因此，大数据的即时性要求对大数据的管理也要实现动态性。

可见，大数据知识是否能够逼近真理，大数据技术本身的创新能力、大数据服务公司的服务水平、大数据服务、平台创新与管理都影响技术语境中大数据技术功能的发挥。为此，我们需要从技术创新、服务水平和管理水平等方面提高大数据技术的创新能力和转化能力，进而形成可靠的大数据知识。

三、大数据安全是伦理语境功能的重要依据

伦理问题主要就是价值判断问题。追求真本来就是一个伦理问题。这里的伦理问题主要指大数据知识在发现和应用过程中产生的伦理问题，如侵犯个人隐私，泄露公司秘密或国家秘密等。传统意义上知识发现都是科学共同体的事情，知识伦理主要指科学家剽窃别人成果，或者其利用虚假实验数据来推算结论，或者署名问题等，多是在科学共同体内部。大数据时代，知识依赖的大数据不仅来源于传统的小数据，而且大量地来源于社会领域产生的大数据，而这些大数据的全样本，包括个体、企业和国家的秘密。为此，我们在利用大数据时，只有解决其伦理问题，才能更好地解决其孤岛问题和虚假问题。

建立大数据信用体系是解决大数据安全的重要措施。目前，个人活动、企业活动和公共领域每时每刻都在产生大数据，没有经过主体的同意，这些大数据已汇入大数据仓库，成为政府、企业决策的重要依据。而这些大数据可以挖掘出个体的隐私，企业和国家的秘密。在大数据时代，所有的客体都是赤裸裸的，想隐藏自己或消隐自己都是很困难的。这样，社会自律是很重要的。我们需要通过大数据信用体系建设，使拥有大数据资源的政府、企业承担更多的社会责任，保守秘密是一项社会责任。否则，大数据生产者会制造更多的虚假数据，干扰大数据知识的发现。诚信的社会是

大数据发现重要的社会环境，也是实现数据资源融合的重要社会基础，否则数据孤岛、数据分割问题是很难解决的。

大数据技术创新也是解决大数据伦理问题的重要途径。目前，通过技术层面的清洗技术可以隐匿一些隐私数据。对于大数据技术产生的一些问题，我们还是要回到技术语境中进行解决。这方面的技术创新正在解决一些伦理问题。

大数据时代，伦理语境不仅要保障大数据的安全，还要为大数据融合创造社会环境，这是良性循环的过程。没有大数据安全，就无法实现大数据的融合，全样本大数据无法获得，大数据知识的逼真度就受到很大影响。为此，我们都应承担一定的社会责任，有一定的社会信用。

四、提高不同主体的认知水平是认知语境功能的核心

发现知识是人类的本能，也是人区别于其他动物的显著特征。人类发现知识离不开人类的认知。从人类认知阶段看，人类首先通过观察、感知等形成对经验世界的感性认知，再结合不同主体的知识背景、思维等形成理性认知，理性认知是知识发现的条件，没有理性认知，就不可能形成知识。知识本身是理论化体系，而感性认知是零乱的分散的意见或观点。从感性认知到理性认知的飞跃，是人类发现知识的重要体现。古代人类认知水平的提升依靠主体的直觉、观察、知识水平、思维等。近代随着实验科学的发展，人类的认知可借助一定的实验工具。现代随着计算工具的发展，人类可依靠计算机或人工智能获得对经验世界的认知。大数据时代，人类对经验世界的认知以大数据镜像的形式展现出来。大数据通过全样本可以展现客观实在看得见看不见、因果性与相关性等多种形态和关系。依托大数据，人类可认知经验的客观实在。

提高科学共同体、政府、企业和民众等对大数据本身的认知力。目前，从认知视角看，有些人还仅认为大数据就是数据大，还没有充分认识到大数据可以转化为知识，可以支撑改造世界，并为未来发展提供精准服务。我们可以通过科普提高不同主体对大数据的认知水平。如果没有认知，就不可能发现大数据的价值，也就不可能应用好大数据。特别是对于领导干部来讲，如果他们的认知缺失，就不可能重视大数据平台、大数据产业、大数据价值。

提高机器学习水平，使人类从繁重的脑力劳动中解放出来。无论感悟认知还是理性认知，都需要人类思维。而目前的机器学习可实现对大数据分析基础上，通过可视化呈现客观实在的运行规律，并反映不同客体之间的相关性。人机对弈已充分说明依靠机器学习，机器通过对历史语境中的大数据进行挖掘和可视化形成决策，进而指导未来的行动。2017 年的一次人机对弈中，AlphaGo 以 3：0 取得了本次人机对弈的完胜，正是机器学习能力的体现。由于机器学习缺乏对环境因素的分析，有时分析结果会出现一些偏差或错误。如网络上你曾经浏览过哪种商品，机器会不断地向你推送，其实你已不需要了，但是，机器还会不断地推送，会给你带来很多的不便。因此，我们还需要进一步提高机器学习的智能化，使其可视化结果对人类认知具有更精准的参考价值。

实现大数据认知方式与传统认知方式的有机结合。大数据作为对经验世界和网络世界的镜像，由于技术原因或人为原因等，大数据也存在失真或非全样等境况，完全的唯数据论会将人类带向可怕的数据深渊中。因此，我们在利用大数据提高人类认知水平时，离不开人类的定性分析和理性思考。对于每一次技术革命，虽然都在解放人类的体力劳动和脑力劳动，但终竟不能完全代替人类的劳动，也不会完全主宰人类。

因此，从认知语境看，大数据认知能力提升有助于其更逼近真理。我们需要提高不同主体对大数据的认知水平，进一步提高机器学习的效率，并结合传统认知方式，提高对大数据的认知水平。

五、语言的逻辑一致性是语言语境功能的客观要求

任何知识的呈现都需要通过语言表征出来。没有系统的语言表征，知识最多是隐含类知识，或者意见等。只有被确证的命题或信念才可能构成知识。从知识表征的形态看，可以是文字、公式、图表、图像等形式。由于知识发展是积累性和革命性的辩证统一，知识表征既具有历史的统一性，又具有创新性。如知识处于革命时期，其表征将出现新范式，体现了知识的革命性。康德的知识论很大程度上研究知识如何通过逻辑一致性被表征出来。大数据时代，大数据知识需要通过语言表征出来。

语言的逻辑一致性是大数据知识表征的客观要求。这也是秉承知识的普遍特征。大数据知识的这种逻辑一致性不仅表现在语言层面的一致性，而且表现在语言表征与历史语境的一致性，即能够解释客观实在。

大数据技术对大数据的分析、挖掘，特别是可视化已经能够在机器学习层面表征知识，但是，仅通过机器学习产生的知识很可能是"人工智障"，还需要主体发挥主观能动性发现知识。总之，大数据知识表征是大数据发现的重要环节，我们需要发挥主观能动性，在结合机器学习基础上发现知识。

六、真、善、效的辩证统一是实践语境功能的重要标准

传统意义上，知识论主要研究知识是如何被发现的，知识是如何解释客观世界的。知识的本体论和认识论曾是知识论研究的核心。20世纪，随着知识经济的发展，知识论研究开始向实践论转向，知识成为生产力的重要因素，知识的效用问题越来越受到关注。大数据时代，大数据知识表征直接来源于现实需求。大数据应用于科学研究，成为获得科学知识的重要工具。如对生态系统的大数据监测，成为生态科学研究的重要工具。目前，大数据知识更多地应用于政府治理、社会治理和企业治理等。

大数据知识真、善的检验包括对多语境"真""善"的标准的检验。大数据知识是否为真，来源于历史语境、技术语境、伦理语境、认知语境、语言语境等功能的集成，不同语境承担着知识发现的不同角色，大数据知识的真、善与各语境紧密相关。对大数据知识真、善的衡量，需要研究不同语境在实现大数据"真""善"的过程中角色的实现程度。大数据知识发现以历史语境中的客观实在为基底，大数据知识的真要与客观实在相符合，伦理语境能解决大数据的安全问题，彰显善的意义，大数据技术能够客观真实地存储、分析、挖掘和可视化大数据，认知语境中人类能够结合人的理性与大数据可视化结果并集成形成理性认知，语言语境需要在一致性基础上将大数据知识表征出来，这些语境是否承担了本应承担的责任，责任履行是否合理需要在实践中进行检验和修正。这样，大数据知识真、善的检验因素包括大数据知识与客观实在的相符合性、历史语境中客观实在镜像大数据的真实性、伦理语境的安全性、技术工具的适用性、人类认知的完备性、语言表征的一致性等。任何语境的失真都会影响大数据知识最后的真。因此，在大数据时代，大数据知识发现与检验是一个很复杂的过程，不同语境的协同与集成是大数据知识"真""善"的重要条件。

大数据知识效的检验以其精准性为核心。大数据不同小数据关键在于其即时性，也就是说其历史语境处于动态变化中，在特定语境中获得的大数据知识其效用问题，需要在发展中相关语境中得到彰显。如沃尔玛啤酒与尿布的相关性知识，需要在其后历史语境中得到检验，为此，我们在摆放商品时可以适当地将二者放在一起，便于更好地服务购物者。其效用的衡量需要看将二者放在一起，它们的销量是否取得更大的相关性销售，即看其精准预测的效用。因此，大数据知识的效用检验是一个动态过程。在新的历史语境中又会发现新的大数据知识。正是历史语境的不断变

革，使大数据知识发现处于动态的运行之中。这也体现了大数据知识的语境依赖性。

大数据知识真、善、效的检验是辩证统一的。真与善是实现其效的前提和基础，效是彰显真、善功能的最终检验场。大数据知识通过语境之间的协同彰显了其真、善、效的辩证统一性。虽然真、善是认识论所追求的，效是实践论所追求的。但是，从伦理判断语境看，它们是一致的，都是人类对大数据知识价值的追求，只不过是追求的维度不同而已。

总之，大数据时代，大数据知识对真、善、效的追求，是在对历史、技术、伦理、认知、语言、实践等语境不同标准实现程度基础上进行衡量的。我们应在协同不同语境的基础上，发现和应用好大数据知识。

第六章 大数据知识的实现方法[*]

方法一般是指为获得某种东西或达到某种目的而采取的手段与行为方式。大数据时代，大数据来源于传感器、互联网、社交网络、政府统计部门以及各专业医疗部门、金融部门、科研部门等。大数据成为知识新的来源，大数据技术通过对大数据的存储、分析、挖掘、可视化等发现知识，并将这些知识应用于实践。大数据知识的实现方法主要以大数据归纳方法为主，同时还需要基于关联的因果分析方法、递归分析方法、语境分析方法。

第一节 大数据归纳方法

大数据方法起源于 20 世纪宇宙学，当时积累了大量观测和计算机模拟数据。面对海量数据，如何发现这些数据中的价值成为急需解决的课题，大数据方法因此登上历史舞台。"继演绎法和归纳法之后，大数据方法正在成为人类认识和改造世界的新工具。"（汪大白 等，2016）"传统数据通常是结构化数据，结构化数据（行数据）是指存储在数据库里可以用二维表结构来逻辑表达实现的数据，大数据则是混合形态的数据。在大数据中，结构化数据占 15%，更多的则是非结构化的数据，如图片、日志、音频、视频、地理位置等数据，这些数据大都是非结构化的。"（张启良，2016）"目前全世界的数据已经有约 75%都是非结构化数据。"（涂子沛，2014）大数据方法主要通过归纳结构性和非结构性大数据，发现大数据中包含的潜在知识。这样，大数据方法可以更准确地说是大数据归纳方法。

一、大数据归纳方法的重要性

不断地发现知识和应用知识是人类最本质的特征之一。知识发现的途径主要有归纳法和演绎法。演绎法主要从少量普遍且可靠的前提出发，推演出众多个别的结论。演绎法具有严谨和理性等特点，但其致命缺点是强调推理，并不能使后验知识增加。归纳法主要通过对实验和经验世界运行

---

    * 部分内容发表于苏玉娟：《大数据知识的实现方法探析》，《山东科技大学学报（社会科学版）》，2019 年 a 第 1 期。

状况进行归纳，从中找出事物发展的规律。但是，由于归纳的无穷量特征，如果有反例存在，归纳的结论就可能被证伪，这就需要修正原来的理论或者重新提出新理论。大数据归纳方法不是从某个前提推演出来，也不是对有限样本的归纳。所以，大数据归纳方法不是传统意义上的归纳法，大数据归纳方法主要对海量大数据进行分析，是对经验世界和网络世界的解蔽。与传统的归纳方法相比较，大数据归纳方法的重要性和特性是非常明显的。

扩大知识的来源。小数据时代，知识来源于数据量小、相对不复杂的结构性数据。大数据时代，知识来源于结构性大数据和音频、视频、聊天记录等非结构性大数据。大数据归纳方法是对结构性和非结构性大数据归纳基础上的存储、分析、挖掘和可视化，解蔽这些大数据中隐含的知识。大数据归纳方法扩展了知识来源的渠道，使大量的非结构性大数据成为知识新的来源，同时将结构性和非结构性数据整合起来发现潜在知识。正是大数据归纳方法对复杂大数据的归纳性凸显出其强大的处理能力和归纳能力。

动态的全样本大数据突破传统随机数据的局限性。小数据时代，数据多来源于随机采样，这往往会产生样本的局限性。大数据时代，通过对全样本的海量大数据进行分析，可彰显对经验世界和网络世界图景的全新展示。目前，大数据归纳方法已应用于政府治理、社会治理和企业治理等领域，如企业通过大数据归纳方法可以筛选出不合格的产品，也可以预测不合格产品的特征和分布等。

非预设能发现更多的潜在知识。小数据时代，我们先预设研究的目标和前提，根据研究目标去采集数据，这个过程中会将不相关的数据过滤掉，目标是很明确的，前提的预设使知识发现建立在预设条件的基础之上。大数据时代，大数据知识的发现并没有提前预设目标和前提，而是"让数据说话"。大数据仓库中包含结构性和非结构性大数据，通过对复杂的大数据的分析，从而实现对经验世界和网络世界的认知。因为没有预设目标和前提，其全样本性分析会发现我们预想不到的结果，如美国沃尔玛超市发现蛋挞与啤酒的强相关性，因而通过对大数据分析会发现更多的潜在知识。

通过归纳彰显客观世界的相关关系。归纳方法的本质在于发现事物发展现象背后的因果性和客观规律。有专家认为大数据知识来源于对现象的解蔽，外在世界的展示过程就是显像的过程，而显像可以通过揭示大数据之间的相关关系展示出来。这种相关性的展示，可能是偶然相关或必然相关，也可能是强相关或弱相关。通过大数据归纳方法可以将经验世界和网络世界中大数据的相关性展示出来。有些强相关性反映事物发展的规律性，某种程度上是一种因果关系，这需要进一步确证。

二、大数据归纳方法发现大数据潜在知识的路径

大数据知识实现过程包括大数据知识的发现和实践两个层面。大数据知识的发现主要通过大数据归纳方法来实现。大数据归纳方法通过对大数据的收集、存储、分析、挖掘和可视化，发现大数据知识中包含的潜在知识，其具体路径体现为以下几个方面。

大数据归纳方法彰显大数据技术应用的显著特质。小数据时代，数据的采集、存储、分析等多是依靠人，数据量较小，处理相对容易。大数据时代，海量大数据客观要求一种新的技术能够承担对大数据存储、分析等一系列工作，减轻人类脑力劳动和体力劳动的负担。大数据技术正是在这种需求下诞生的。大数据技术包括大数据存储技术、分析技术、挖掘技术和可视化技术等，正是依托大数据技术，大数据归纳方法才可能实现。目前，大数据技术通过分布式算法实现对大数据进行的一系列处理，在此过程中整合结构性和非结构性大数据，实现对经验世界和网络世界的数据镜像化，通过可视化技术将这种相关性展示出来。

大数据归纳方法的运用是多语境整合的过程。大数据归纳方法体现为对结构性和非结构性大数据的归纳，还彰显为对历史语境、技术语境、伦理语境、认知语境、语言语境等的归纳。从经验世界和网络世界到大数据，需要这些客观世界的全样本数据，此过程需要历史语境中社会需要的支撑。大数据技术从技术层面实现对大数据的存储、分析、挖掘和可视化等，没有大数据技术就没有大数据知识。由于一些大数据涉及国家安全、个人隐私和企业秘密等，对这些大数据的处理需要相应的伦理语境作支撑，保障大数据的安全。人类认知决定大数据知识发现可能的边界，而从大数据到大数据潜在知识的展示，需要语言语境，即将潜在的知识用语言表征为显性知识。所以，大数据归纳方法的运用不仅体现在技术层面，更多地体现在多语境的整合层面。

大数据归纳方法实现对经验世界和网络世界潜在知识的表征。迈克尔·波拉尼将知识分为隐性知识和显性知识，通常以书面文字、图表和数学公式加以表述的知识，称为显性知识；在行动中所蕴含的未被表述的知识，称为隐性知识。要确证知识和实现知识的价值，必须将隐性知识转化为显性知识。大数据归纳方法通过相关性发现客观世界隐含的潜在知识，

需要通过语言、图表、文字等形式将这种知识表征出来，即在可视化表征基础上通过语言的再加工形成大数据潜在知识。当然，对于可视化结果我们需要理性地看，并不是所有的可视化结果都能成为潜在知识。

第二节　基于关联的因果分析方法

大数据知识发现过程客观要求对全样本共享的大数据进行挖掘。由于这种特性，有些专家特别是大数据经验主义者认为，"用数据说话""让数据发声"，仅依靠大数据就可以预测了。其实，这是不对的。原因在于事物之间的强相关性并非一定彰显事物运行的客观规律，也就是说强相关性和知识之间并不是一一对应关系。从相关程度看，有些事物之间的相关度是很低的，可以说是低相关性或偶然性相关，这种相关性并不能构成知识，原因在于并没有反映一种可靠的必然的关系。没有因果的相关性，只能是一种建议或者地方性知识。有些虽然相关性较高，但获得的结果也不一定是知识。原因在于即便强相关也不一定存在必然性或因果关系，如病例与疾病的关系，虽然二者存在高相关性，但是二者之间并不存在因果性，而基因突变与疾病之间存在因果性。所以，我们需要透过现象看事物的本质，这就需要基于关联的因果分析方法，确证大数据知识的真。

一、基于关联的因果分析方法的重要性

大数据时代，仅依靠大数据归纳方法获得的相关性分析结果往往具有时效性和地域性特点，即小知识的特点。所以，大数据经验主义者认为，大数据知识依靠相关性获得，时效性强，"我们无法追求每个问题的因果性，或者来不及细究因果性就必须即刻给出问题的解决之道，在此情境之下，相关关系分析法就显得更加有效"（张启良，2016）。但是，这种急于求成而获得的解决之道并不是事物客观运行的真实反映。基于关联的因果分析方法能够通过因果分析挖掘现象背后真正的原因，以确证大数据潜在知识的真，将潜在知识确证为知识。

挖掘大数据潜在知识背后的原因。不忘初心，知其然更要知其所以然，这是知识的本质要求。只有被确证为真的潜在知识才能构成真正意义上的知识。大数据归纳方法彰显的是经验世界和网络世界的相关性，这只是知其然的展示，这种相关性的展示结果只是一种潜在知识，其能否转化为知识，需要进一步确证。因果分析是确证知识较常用的一种方法。相关性有些是偶然的，不具有因果性，也就不构成知识，就被剔除。有些强相关性

也不一定是知识，其本质需要通过对现象分析挖掘进而形成知识。这样，即使对强相关性也需要分析其原因，因为这种强相关性只是现象的展示，现象本身并不构成事物的本质，也不构成客观知识。

彰显大数据潜在知识为真。从知识实现进程看，当一种方法无法发现知识时客观要求一种新的方法来代替或完善。大数据归纳方法主要用于发现大数据中存在的潜在知识，但其具有局限性。"大数据强调相关性而非因果性的研究取向限制了其探究因果关系的能力……大数据缺乏发现因果关系的优势，应该将其与实验设计和观察研究相结合来获取有价值的知识。"（孟天广 等，2015）目前，大数据归纳方法主要通过归纳形成相关性关系的展示。这样，就需要因果性分析方法作为弥补，在知其然基础上明白其所以然，以确证潜在知识与经验世界、网络世界运行规律的相符合性，确证潜在知识为真。大数据所获得的有限的总体并不能反映经验世界和网络世界的普遍性。正是由于此，因果分析方法作为补充是很必要的。

二、基于关联的因果分析方法确证大数据知识的路径

基于关联的因果分析方法是确证大数据潜在知识为真并且具有善与效的重要方法，要实现该方法，我们需要做好以下方面。

以相关性为基础对强相关性进行因果判断。对于知识的确证目前有三种理论，即基础主义、融贯论和外在主义，基础主义认为"知识的证实建立在某种基础之上，这一基础就是证实的初始前提；融贯论认为所有的信念都将由它们与其他信念，将由所有这些信念相互之间的一致的关系，而得到证实；外在主义认为真正所必需的只是信念和外在事物之间的某种外在关系"（胡军，2008）。对于经验世界和网络世界来说，通过大数据归纳方法获得的相关性，有弱的偶然性的相关性，有强的必然性的相关性，也有强的偶然性的相关性等。可见，大数据知识确证并没有明显的初始前提，相关性某种程度上反映大数据潜在知识与其他信念的一致性，而这种一致性的存在，关键在于潜在知识与外在事物之间的因果性关系，仅依靠相关性获得的表征只是现象的描述并不能构成知识。对相关性背后的原因进行挖掘是知识确证很重要的途径和方法。这些原因，有一果一因、一果多因、多果一因等情况，我们需要具体问题具体分析。

以思维创新对相关性进行因果分析。对经验世界来说，传统意义上追求普遍性和客观性是其使命。而通过大数据归纳方法获得的是经验世界和网络世界相关性这个果，这个果是否有原因，需要执果索因。相关关系指两种或两种以上的社会经济现象间存在着相互依存关系，但在数量上没有确定的对应关系。统计学上研究有关社会经济现象之间相互依存关系的密切程度叫作相关系数。通过相关分析，还可以测定和控制预测的误差，掌握预测结果的可靠程度，把误差控制在一定范围内。社会经济现象之间的相互关系是非常复杂的，表现出不同的类型和形态。从变量之间相互关系的方向来看，分为正相关和负相关。从变量之间相互关系的表现形式来看，可分为直线相关与非直线相关。对于大数据知识来讲，大数据归纳方法将客观世界复杂的相关关系展示出来，我们可以通过辩证思维、理性思维创新确证大数据潜在知识是否为真。

第三节 递归分析方法

"对大数据认识论的批判更多地指向数据主义者'重相关轻因果''重事实轻理论''重技术轻研究'的倾向。"（罗小燕 等，2017）大数据知识作为知识的一种形态，特别是作为对经验世界和网络世界等客观世界的镜像反映，追求普遍性和客观性是其重要任务，要形成对大数据知识的因果分析、理论分析是很必需的。因果分析方法和递归分析方法正是通过弥补大数据归纳方法的不足，彰显大数据知识的因果性、理论性、普遍性和客观性。对于大数据知识来说，我们不仅需要发现和确证大数据知识，还要实践大数据知识，即实现大数据知识的效。而对大数据知识的实践需要递归分析方法。

一、递归分析方法的重要性

"所谓递归就是把未知的归结为已知的，把较复杂情形的计算，递次地归结为较简单情况的计算，并得到计算结果为止。"（刘辉 等，2006）也就是说，递归是把一个不能或不好直接求解的"大问题"转化成一个或几个"小问题"来解决，"小问题"再分解，直到每个"小问题"都可以直接解决。某些问题的解决是环环相扣，前一步完成才能到后一步，这样的问题可以用递归方法来解决。递归方法要求有递归程度的设计。"递归设计就是要给出合理的'较小问题'，然后确定'大问题'的解与'较小问题'之间的关系，即确定递归体，最后朝此方向分解，必然有一个单基本问题解，以此作为递归出口。"（刘辉 等，2006）大数据知识的产生直接来源于社会实践的需求。目前，大数据知识已被广泛应用于交通、环保、医疗等领域。递归分析方法是实现大数据知识效用的重要方法。

大数据知识实现具有递归性。递归分析方法分为向前递归和向后递归。从大数据知识实现过程看，一是向后递归，彰显大数据发现与应用的动态性。首先，要借助大数据技术发现大数据中包含的潜在知识，其次，需要将潜在知识表征为显性知识，最后将大数据知识应用于社会实践。可以说，大数据知识实现过程就是大数据→大数据潜在知识→大数据显性知识→大数据知识应用不断向后递归的过程。二是向前递归，彰显大数据知识应用对大数据知识发现的反作用。大数据知识作为知识的一种形态，在被应用过程中会发现大数据知识的不完善或缺陷，这就需要向前递归，修正大数据知识的确证方法，完善大数据仓库等，进一步推动大数据知识的发展。

彰显大数据知识实践从"大问题"向"小问题"不断递归。递归分析方法需要将"大问题"递归为"小问题"，并寻找一个单基本问题解，以此作为递归口。大数据知识的实践是从"大问题"向"小问题"不断递归的过程。具体来说，大数据知识实践的主体包括政府、企业、民众、科研院所等，大数据知识实践是个"大问题"，可以递归为不同主体在观念、生产生活方式、制度、文化等方面应用大数据知识的"小问题"，以实现大数据知识的实践价值。如对于医疗大数据应用的"大问题"，我们可以递归为具体的生活方式、观念变革、文化创新等。我们发现很多疾病的产生都与民众不良生活方式有很大的关系，政府需要宣传与健康生活方式相关的观念，使民众在观念层面认识到生活方式对健康的重要性，与此同时塑造和形成良好的生活方式，并在文化层面形成健康文化。对于企业来讲，"企业如果能在这些非结构化数据中挖掘出新的知识并与业务融合，不但其决策的依据将会更加全面和准确，而且有可能形成新的核心竞争力，进而在生产模式、商业模式、管理模式等方面发生深刻变革。"（姜浩端，2013）大数据知识可用于筛选不合格产品，提高企业的管理效率，促进企业生产方式的变革。

二、递归分析方法实现大数据知识的路径

为了更好地利用递归分析方法，将大数据知识的效表征出来，我们需要做好以下工作。

第一，构建大数据知识递归的双向路线图。对于大数据知识来讲，一是向后递归，从对大数据的存储、分析、挖掘和可视化发现大数据中包含的潜在知识，进而通过语言表征，实现大数据潜在知识向显性知识的转换，再到大数据知识的实践应用。这个递归过程必须是畅通的。二是向前递归，即从大数据知识实践向前不断递归。大数据知识应用过程不仅彰显大数据知识的价值，而且会发现大数据知识存在的缺陷和不足。这可能与大数据知识的发现等都有直接的关系，进而需要修正发现等层面存在的不足。正是大数据知识递归双向路线的不断修正和完善，才能实现大数据知识的螺旋式向前发展。如对于医疗大数据知识的应用，我们发现由于患者填写个人信息的不真实性，使医疗大数据仓库所获得的大数据存在虚假性，这直接影响大数据知识的发现和应用。我们需要剔除虚假大数据，在此基础上构建大数据知识递归双向路线图。有些时候，可能是实践方面存在问题，最后影响大数据知识的实现。总之，构建大数据知识递归双向路线图，就是发现大数据实现存在问题并不断修正的过程。

第二，寻找"小问题"的递归口。从实践层面看，大数据知识的应用是通过改变政府、企业、民众、科研人员的观念、生产生活方式、制度、文化等实现的。对于不同方面又可以进一步递归为单问题基本解，这构成"小问题"的递归口，也成为大数据知识实践最基本的落脚点。大数据知识与传统知识的最大区别在于大数据知识直接服务于实践需要。因此，对于大数据知识实践应用必须递归到最基本点，才可能有真正价值。如对于医疗大数据知识，我们通过宣传将相应知识内化于民众观念中，进而影响民众的生活方式，并通过生活作息制度和饮食制度等规范民众生活习惯，在更高层面塑造健康文化。对于企业来讲，可以通过大数据知识对不合格产品的筛选，进一步分析产生不合格产品的原因，如流水线设计不合理、材料质量问题、人为因素等，我们就需要在这些方面进行创新，提高企业产品的合格率。

第四节　语境分析方法

语境即言语环境，它包括语言因素，也包括非语言因素。上下文、时空、情景、对象、话语前提等与语词使用有关的都是语境因素。语境这一概念最早由波兰人类学家马林诺夫斯基（Malinowski）在 1923 年提出。他区分出两类语境，一是"情景语境"，二是"文化语境"；也可以说分为"语言性语境"和"非语言性语境"。从语境研究的历史现状来看，各门不同的学科以及不同的学术流派关于语境的定义及其基本内容并不完全相同。语境不仅可以表达与某事物相关的语境结构，关键是语境意义和语境分析方法。语境分析方法就是通过对客体语境因素、结构和意义的分析，研究事物在相关语境中不断发展的历程，彰显客体动态演化历程。大数据知识实现包括发现过程和应用过程，大数据知识发现与应用是大数据在不同语境的转换中实现的。

一、语境分析方法的重要性

语境分析方法就是运用语境因素、结构、意义来分析客体的运行过程。任何事物的发展都离不开相关的语境，只不过是有些客体相应的语境因素比较单一，语境分析方法应用特质不明显，如对于理性知识而言，其主要涉及理论语境，因而我们就没有必要采用语境分析方法，原因在于其语境因素、语境结构较单一，几乎都是在理论语境中实现的。对于经验知识而言，其涉及的语境因素除了历史的、还包括社会的、技术的、伦理的等。因而可以采用语境分析方法。大数据知识作为当代经验知识的典型代表，其发现与应用彰显为大数据在不同语境中的转换。

大数据知识的实现包括历史的、技术的、伦理的、认知的、语言的和实践的等不同语境因素。通过对大数据知识认识论的分析，我们不仅清楚大数据知识的实现过程包括历史的、伦理的、技术的等不同语境，而且这些语境形成大数据知识实现的语境结构，并赋予不同的意义。语境与系统最大的区别在于系统方法强调系统的要素、结构与功能，而语境分析方法更多地强调语境要素、结构、意义与动态演化，意义是非常重要的。

大数据知识就是大数据在不同语境的转换过程中实现的。从历时性看，大数据知识从发现到应用表征为从一个语境向另一个语境的转换，并且不同语境承担着不同的责任，语境转换实现不同的功能。正是语境分析方法，彰显大数据知识实现过程的动态性和复杂性。

大数据知识的确证是通过语境分析方法实现的。从知识论视角看，知识的确证包括基础主义、融贯论、外在主义等。这些确证理论客观反映知识确证某个方面的特质，但都存在一定的缺陷。语境分析方法不仅可以彰显历史语境的基础性，而且可以通过语境转换彰显不同语境之间的融贯性，实践语境彰显语境的社会外在性，可见，语境分析方法不仅具有语境意义与结构分析的优势，而且具有传统知识确证方法的优势。大数据知识的确证是一种语境确证。通过赋予不同语境不同的权重，加权形成总权数，以衡量大数据知识的真、善、效。可以说，大数据知识的发现与应用就是大数据在不同语境中实现与转换的过程。分析和研究大数据知识离不开语境分析方法。

二、语境分析方法实现大数据知识的路径

通过对大数据知识认识论、实践论、确证论和真理论的研究，我们发现语境分析方法贯穿整个过程。为更好地利用语境分析方法研究大数据知识，我们需要不断完善相关路径。

　　客观理性地分析大数据知识实现的具体语境因素。对于不同的客体，其发展所彰显的语境因素是不同的。我们需要具体问题具体分析。对于大数据知识来讲，其相应语境包括历史、技术、伦理、认知、语言和实践等语境，每个语境承担着不同的功能和作用，并赋予不同的意义。每个语境根据其重要性可以赋予不同的权重。对于大数据知识来讲，可以根据具体的重要性赋予不同的权重。当然，这个权重也不是一成不变的，会随着相应语境的重要性及客体语境因素的变化而处于动态变化之中。如对于环保大数据知识与医疗大数据知识而言，伦理语境的重要性是不同的。对于环保大数据知识而言，其涉及的环保大数据主要是公共的和企业的，因而其伦理语境所赋予的权重应小些。对于医疗大数据知识而言，其来源于每个民众产生的大数据，保护民众医疗大数据的安全就显得非常重要。因而其权重可以适当地增加。所以，对于大数据知识的实现而言，我们必须客观理性地分析，而不能主观地机械地分析。

　　客观理性地分析大数据知识实现的语境结构及实现模式。语境分析方法不仅强调要分析其具体语境，还需要分析不同语境形成的结构，不同语境所包括的具体的语境因素，及客体如何通过不同语境实现其价值。任何事物的发展都处于动态变化之中，这种变化体现为客体在不同语境之间的转换。大数据知识不同语境形成立体的空间结构，这个结构不仅包括历史、技术、伦理、认知、语言和实践等不同语境，而且不同语境又包括具体的语境因素。如伦理语境包括科学共同体、政府、企业、民众等不同主体的伦理要求。从大数据知识的实现模式看，经过历史语境、技术语境、伦理语境、认知语境、语言语境和实践语境等，是在不同语境的转换过程中实现的。

　　客观理性地分析大数据知识确证的语境权重与权数。信念并不是知识，只有被确证为真的信念，才能成为知识。大数据知识包括对其真、善、效价值的实现，因而其确证包括对其真、善、效的确证。确证过程中不同语境权重与权数值，直接影响大数据知识的确证结果。我们认为，对于大数据知识的确证不是简单的真与假、善与不善、效与无效的两极化确证，而是认为在真与假、善与不善、效与无效之间还有无数的数值，大数据知识可以无限地接近真理。我们可以通过逼真度来确证大数据知识真、善、效的程度。这不仅反映了马克思主义真理观，即绝对真理与相对真理之间的辩证关系，而且反映了大数据知识本身确证的现实特质。我们不可能通过简单的正确与否来衡量复杂的大数据知识的真、善、效。

　　总之，对于大数据知识论的研究，我们总体上采用语境分析方法，研究了其认识论、实践论、确证论和真理论，从而使大数据知识论研究形成严密的逻辑体系。语境分析方法从同一性上保证不同部分研究的协同性，彰显大数据知识实现的语境性和复杂性。

第五节　大数据知识实现方法的特征、实现策略及其意义

随着物联网、移动互联网、智能便携网终端和云计算技术的发展，人类社会进入了大数据的发展和社会对大数据需求的大数据时代。大数据知识的实现方法是大数据归纳方法、基于关联的因果分析方法、递归分析方法、语境分析方法被不断应用的过程。迈尔-舍恩伯格等在《大数据时代：生活、工作与思维的大变革》一书中将大数据引起的变革概括为：不是随机样本，而是全体数据；不是精确性，而是混杂性；不是因果关系，而是相关关系。随着大数据知识实现方法的不断应用，大数据知识实现方法的特征越来越明显。

一、大数据知识实现方法的特征

大数据知识实现方法的特征表现为以下几个方面。

（一）广义语境性与再语境性的统一

毕达哥拉斯学派认为，数的本性就是为人类提供认识。数据是由数和量演变而来。大数据指数据集合的大小已经超出了典型数据库在获取、存储、管理和分析方面的能力。从大数据知识实现的因素看，大数据知识实现方法体现了广义语境性与再语境性的辩证统一。

"广义语境的含义就是将语境概念从狭义的语言领域扩展到广阔的社会、历史、文化和认知领域，形成社会语境、历史语境、文化语境和认知语境。"（魏屹东，2002）不同主体所涉及的广义语境因素是不同的。数据本身并没有意义，只有把数据放在特定的语境之中它才能被赋予意义。大数据技术发展带来的文化、心理、伦理、法律、道德等社会问题以及如何更好地获得和使用大数据等技术问题构成了大数据知识实现的历史语境。大数据知识实现的过程还引起科学共同体认知、企业认知、政府认知和民众认知的变革。大数据技术对自然科学、技术科学和人文社会科学的变革构成了大数据知识实现的科学语境。大数据知识实现还引起了社会领域的变革，如企业生产、民众生活的方式等。

"再语境化的过程就是语境不断运动、变化和发展的过程，也即意义

不断改变的过程"。（魏屹东，2002）语境因素的变革将引起大数据知识实现意义的变革，这个过程就是大数据技术再语境化的过程，体现了大数据知识实现的再语境性。大数据技术目前被广泛应用于制造业、农业、商业、金融业和交通运输业等。由于每个产业、每个行业和每个企业语境因素的不同，大数据技术在每个产业、每个行业和每个企业表征的过程就是大数据技术再语境化的过程。

对于每个企业来讲，随着语境因素的变革，大数据知识实现的意义也在变革。沃尔玛通过大数据技术发现尿布与啤酒的相关性，这个结果会影响沃尔玛对商品摆放位置的调整。所以，无论是从广义语境还是从每个企业的具体语境看，大数据知识实现的过程就是大数据技术在不同领域再语境化的过程。

大数据知识实现的过程是大数据广义语境化与再语境化过程的辩证统一。亚马逊公司能时实知晓购书者的偏好，是因为在历史语境中网上售书的记录、认知语境中企业研发团队和民众的认知水平、科学语境中大数据技术的变革、社会语境中大数据技术推荐相关图书对民众选购习惯的改变，是历史、认知、科学和社会等语境共同作用的结果。亚马逊公司为每个顾客实时推荐图书的过程，同时又是具体语境的再语境化过程。可以说，亚马逊公司实时知晓购书者的偏好并推荐新书，是广义语境和再语境化共同作用的结果。广义语境为亚马逊公司推荐图书提供条件，再语境化则彰显亚马逊公司为每个客户推荐图书的个性化服务特征。

（二）建构性与解构性的统一

结构指组成整体的各部分的搭配和安排。主体对客体信息的选择取舍或加工制作，最后都必须通过"建构"或"解构"这一环节，才能实现主体反映客体的要求。建构侧重系统的建立，解构指对稳固性的结构及其中心进行消解。每一次解构都表现为原有结构的中断、分裂或解体，但是每一次解构的结果又都产生新的结构。大数据知识实现的方法是传统范式解构和新范式建构的辩证统一。

范式是从事某一科学的共同体所共同遵从的基本理论、观念和方法。每一次科技革命都引起科学共同体研究范式的变革。"有人将大数据称为继实验科学、理论科学和计算科学之后的第四种科学研究模式。"（邬贺铨，2014）这种范式的产生来源于数据密集型科学的发展。每一种新的范式的产生都是在对旧范式解构的基础上产生的。库恩认为，科学革命发生的过程就是新旧范式转换的过程。经验科学和实验科学偏重对经验事实和实验观察的描述，以归纳法为主。理论科学侧重理论总结和理性概括，以演绎法为主。计算科学主要以数据模型构建、分析和解决科学问题，以定量分析法为主。大数据技术作为数据密集型科学发展的重要领域，是"由传统的假设驱动向基于科学数据进行探索的科学方法的转变"。（邓仲华 等，2013）传统的研究范式基于假设和问题，通过归纳、演绎和计算方法进行研究。大数据技术基于观察数据、实验数据、模拟数据和网络的行为数据、交易数据，并不依赖于假设，而是通过数据"发声"探索事物的现象和规律，是对传统归纳法、演绎法、计算模拟方法的解构。

解构的结果必然是建构出新的研究范式。大数据技术在解构传统研究范式的基础上建构出了自己的研究范式。从主体看，大数据技术研究范式从科学共同体表征走向社会表征。在经验科学时期，科学研究范式主要体现为个体表征。随着科学从"小科学"走向"大科学"，大数据知识实现从科学共同体扩展到政府、企业和民众，而且促使经济、社会、军事、文化等社会领域的数据化。从方法论看，大数据技术产生的研究范式侧重数据挖掘和数据共享。一方面，强调数据本身科学研究范式的建构，即数据密集型科学的发展；另一方面，强调大数据在社会领域的再建构，实现大数据技术的社会化。根据研究问题的不同，大数据可以被重复建构多次，不断形成新的价值。因此，大数据知识实现的建构性不仅彰显新范式的产生，而且彰显大数据的再建构性和价值的增值性。

事物的发展过程就是吸收旧事物中的积极因素，抛弃旧事物中消极因素的过程。大数据技术对传统研究范式解构并不意味着完全抛弃旧范式。经验科学是理论科学的实践基础，理论科学指导经验科学的发展，计算科学为经验科学和理论科学提供了更好的模拟方法和计算手段。大数据知识实现的过程离不开传统研究范式，是旧范式解构性与新范式建构性的辩证统一。一方面，大数据技术在解构传统科学研究范式的同时，也为传统科学提供了方法论指导。大数据技术研究范式通过数据"发声"为经验科学、理论科学、计算科学提供了新的研究方法。另一方面，大数据技术研究范式的建构过程离不开归纳法、演绎法和计算法。上文中提到的沃尔玛超市在大数据分析的基础上发现了"啤酒和尿布"销量的相关性，就是一个很好的说明。因此，大数据技术解构与建构的过程既是对传统科学研究范式的解构，同时又是对传统科学研究范式的积极吸收，是解构与建构的辩证统一。

（三）相关性与因果性的统一

相关性是指两个或多个具备相关性的变量元素的密切程度。相关性的元素之间存在一定的联系或者概率才可以进行相关性分析。因果性分析是为了查明不同要素之间的关系以及导致一定现象产生的原因。强相关性往往是因果性的重要表现。大数据技术从"是什么"的角度分析数据之间彼此的相关性,为决策者提供选择,同时强相关性数据关系背后可能存在因果性。因此,大数据知识实现方法是相关性与因果性的辩证统一。

"知道'是什么'就够了,没必要知道'为什么'。在大数据时代,我们不必非得知道现象背后的原因,而是要让数据自己'发声'。"(迈尔-舍恩伯格 等,2013)迈尔-舍恩伯格等(2013)认为,小数据时代追寻因果关系,大数据时代追寻相关关系。相关关系是指当一个数据增加时,另一个数据值会随之增加。大数据技术通过分析事物之间的相关性,为决策提供服务。沃尔玛通过对每一个顾客的购物单、消费额、购物时间及天气等数据的分析,发现季节性飓风来临之前,蛋挞与飓风用品具有相关性,于是将二者摆放在一起。大数据技术通过对数据的采集、存储和分析以发现事物的相关性,这是大数据研究范式不同于传统研究范式的显著特征。

迈尔-舍恩伯格等(2013)强调大数据技术的相关性,并没有否定因果性。虽然相关不等于因果,但不代表相关就不可能是因果关系。两个变量 A 和 B 具有相关性,其原因有很多种,可能 A→B 或者 B→A,也可能 C→A 并且 C→B。为此,要证明事物之间相关性产生的因果性,必须从理论上证明两个变量之间确实有因果性,并且要排除第三个隐含变量同时导致这两个变量的可能性。大数据技术通过统计因果关系反映事物之间的相关性,进而寻找隐藏在大数据背后的原因。只依靠数据,不发挥人的主观能动性以挖掘数据背后的原因,人们就可能成为数据的"奴隶"。"对数据的盲目崇拜,只会让冰冷的机器浇灭炽热却敏感的爱情"。(郑志励,2013)如果失去人类的探究精神,大数据知识实现将产生新的技术异化。实际上,在进行数据分析前,一定在思维中存在着关于事物因果判断的各种可能。因此,大数据知识实现具有因果性特征,需要结合数据的相关性和相关科学理论的逻辑性分析事物相关性背后的因果关系。

"科学研究就是寻找研究对象的现象之间的因果关系,没有因果性,科学研究也就失去了基础。"(黄欣荣,2014)因果性说明事物之间内部的联系,相关性是事物之间关系的外在表征。因果关系说明事物之间具有强相关性,即 A→B 或者 B→A。强相关关系作为事物关系的外在表征,可能是偶然现象,也可能具有因果性。"相关关系可以在实践中引导我们怎么做,因果关系可以回答我们为什么这样做。"(徐艳,2013)二者之间是相辅相成的。大数据知识实现的相关性包括直接的和间接的相关性、强相关性和弱相关性等，它拓展了我们对于客观世界认识的维度，即从因果性扩展到相关性和因果性。对于相关性数据我们需要进一步挖掘，寻找现象背后可能隐藏的因果性，进而认识事物发展的规律。大数据发现的因果性又会反馈过来为大数据的生成、 存储、处理、应用等提供理论指导。因此，在大数据时代，大数据知识实现的相关性与大数据背后可能存在的因果性是辩证统一的。 没有相关性分析，大数据技术发展就没有优势；没有因果性分析，大数据技术发展就无法揭示规律。

（四）预测性与实时性的统一

在大数据时代，依靠大数据的分析结果可以用来预测事物未来发展的趋向。大数据来源于实时记录、监视、跟踪。可以说，大数据知识实现的方法是预测性与实时性的辩证统一。

大数据技术的显著特点是数据规模巨大、数据处理迅速、数据种类多和价值密度低。数据价值密度的高低与数据总量的大小成反比。以视频为例，一个 1 个小时的视频，在连续不间断的监控中，有用数据可能仅有 1～2 秒。大数据的价值就在于通过对大数据的 "提纯"，发现规律，预测趋势。如果大数据没有预测性功能，它的价值将大打折扣。目前，大数据的预测性体现在很多领域。警察利用数据可以预测某人犯罪的可能性，亚马逊、淘宝、京东、迪士尼主题乐园等利用大数据预测和引导消费者的需求，相关部门则可以利用大数据对流感等疫情进行预测。如在一个特定地区，越多的人搜索"流感"一词，就意味着该地区有越多的人患了流感。因此，预测性是大数据技术价值的重要体现，没有预测性，数据的价值是残缺的。

我们时刻都在"第三只眼"之下："亚马逊监视着我们的购物习惯，谷歌监视着我们的网页浏览习惯，而微博似乎什么都知道，不仅窃听了我们心中的他，还有我们的社交关系网。"（迈尔-舍恩伯格 等，2013）大数据主要来源于对政府数据、物理数据和网络数据的实时监测。没有实时性的监测，大数据就体现不出"大"的内涵。大数据的实时性也带来了存储问题和数据垃圾问题。

数据的实时性与预测性体现了事物发展的历时性与共时性的辩证统一。共时分析跨越时间，历时分析跨越空间。忽视共时性，也就忽视了事物的关联性；忽视历时性，也就忽视了事物发展的历史性。任何事物的发展过程都是在共时与历时二维时空中运动的结果。从历时性看，实时性反映的是事物运动的历史轨迹，而预测性反映则是事物的未来可能的轨迹。

只有实时性与预测性相结合，才可能更清楚地分析事物发展的轨迹。从共时性看，实时性监测为分析事物空间的相关性提供了最原始的资料，预测性则是基于事物空间的相关性作出预测。所以，从历时性与共时性看，大数据知识实现的过程是实时性与预测性的辩证统一。

二、大数据知识实现方法的策略选择

大数据知识实现的方法彰显广义语境性与再语境性、解构性与建构性、相关性与因果性、预测性与实时性的辩证统一。为了更好地实现大数据知识的价值，我们必须做好以下几个方面。

培养辩证思维能力，科学对待大数据知识实现方法的特征。通过对大数据知识实现方法的考察我们发现，对于大数据知识的应用必须具有辩证思维。辩证思维是唯物辩证法在思维中的运用，对立统一规律、质量互变规律和否定之否定规律是唯物辩证法的基本规律，也是辩证思维的基本规律。阿里巴巴集团副总裁、数据委员会会长车品觉认为，"今天的大数据就是明天的小数据，这个是做大数据的人都知道的。"（车品觉，2014）大数据时代，大数据与小数据处于发展和联系之中。对于某个个体或企业的研究，小数据更具有挖掘数据潜力的功能，对于把握事物之间相关性问题，大数据技术的功能更具有优势。科学运用大数据知识实现的方法必须培养辩证思维。因此，要学会运用发展和联系的观点分析数据技术应用中的大数据与小数据的辩证关系，以及大数据知识应用中广义语境性与再语境性、解构性与建构性、相关性与因果性、预测性与实时性的辩证关系。

数据在制造业、零售业、农业、金融业、交通运输业和影视业等行业的应用就是大数据知识广义语境因素再语境化的过程。目前，大数据知识虽然在很多领域都被广泛应用，但是，从不同领域应用的分布看，大数据知识应用还处于起步阶段，只有很少量的企业充分地利用了大数据知识。"为数不多的数据拥有者往往是资金雄厚的垄断者或产业巨头，中小企业则不一定拥有。"（郑志励，2013）大数据知识被应用的潜力还是很大的。因此，一方面，应通过政府和非政府组织宣传并鼓励企业从观念、技术和管理等层面重视大数据知识的应用；另一方面，应大力发展大数据技术服务公司，为企业和政府大数据知识应用提供技术服务。

加快创新型人才队伍建设，实现大数据知识解构性与建构性的辩证统一。同行业和企业的大数据知识实现的过程是大数据知识不断解构和建构的过程。但是，大数据知识引起研究范式的建构和解构需要专业的人才队伍支撑。没有专业的研发团队，大数据知识无法实现建构与解构，大数据仅仅是具有潜在的价值，而不可能转化为现实的价值。很多企业想利用大数据知识，但是人才"短板"成为最明显的制约因素。大数据知识在我国的应用正处于高速发展阶段，更缺乏这方面的人才。为此，一是应加大对大数据教育的投入力度，为大数据专业人才的培养提供保障，以满足社会对大数据人才的现实需求。二是应在加大政府和企业管理人员、专业技术人员培训力度的同时，使用好现有的大数据人才。

充分发挥人的主观创造性，实现大数据知识表征相关性与因果性的辩证统一。每一次科技革命在解放人类体力劳动和脑力劳动的过程中，往往伴随着异化问题的产生。大数据知识在改变人类生活的过程中容易使人物化为数据的"奴隶"，重视相关性忽视因果性，进而影响到人类对自然规律的认识，这也违背了科学研究的意义。为消解大数据的异化问题，必须充分发挥人的主观创造性。首先，在数据获取阶段要充分发挥人的主观创造性，实现结构化数据与非结构化数据的有效融合。其次，在数据挖掘阶段，不断开发新的挖掘手段，实现挖掘次数与算法参数的自动调节，即实现机器学习。最后，在数据分析和使用阶段，通过相关性和因果性分析，更好地发现事物发展的规律，进而指导大数据库建设和大数据在实践中的应用。

培育大数据文化，实现大数据知识表征预测性与实时性的辩证统一。大数据知识一旦被企业和民众所采用，大数据技术就将物化为企业和民众的行为习惯，影响企业的生产方式和民众的生活方式，最后上升为社会的大数据文化。"大数据文化就是尊重事实，推崇理性，强调精确的文化。"（胡少甫，2013）大数据文化约定了大数据被收集、存储和记忆的时间。大数据文化从观念和制度等方面渗透到不同主体的行动中，指导和规范政府、企业和民众的行为。所以，在大数据时代，应重视培育大数据文化，规范和约束不同群体的行为，尽量减少虚假信息的产生和传播，尊重不同群体的隐私，缩小不同群体之间的数字鸿沟，形成良性的大数据知识实现的社会文化氛围。

总之，大数据时代，我们既不能过分依靠大数据，认为大数据是万能的，也不能冷漠地看待大数据，认为大数据知识应用只是"昙花一现"。必须运用辩证思维，科学地对待大数据知识的实现方法，在大数据与小数据之间，大数据知识实现的广义语境性与再语境性、解构性与建构性、相关性与因果性、预测性与实时性方法之间保持必要的张力，充分发挥好大数据知识对社会变革的功能。

三、大数据知识实现方法的重要意义

彰显大数据技术的重要性。科学技术作为知识的一种形态，在知识实现过程中起着至关重要的作用。古代，科学技术比较落后，随着科学技术的发展，人们对客观世界的认识可以借助技术工具来实现。"现代知识论要讨论的问题是作为主体的人通过什么样的方法或途径才能认识或达到作为客观的外界对象。"（胡军，2006）大数据知识的实现直接来源于大数据技术。大数据技术实现对零散的结构性与非结构性大数据的存储、分析、挖掘和可视化，才使大数据可能转化为有价值的大数据知识。大数据技术提高了人们对客观世界的解蔽能力。

凸显大数据实现方法的整体性。从发展历程看，知识论从关注知识的本体向知识的认识论和实践论转向。不同时期关注知识实现方法的层面是不同的。古代，注重感性、理性、经验等在知识发现过程中的重要作用，重视归纳方法和演绎方法的应用，以发现客观世界中的知识。近现代，随着实验方法、计算方法和模拟方法的不断应用，知识发现的方法逐步走向多元化。伴随着知识发现方法的不断进步，知识确证的方法也在不断发展，主要有基础主义、融贯论和外在主义。知识经济的兴起，知识的实践方法显得越来越重要。可以说，古代侧重知识发现方法的挖掘；近代在知识发现基础上重视对知识的确证；随着当代知识经济的兴起，如何挖掘知识的经济价值已成为方法论研究的重点。大数据时代，大数据技术成为发现大数据知识重要的工具，基于关联的因果分析方法用于确证大数据知识的真，而递归分析方法彰显大数据知识在实践中的治理价值。可见，大数据知识实现方法具有整体性，是发现方法、确证方法和实践方法的辩证统一。

大数据知识实现方法的继承性和创新性。从知识实现的方法看，归纳方法、演绎方法、因果分析方法、观察方法、统计方法等一直以来都是知识实现的重要方法。只是随着科学技术进步，这些方法应用的内容和形式在不断创新。大数据知识作为知识的新形态，大数据知识实现方法既具有继承性，又体现为创新性。一方面，大数据归纳方法继承了传统归纳方法的精神实质，即对结构性和非结构性大数据进行归纳分析形成潜在知识，但是又不同于传统归纳方法，即通过利用大数据技术不局限于对结构性大数据的分析，还包括对非结构性大数据的分析，也就是说归纳的对象和方法都具有创新性。另一方面，基于关联的因果分析方法继承了传统因果分析方法的精髓，即通过对强相关性分析挖掘其背后的因果性；但是它这种

强相关性的因果分析是建立在对大数据全样本基础上的因果分析，而不是简单的随机数据基础上的因果分析，体现了创新性。递归分析方法的整体性更多体现为创新性。

融合了人类认知与机器学习的优势。从科学技术史的发展历程看，每一次科技革命在促进生产力巨大变革的同时，也在解放人类的体力劳动和脑力劳动，使人类从繁重的体力和脑力劳动中解放出来，有更多的时间实现人的自由全面发展。大数据技术正在引领一场新的科技革命，机器学习通过人工智能减轻了人类的脑力劳动，这是大数据技术的优势所在。但是，并不是说人类认知就可以没有用或者依从机器。大数据知识实现过程中人类认知是重要的方面。首先，采集哪些经验世界的大数据，需要人类作出判断，这是人类认知的结果。其次，对于可视化结果是否为真，需要人类认知不仅作出语言表征，还需要结合经验小数据，作出客观判断，对于判断为真的信念即大数据知识，其实践应用的程度与范围也需要人类认知。如对于某地区作出的健康大数据分析结果并不一定适合其他地区，交通、环保等存在地方性或个体性知识的特征。这些方面都需要人类认知进行判断和决策。可以说，大数据知识的实现方法融合人类认知与机器学习各自的优势，更有利于知识的发现与实践。

扩展了人类认识世界的领域。古代，人类已经可以通过"数"来认识客观世界。毕达哥拉斯学派将数作为世界的本源，正是这种思维方式的体现。从人类发展史看，人类对客观世界的认知从来没有离开过数据。只是数据的形式和量在发生变化。从单纯的同一结构的数量到不同结构的数据量再到结构性和非结构性的大数据。传统的小数据时代，人类对世界的认知从直接经验、理性判断到依靠实验分析、社会调查、信息分析等取得的小数据，虽然也取得了很大进步，但是，从数据量上看还是较小的。大数据知识借助大数据技术，实现对经验世界和网络世界的全样本分析，其数据量更全面、更复杂、更能反映客观世界。可以说，借助大数据技术扩展了人类认识世界的领域，原来遮蔽在事物中的规律通过大数据技术的解蔽，彰显出新的知识。正是技术革命不断地扩展人类认知的范围，使人类对客观世界的认知从宏观世界扩展到宇观世界和渺观世界，从小数据世界扩展到大数据世界，从有形的万物扩展到镜像的大数据世界。大数据知识的实现方法正是在扩展人类认知世界的基础上凸显出来的。

总之，不同方法与不同问题之间并不是简单的一一对应关系，在现实中，四种方法往往交织在一起，各自需要解决的问题侧重点不同，彼此之间存在相互依赖的关系。另外，除了这四种方法，大数据知识的实现还离不开人的主观能动性的发挥及其他的辩证分析方法、历史分析方法和逻辑分析方法等。大数据知识的实现方法凸显大数据归纳方法和传统方法的融合性，既彰显大数据归纳方法的创新性，又彰显对因果分析方法、递归分析方法的继承性，同时彰显大数据知识的实现范式在继承中的创新。

第七章　大数据知识的实践应用

实践就是人们能动地改造和探索现实世界一切客观物质的社会性活动。实践包括生产实践、科学实践、社会实践。实践过程彰显主体对客体的能动改造，此过程也彰显实践价值。大数据时代，从基本价值看，我们追求大数据知识的真和善，即大数据知识与实践的相符合性，大数据知识对个体和人类未来发展的关怀；从工具价值看，大数据知识在实践中的应用，彰显为其所具有的工具性价值，目前主要彰显为大数据知识的治理功能，大数据正在推进政府治理、社会治理和企业治理的变革。

第一节　大数据知识正在引领一场治理变革*

党的十九大报告指出"推进国家治理体系和治理能力现代化，秉持共商共建共享的全球治理观，推动互联网、大数据、人工智能和实体经济深度融合。"习近平总书记在中央政治局第二次集体学习时进一步强调"用好大数据布局新时代"。"当前，世界各国纷纷利用大数据提升国家治理能力和战略能力，抢占新时期国际竞争制高点。"（小荷，2015）党的十九届四中全会指出：坚持和完善共建共治共享的社会治理制度，保持社会稳定、维护国家安全。库恩认为革命就是一种新范式代替旧范式的过程，范式是一个共同体成员所共享的信仰、价值、技术等的集合，新范式代表一种新的观念、新的理论体系、新的研究方法和新的实践方式等。从人类文明发展史看，每一次科技革命通过知识革命引领人类进入农业文明、机器文明、电力文明、信息文明等不同时代。大数据来源于经验世界和网络世界，大数据只是一种资源，大数据只有通过存储、分析、挖掘和可视化转换成大数据知识，才具有现实价值。大数据知识主要通过塑造新的治理观念，形成新的治理理论，实施新的发展战略，在实践层面变革企业、政府、社会、全球治理模式，引领人类走向数据治理文明新时代。

＊　部分内容发表于苏玉娟：《大数据与人类治理文明》，《山东科技大学学报（社会科学版）》，2018 年 b 第 2 期。

一、大数据知识正在塑造新的治理观念

每一次科技革命在塑造新的时代时，首先引起观念的变革，而观念的变革首先体现在核心概念的出现与传播。"从哲学观点看，概念是反映客观对象本质属性的基本思维方式。它具有抽象性、普遍性。"（魏屹东 等，2009）大数据知识引领人类治理文明新时代首先是数据治理观念的形成与传播。

新观念的形成是科技革命发生的重要条件。美国科学史学家科恩（Cohen）认为科学革命首先是观念发生"改宗"的过程，是接受新观念抛弃过去已被接受观念的过程。古代科学是人类认识发展的萌芽时期。古代中国科技知识主要围绕农学、天文学、数学和医学等学科，由于缺乏相关理论的支撑，这些知识多是来源于对直观经验的总结，秉承实用主义价值观；而古希腊科技知识则强调对物质本体论的追问，形成思辨的思维观念。"16～19 世纪的科学都属于近代科学的时期，但 16～18 世纪与 19 世纪又是近代科学的两个不同阶段。"（林德宏，2004）他们的观念是不同的。16～18 世纪的科技革命主要体现在经典物理学、化学等学科及蒸汽机革命，观察和实验成为当时知识发现和社会应用的主要观念；19 世纪的科技革命体现在三大发现及电力革命，整个科学从实验科学走向理论科学。这样，联系的辩证的发展的观念成为引领科技发展最主要的观念。20 世纪的科技革命主要集中在量子力学和信息技术革命，而计算机科技、新材料科技、新能源科技特别是系统科学的发展，使统一性和复杂性成为最主要的观念。

大数据知识与其治理观念的传播是大数据知识治理观念形成的重要条件。一方面，大数据概念的产生是新观念形成的重要理论基础。大数据时代，什么是大数据？大数据的功能等是人们迫切想知道的理论问题。对于大数据，学界并没有确切的定义。传统认识上会以为数据大就是大数据，其实我们知道大数据不仅数据量多，而且结构复杂，处理速度快，价值密度低。大数据本身具有潜在的价值，大数据技术通过对多元数据的融合、存储、分析、挖掘和可视化，发现数据中蕴含的知识。目前，大数据知识被广泛应用于科学活动、政府治理、社会治理、国家治理和全球治理，以解决实际问题。另一方面，大数据知识治理理念深入人心，离不开一些专家和学者。迈尔-舍恩伯格与库克耶一起撰写的《大数据时代：生活、工作与思维的大变革》成为世界畅销书，很多人通过这本书理解大数据知识及大数据治理理念。如该书中提到的啤酒与尿布相关性案例被广为传播。其

后我国学者出版的《证析：大数据与基于证据的决策》（2012）、《大数据时代：生活、工作与思维的大变革》（2013）、《个性化：商业的未来》（2012）等在对大数据治理观念研究基础上进一步传播了数据治理观念。

大数据知识治理观念的形成。随着大数据及其治理功能的传播，人们逐步认识到大数据知识的治理价值。大数据知识治理观念的形成主要来源于大数据知识在政府、社会、国家、企业等治理中的应用。这种大数据治理理念体现在：无论大数据应用在国家、政府还是企业的治理，更多地需要全体数据，而不是个别数据；是政府、企业、民众等大数据资源的融合，而不是某个主体的大数据；是复杂性，而不是精确性；更好的是相关关系，而不是因果关系；更好的是预测分析，而不是惩罚；"数据分析可以揭示一切问题"（迈尔-舍恩伯格 等，2013）等。大数据治理观念在社会层面的传播，加速了大数据知识在政府、社会、企业、国家和全球治理层面的运用。正是大数据知识实现治理变革理念的不断形成，政府、企业和民众开始重视大数据。

二、大数据知识正在形成新的数据治理理论

每一次科技革命都伴随着新理论的构建。波普尔（Popper）认为，科学发展是一个证伪、反驳、突变、革命的过程；库恩认为，科学革命是一种新的理论推翻一种已被确立的科学理论，而且要以新理论代替旧理论。科恩在《科学中的革命》一书中提出科学革命经过智力革命、书本上许诺的革命、纸面上的革命和科学革命，科学革命是一场观念革命。从人类文明发展史看，正是科学理论的变革实现人类文明的不断进步。大数据知识作为当代大数据技术发展的结果，正在引领人类进入数据治理新时代。

新理论是科技革命发生的基础。每一次新的文明时代的到来，都伴随着新的科学理论的形成。古代农业技术革命通过农学、天文学、数学等知识革命引领人类进入农业文明时代。16~18世纪的科技革命通过物理学、生物学、纺织技术、采矿技术等知识革命引领人类进入机器文明时代。19世纪至20世纪初的科技革命通过电学、化学、航空技术等知识革命引领人类进入电力文明时代。信息技术革命通过信息技术、新材料技术、环保技术等知识革命引领人类进入信息文明时代。从人类文明发展史看，科学理论通过技术革命和产业革命实现人类文明的不断进步。可见，新理论的创新是新文明时代到来的前提条件。

数据科学的出现是数据治理文明新时代到来的前提条件。其一，数据科学的发展是一个历史过程。数据科学在20世纪60年代已被提出，当时

并未获得学术界的注意和认可。1996 年，国际分类协会联盟（International Federation of Classification Societies，IFCS）在日本神户举行双年会。"数据科学"这个术语首次被包含在会议的标题里（"数据科学，分类和其他相关方法"）。2001 年，美国统计学家克里夫兰发表了《数据科学：拓展统计学的技术领域的行动计划》，因此有人认为是克里夫兰首次将数据科学作为一个单独的学科，并把数据科学定义为统计学领域扩展到以数据作为现金计算对象相结合的部分，奠定了数据科学的理论基础。2008 年，《自然》杂志推出名为"大数据"的封面专栏；2009 年，大数据成为互联网行业的热门词汇，大数据所具有的 4V（数据量大、运算速度快、类型多样、低价值性）特征成为业内关注的热点。其后数据科学成为学界研究的热点。其二，数据科学共同体为数据科学创新提供了人才支撑。目前，国外大数据研究机构非常多，如美国六个联邦政府的部门和机构宣布 2 亿美元的投资，提高从大量数字数据中访问、组织、收集发现信息的工具和技术水平。我国已在中国人民大学、复旦大学、中南大学、贵州大学、山西大学等成立大数据研究院或学院，一些地方成立地方大数据研究院，如北京大数据研究院、深圳大数据研究院等。这些新的科学共同体为大数据理论创新提供人才支撑。

数据治理理论是数据治理文明新时代到来的理论依据。"数据治理是组织中涉及数据使用的一整套管理行为。"（张宁 等，2017）2012 年以来，人们用大数据来描述和定义信息爆炸时代产生的海量数据。随着大数据技术在社会应用范围的不断扩展，数据治理不仅受到业界的重视，更是得到理论界的关注。大数据科学共同体为大数据应用于治理创新提供理论与实践指导。国内外对数据治理理论的研究主要集中在"数据治理的概念、体系、内容、应用实践等，集中在理论层面的价值讨论阶段，对数据治理框架构成内容的各个方面研究均不深入"（张宁 等，2017）。大数据社会化进程的加速，促进了大数据技术与社会科学相交叉的学科发展，如计算社会科学近年来受到专家和学者的重视，就是典型的一例。大数据知识最显著的特征就是将多元主体结构性和非结构性大数据进行存储、分析、挖掘和可视化形成知识。鉴于此，我们需构建政府、企业、公众等共同参与的数据治理新模式，这是大数据时代数据治理理论的重要内容。

三、大数据知识成为提高全球治理能力的重要支撑

任何事物的发展都具有两面性。科技革命不仅促使人类社会进入农业时代、机器时代、电力时代、信息时代，而且在现代化过程中也给人类带来了环保、安全、人口、资源等一系列全球问题。而大数据知识为提高全球治理能力提供了重要支撑。

解决人类共同问题是提高全球数据治理能力的时代要求。蒸汽机革命和电力革命在引领人类进入工业时代时，给人类带来环境污染、资源危机、人口等全球性问题。信息技术革命通过大力发展新能源技术、环保技术、新材料技术等解决人类工业时代所带来的环保、资源、人口等可持续发展问题。21世纪，人类不仅面临传统的可持续发展问题，同时面临恐怖主义、网络安全、气候变化等非传统的全球问题，客观需要世界各国协同治理。党的十九大报告指出："共商共建共享的全球治理观，推动人类命运共同体建设，共同创造人类的美好未来"，是对当代世界发展现状的科学判断，是中国为解决人类问题贡献中国智慧和中国方案的重要体现。目前，各国建立安全、环保、健康、防灾减灾等大数据为提高全球治理能力提供最基础的数据资源。

大数据国家治理架构和模式的运用为共商共建共享的全球数据治理提供实践依据。人类命运共同体指在追求本国利益时兼顾他国合理关切，在谋求本国发展中促进各国共同发展。我们每个国家、每个公民都应该具有"人类命运共同体"意识。安全、环保、可持续发展、健康等是人类共同面对的问题，因而可以共商；世界范围内相关问题的大数据资源共享为人类精准共建、和谐共建和协同共建世界提供了平台支撑；大数据资源共享和成果共享是全球数据治理的共同愿望。目前，大数据治理已从观念层面上升为制度层面和实践层面。很多国家已制定大数据基础设施建设方案、大数据配套政策与法规，并将大数据应用于社会治理体系和公共服务体系，形成政府、企业和民众共同参与的公共治理模式，这为全球数据治理提供实践依据。正是不同国家数据治理在公共领域的不断推进，才使共商共建共享的全球数据治理成为可能。

开展全球大数据共享合作是实现全球数据治理的重要途径。目前，中国提出的人类命运共同体和"一带一路"倡议的实施和推进，为全球应对气候变化、疾病灾害、安全问题的大数据共享提供机遇。目前，中国可通过大数据外交，与大数据国家展开国际合作，实现公共领域大数据资源的共商共建共享。2009年，联合国推出的"全球脉动"计划，可实现全球范围内互联网数据和文本信息的实时分析监测，并对互联网世界进行"情绪分析"，可以对疾病、动乱、环保问题等进行早期预警，切实维护世界安全。

四、大数据知识成为提高治理能力的重要依托

随着人类文明的不断进步，科技革命在促进人类生产方式变革的同时，也成为提高国家治理、社会治理水平的重要支撑。

管理能力的提高是科技革命发生的非实体性体现。自人类社会产生以来，社会管理功能一直是政府应尽的职责。而政府管理关键看政府与管理对象"连接"的方式。"连接"的广度和深度决定政府管理的程度。农业文明时代，人类的"连接"主要通过语言和书面文字的形式；蒸汽机革命时代，人们的"连接"方式虽然还是比较传统的语言和文字，但是火车大大提高了连接载体的运输效率，进而提高了政府的管理能力；电力革命时代，人们开始使用无线电台、电报、电视等"连接"形式，但信息多是单向性的，政府管理多是自上而下的单向度管理。信息技术革命特别是互联网技术的发展，使整个世界成为一个地球村，世界"连接"方式成为双向性的互联，信息的互通与共享使政府管理从经验、被动阶段走向数字化和主动阶段。信息管理系统成为政府管理国家和社会的主要技术支撑。各国建立了人口、环境、交通、经济、生态等方面的信息数据库，主要收集结构性数据资源，这些数据资源仍然是小数据，政府是管理和应用这些小数据的主体。

大数据应用于国家治理、政府治理和社会治理层出不穷。传统意义上的管理主体都是单一的，如政府或者企业或者社会团体，大数据实现的治理变革是政府、企业、社会团体和民众共同参与的治理模式。原因在于不同主体都在产生大数据，而治理的实现需要融合不同群体的大数据，进而提出精准的治理方案。"有机构预测，到 2020 年全球数据使用量将达到约44ZB（1ZB=10 万亿亿字节），将涵盖经济社会发展的各个领域。"（苗圩，2015）大数据技术革命在实践层面最大的价值在于实现国家治理、政府治理、社会治理的重大变革。2012 年，美国提出大数据发展规划后，政府开始重视公共大数据资源。党的十八届三中全会提出的推进国家治理现代化，要求同步推进政府治理、社会治理现代化。国家治理体系包括国家治理主体、治理功能、治理权力、治理规则、治理手段、治理评估等多方面。目前，从国家治理层面看，大数据知识主要解决经济、政治、文化、社会和生态的协同发展问题。从政府治理层面看，大数据知识应用于市场监督、环境监管、防灾减灾、公共安全、政府监督、智慧城市建设和反腐工作。2015 年，中央反腐败协调小组国际追逃追赃工作办公室启动了"天网"行动，对外逃腐败分子进行抓捕，提升了抓捕效率。大数据知识应用

于社会治理主要包括应急管理、交通治理、精准扶贫、健康医疗等。党的十九大报告指出"加强社会治理制度建设,完善党委领导、政府负责、社会协同、公众参与、法治保障的社会治理体制,提高社会治理社会化、法治化、智能化、专业化水平",而大数据知识为实现多主体协同治理提供了现实支撑。

数据治理成为智慧城市建设的重要支撑。"智慧意味着对事物能迅速、灵活、正确地理解和处理的能力。"(于施洋 等,2013)智慧城市就是运用大数据手段感测、分析、整合城市运行核心系统的各项关键大数据,从而对包括民生、环保、公共安全、城市服务、工商业活动在内的各种需求作出智能响应。国内如智慧上海、智慧双流,国外如新加坡的"智慧国计划"、韩国的"U-City 计划"、日本的"i-Japan(智慧日本)战略 2015"等。根据《2015—2020 年中国智慧城市建设行业发展趋势与投资决策支持报告》调查数据显示,我国已有 311 个地级市开展数字城市建设,其中 158 个数字城市已经建成并在 60 多个领域得到广泛应用,最新启动了 100 多个数字县域建设和 3 个智慧城市建设试点。2017 年年底,我国启动智慧城市建设和在建智慧城市数量有大约 500 个。智慧城市建设正是借助大数据知识实现城市交通、税务、教育、民政、卫生、环保等的智能化。

五、大数据知识成为提高企业数据治理能力的重要工具

每一次科技革命引领人类进入文明新时代,都是科技知识在微观层面实现企业生产要素优化、生产方式变革的过程。大数据时代的数据治理应用于企业,可节约企业成本,提高企业对生产和服务的治理效率。

生产要素和生产方式的变革是科技革命发生的实践体现。马克思曾指出:生产力中也包括科学;邓小平同志提出科学技术是第一生产力,科学技术通过渗透到生产力诸要素之中而转化为实际生产能力。从人类文明发展史看,蒸汽机革命解决企业发展的动力问题,实现了生产领域的机械化,促进了当时运输、采矿、冶炼、纺织、机器制造等产业的发展;电力革命也是通过解决企业的动力问题,实现了企业生产过程的电气化,促进了电子、化学、汽车、航空等产业的发展;信息技术革命通过信息化管理实现了生产过程的信息化,促进能源、新材料、生物、海洋、空间等产业的发展。可以说,前三次技术革命主要解决生产的动力问题和管理问题,大大提高了企业的生产效率,并使管理、知识等这种非实体性要素成为企业提高生产效率的重要因素。

数据治理成为企业最重要的生产要素。这样，大数据知识彰显知识生产和应用的整个过程。（苏玉娟，2017a）党的十九大报告指出"推动互联网、大数据、人工智能和实体经济深度融合"。对于这种融合，我的理解就是将数据治理渗透到企业生产和服务的全过程，通过大数据知识变革企业生产方式、生产组织结构、企业治理模式等。管理侧重一个主体对客体的管理，而治理侧重多主体的协同治理。传统的小数据时代，企业对生产、销售与服务过程的跟踪多是企业通过经验总结、问卷、用户反馈等形式采集相应的信息，进一步改进企业产品，提高服务质量。大数据时代，大数据技术可以通过将传感器安装到企业生产流程的各个环节，实现对生产过程产生的大数据存储、分析、挖掘和可视化转化为大数据知识，用来筛选和分析企业产品合格率，产品生产过程存在的问题及其应对策略。同时企业还可以存储、分析和挖掘线上线下客户的评价大数据，实现对产品的精准预测，进而为改进产品生产工艺、设计理念、产品质量等提供更精确的指引。可见，数据治理可融合生产流程、售后服务等环节的大数据，实现企业、客户、生产过程等多方面大数据的协同，提高企业数据治理能力。可以说，数据治理已成为企业最重要的生产要素。通过数据治理，企业可节约治理的人力、物力和财力，提高企业精准生产与精准服务的水平。

六、大数据发展战略为各国发展数据治理提供战略支撑

大科学时代，由于科学发展所需的经费、人员都是科学共同体本身无法承担的，而且随着科学技术社会化进程的加速，科学技术社会化的方向越来越成为政府和民众的事情。这样，国家发展战略就成为科技革命实现人类文明进步的战略支撑。大数据知识引领人类进入治理文明新时代，需要国家战略的支撑。

国家战略是科技革命发生的重要支撑。第二次世界大战极大地促进了科学技术的发展，让科学的发展进入了一个全新的阶段。以20世纪40年代的"曼哈顿计划"作为标志，学界认为现代科学已进入了"大科学时代"。大科学时代，科技活动规模大、作用大、影响大。"曼哈顿计划"调集15万科技人员参加研制、生产，投资22亿美元，花了3年时间。而20世纪60年代的"阿波罗登月计划"规模更大，有2万个部门和公司，120所大学和实验室参加，总投资244亿美元。1962年，美国科学社会学家普赖斯发表了讲演集《小科学，大科学》，该书论及科学的形态、规模以及支配大规模科学的发展及方式的基本规则等普遍性问题，并涉及科学发展对当代社会、政治、经济、国家地位以及未来发展的影响。此后，"大科学"

的说法便流行开来。20 世纪 70 年代以来很多科技项目都是国家层面甚至是国际合作。这在以前是难以想象的。信息技术革命正是大科学时代国家战略支撑发展的结果。20 世纪 80 年代，日本实施"科技立国"战略，并出台《科学技术白皮书》等。20 世纪 90 年代，美国先后制定《技术为美国经济增长服务——加强经济实力的新指导方针》等国家战略及国家科技发展指导文件，促进信息技术的社会化。从历史视角看，我国曾错过蒸汽机革命和电力革命，同时也就错过了当时的机器文明和电力文明。中华人民共和国成立以来，我国积极响应信息技术革命，制定了"863"计划、创新驱动发展战略、可持续发展战略等，这些战略的实施大大促进了我国高技术及其产业的发展，推动中国工业文明和信息文明的建设。

发达国家通过大数据发展战略积极迎接数理治理文明新时代。大数据时代，为实现数据治理变革，很多国家启动了大数据发展战略。美国最先对数据治理变革作出战略反应，以提升国家治理水平和国家治理竞争优势。自 2009 年起，美国先后实施《大数据研究和发展计划》《数据-知识-行动计划》《大数据：把握机遇，维护价值》并利用大数据技术系统改造国家传统治理手段和治理体系，这是美国向数字治国、数字经济等转型的重要举措。目前，欧盟及其成员国已经制定大数据发展战略，用大数据改造传统治理模式。2010 年 11 月，德国联邦政府启动数字德国 2015 战略，推动实施数据化的工业制造 4.0 战略。（陈潭，2017）

我国通过大数据发展战略积极迎接数据治理文明新时代。大数据时代，我国必须抓住新的时代机遇，实现中国的伟大复兴梦。2015 年 8 月，国务院常务会议通过《促进大数据发展的行动纲要》，重点打造精准治理、多方协作的社会治理新模式、经济运行新机制、民生服务新体系、创新驱动新格局和产业发展新生态；2015 年发布的《中共中央关于制定国民经济和社会发展第十三个五年规划的建议》，提出拓展网络经济空间，推进数据资源开放共享，实施国家大数据战略，超前布局下一代互联网；2016 年 10 月 9 日，中共中央政治局就实施网络强国战略举行集体学习时提出，建设全国一体化的国家大数据中心，确保各环节能够流畅、高效地运行；党的十九大报告进一步提出建设网络强国，推动互联网、大数据、人工智能和实体经济深度融合，加强互联网内容建设，建立网络综合治理体系，营造清朗的网络空间，成立国家科技伦理委员会。可见，为迎接数据治理文明新时代的到来，我国从国家战略、产业战略等层面进行规划，促进大数据知识实现企业、政府、社会和全球治理模式的变革。

不同国家实施的大数据战略有所不同，但总体上具有三个共同特征：

一是通过颁布战略规划在国家层面进行数据科技、人才、产业、资金等方面的整体布局。二是注重数据治理相关配套政策的实施，包括大数据资源公开共享、大数据资源融合、数据治理的制度安排等，为数据治理文明新时代到来构建良好的生态环境。三是培育全民对数据治理的认知度与参与度。数据治理过程需要政府开放数据实现数据共享，公众广泛参与丰富大数据资源，企业积极响应大力发展大数据产业。

总之，大数据时代，大数据通过大数据技术的存储、分析、挖掘和可视化转化为大数据知识，并将大数据知识应用于提升全球、国家、政府、社会、企业数据治理能力，引领人类走向治理文明新时代。在此过程中，顶层组织架构变革与行政流程再造是基本保障。我国紧跟时代潮流，通过大数据发展战略，大数据平台的建设，大数据服务公司的参与，大数据人才的培养，实现我国数据治理的全方位渗透，进而走向治理文明新时代。

第二节　大数据知识对政府治理的变革*

政府治理是指在市场经济条件下政府对公共事务的治理。政府治理有三种：“一是由国家作为唯一的管理主体，实行封闭性和单向度管理的国家管理模式；二是由国家与各种社会自治组织共同作为管理主体，实行半封闭和单向度的公共管理模式；三是由开放的公共管理与广泛的公众参与这两种基本元素综合而成的公共治理模式，其典型特征是开放性和双向度。”（杨海坤　等，2008）狭义的政府治理是指第三种公域之治模式，也是“政府依法律善治”之“治理”模式。这里的政府治理主要指第三种狭义的政府治理。

一、政府数据治理具有系统要素的多元性

从系统论看，系统要素的多元性是系统存在的首要条件，只有要素多元才能形成一个系统，系统的功能或者价值是系统要素通过协同形成的整体性功能，彰显系统整体大于部分的特性。大数据时代，政府数据治理的过程是政府主导，民众、企业和社会等多元主体参与的过程；数据来源的渠道也走向多元化，是传统数据、网络数据和物理空间数据的统一；数据

---

* 部分内容发表于苏玉娟：《政府数据治理的五重系统特性探讨》，《理论探索》，2016 年 a 第 2 期。

价值具有政治、经济和社会等多个层面。政府实现数据治理过程正是通过多元性凸显政府治理的整体性功能。

数据主体具有多元性。治理主要意味着政府分权和社会的多元参与。传统意义上的政府是全能政府，能够实现对社会等领域的管理。由于社会复杂程度越来越高，政府管理能力的局限性越来越突出。政府从管理职能向治理职能转变，是政府与其他主体合作共治的转变。"我国的政府治理通常包含三方面的内容：一是政府通过对自身的内部管理，优化政府结构，建设法治政府和服务型政府；二是政府对经济活动和市场活动的治理；三是对社会公共事务的管理活动。"（刘叶婷 等，2014）从政府治理的对象看，政府自治的动力一方面来源于政府内部提高效率的要求，更重要的是来源于社会的需求；政府对经济、市场活动和公共事务的治理直接来源于社会各主体的需求。民众和社会组织有序参与政府治理，也在一定意义上构成了政府治理的权利主体。大数据时代，大数据技术的推广与应用，数据的爆炸性增长，为实现多中心的政府治理提供了现实支撑，使民众参与政府治理走向实质性。"民众参与可以分为三个层次，第一层次是假性参与或非参与；第二层次是象征性参与；第三层次是实质性参与。"（王浦劬，2014）人人都是政府治理过程中大数据的生产者，民众需求的数据资源及其产生的数据资源为政府实现精准治理提供了明确方向。可见，大数据时代，政府与民众之间走向了实质性的合作。如路灯出现路障，民众将其照片上传至城市公共平台，该平台会自动将该数据报告给市政设施维修公司，维修公司会及时派工作人员去维修。在大数据时代，这样的事例不胜枚举。

数据来源渠道具有多元性。传统意义上，政府数据来源于政府、企业及各种组织汇报的结构性数据，这些数据多是经过加工的非原始性数据，政府依靠这些数据的决策具有时滞性和非精准性。大数据时代，政府通过门户网站、各类社交媒体、网络、智能化终端及传统数据等多元渠道收集政府治理的相关数据。相对完整的大数据仓库是政府实现相关分析及数据治理的前提和基础。这样，政府、企业、民众及社会组织等运行轨迹都处于数据的照耀下，不作为、乱作为、非法活动等都可以通过相关性分析取得证据，为政府治理提供证据材料。

数据价值具有多元性。"'大数据'之大，不仅仅意味着容量之大，更多的意义在于人类可以发现新的知识，创造新的价值，带来大知识、大科技、大利润和大发展"（涂子沛，2012），这就使得政府数据治理的价值具有多元性。一是政治价值。政府可以利用门户网站、社交媒体、网络等将政府部门的声音传播给民众，同时可以通过对民众反馈的分析，及时调整政策，引导舆论，"促进网络政治、网络民主的全面升级"（李振 等，2015）。二是经济价值。一方面，政府通过数据的精准化可以节约治理的成本，另一方面，政府通过授权和鼓励与市场主体加强合作，激活政府拥有的大数据的潜在经济价值。只有不断提高政府所拥有大数据的经济价值，政府数据治理才能实现可持续。三是社会价值。政府利用业务数据、民意社情数据和物理环境数据，治理公共安全、交通、卫生医疗、环境等问题，充分彰显大数据在政府治理方面的社会价值。如政府可以根据十字路口车流量的多少确定红绿灯间隔时间，根据污染物种类及来源数据控制和治理环境污染。政府数据治理主体的多元性，使政府治理形成由多个主体组成的复杂系统，政府治理数据来源渠道的多元性及价值的多元性使政府治理过程形成一个整体。主体参与不全面、数据来源单一、价值片面等都会影响政府数据治理的整体性功能，可以说正是多元性才使政府数据治理走向整体，而不是分散的个体。

二、政府数据治理具有多层次的协同性

系统论认为，"协同不仅需要考虑客体的组成部分，更要考虑组成部分的集合及相互关系"。（邱龙虎，2014）协同是要素对要素的相干能力，表现了要素在整体发展运行过程中协调与合作的性质。大数据时代，大数据的协同过程是彰显大数据"4V"（量巨大、时效性强、来源广泛、商业价值高）特征的过程。政府数据治理也是政府部门之间、政府与其他要素主体、大数据技术与社会需求、政府数据治理与国家和社会治理相协同的过程。

政府部门之间数据具有协同性。大数据技术最显著的特征就是通过对数据的协同性分析，找出事物发展的规律，为进一步决策提供知识和决策支持。传统意义上的政府组织结构是纵向等级管理与横向分工合作的封闭运行体系，层级权责分明。大数据时代，由于数据包括结构性数据、非结构性数据，同一个数据可能涉及政府多个部门的责任，这就要求政府组织必须实现协同，才能提高政府自治及其对经济领域和公共领域治理的效率。所以，政府数据治理必须将政府部门内部的数据协同起来。

政府与企业、民众和社会组织之间数据具有协同性。政府治理过程始终伴随企业、民众和非政府组织的参与。目前，政府数据治理最大的问题在于无法实现不同渠道数据的协同。巨量的大数据对于政府来讲需要挖掘哪些方面不仅来源于政府本身职能的需要，更来源于不同主体的需要。一

方面，政府通过开放数据，便于民众、企业等根据个性化需求对相关数据进行协同分析；另一方面，政府通过门户网站及其他途径采集民众不同方面的需求，如政府通过对政府网点浏览次数、栏目关注度、在线申请服务等多项内容的分析，将政府治理大数据与民众活动进行关联，为民众决策提供个性化服务。可见，大数据时代，政府治理的主体已经不仅限于政府，还包括企业、民众、社会组织等积极参与和协同工作。政府需要将经济领域宏观政策、中观产业和微观企业领域相关的数据协同起来，将公共领域企业、民众、非政府组织所拥有的环保数据、安全数据、健康数据、防灾减灾数据等协同起来，将来源于不同渠道的网络数据、基于传统器的物理空间数据、传统数据协同起来。政府实现不同渠道数据的协同是政府数据治理的前提和基础，没有协同性分析，政府就无法保障决策的科学性。

大数据技术创新与社会需求具有协同性。大数据具有技术和社会两大属性。要实现大数据的社会价值，必须在技术层面做到对大数据的收集、存储、分析、挖掘和可视化。目前，大数据技术能够实现对大数据资源的一系列技术处理。大数据的价值关键在于社会属性，即创造社会价值、变革政府治理方式等。从政府实现数据治理的实践看，技术与社会需求的不匹配很明显，原因主要在社会层面。由于政府重视对大数据资源的收集、存储，而对大数据资源的分析、挖掘和可视化存在不足，大数据主要发挥查询作用而不是决策作用。为此，政府需要通过平台建设采集社会对政府治理的需求，并结合大数据技术，实现对相应大数据的分析、挖掘和可视化，为政府、社会和民众决策服务。当然，政府也可以引进第三方来管理和分析数据，提高大数据的使用效率。

政府数据治理与国家治理和社会治理具有协同性。从政府治理的维度看，政府治理包括对社会公共事务的管理活动，这是社会治理的重要领域。因此，政府治理与社会治理应协同发展，那么政府治理的数据与社会治理的数据也应实现互联共享共用。政府数据治理过程也是政府部门实现自治的过程，要实现政府部门之间数据共享，需要组织不断创新，而政府组织创新的过程是需要顶层设计以实现部门之间的整合与优化，这是国家治理现代化中很重要的内容。所以，政府数据治理需要与国家治理相协同。党的十八届三中全会通过的决定把国家治理作为全面深化改革的顶层设计，把国家治理体系和治理能力现代化作为全面深化改革的总目标。"政府治理和社会治理是国家治理的分支领域和子范畴。"（王浦劬，2014）大数据时代，政府数据治理必须加强顶层设计，实现政府治理与国家治理的协同，充分发挥公共领域大数据的效能。

三、政府数据治理具有数据边界的开放性

从系统论看，系统的开放性是系统与环境之间进行物质、能量和信息交换的过程，开放性为系统运行提供能量和发展的动力。大数据时代，大数据已成为新的物质资源，大数据交换与开放成为维系系统运行最重要的能量和物质。"数据开放就是以平等、公平、公正的开放许可的形式进行分享数据，通过商业和非商业的形式不受限制地进行使用和再使用数据。"（黄思棉　等，2015）政府数据治理是企业、民众和社会大数据向政府大数据仓库输入数据的过程，也是政府在整合加工关联大数据基础上输出可供民众、企业和社会参考的大数据的过程，同时也是借鉴国外政府数据开放经验的过程。

数据输入边界具有开放性。大数据时代，数据治理成为政府提高治理水平很重要的工具。政府采集数据的全面性是保障数据决策科学性的重要前提。从大数据来源看，政府治理的数据不仅包括政府内部结构性数据，还包括政府公共平台采集的大数据及企业、个人物理空间及网络空间相关的大数据。所以，政府数据治理必须保障企业、民众及社会组织产生的大数据畅通融入政府治理的大数据仓库，进而为进一步分析、挖掘和可视化大数据提供最可靠的数据来源。目前，政府已通过网络、物理空间传感器、交流平台等多种渠道收集民众、企业产生的大数据，硬件建设是基本完善的，渠道是畅通的，问题在于要鼓励企业、民众和社会组织积极参与政府治理的数据治理，将自己真实客观的结构性数据和语言、图片等非结构性数据整合到政府治理的大数据仓库，使企业、民众和社会组织参与政府治理走向实质化。所以，政府治理数据输入边界的开放性是保障政府数据治理科学性的前提和基础，也是实现政府、企业、民众和社会组织多元参与的重要条件。

数据输出边界具有开放性。一个系统要维系发展不仅要输入外界的物质能量和信息，而且需要输出更高级的信息流或者能量流，才能保障系统的良好运行，同时构成一个开放的反馈机制。政府输出的大数据不同于信息，"数据是信息的载体，信息是有背景的数据，知识是呈现规律的信息"（涂子沛，2014）。小数据时代，由于政府收集数据多局限于结构性数据，数据更多地转换为信息，便于政府、企业、民众和社会组织查询，无法实现对治理对象多维度、多层次和全样本的分析，进而不能形成反映治理对象客观规律的知识。大数据时代，数据仓库、联机分析和挖掘技术使数据成为可以参与计算的变量，实现信息生产向知识生产的转换。政府数据治

理是政府输出可供企业、民众参考的以大数据为基础的知识，是政府根据公共平台民众需求反馈的知识，是政府引领和鼓励企业、民众和社会参与政府治理的重要途径，也是提高民众参政与监督政府、提高自身生活品质的重要途径。只有政府输出可供不同主体决策的知识，提高政府工作透明度，企业、民众和社会才会进一步或者更好地参与政府数据治理的过程，实现政府治理输入与输出的良性运作。国务院办公厅印发的《2015年政府信息公开工作要点》更加明确地强调推进行政权力清单、财政资金、公共服务、国有企业、环境保护等九大领域的信息公开工作。由于我国政府在开放数据方面存在法律、制度等方面的障碍，政府在分析、挖掘和可视化大数据方面缺乏针对性和有效性，也就是说，很多数据仅转换为可供不同主体查询的信息，还没有上升为知识，这会降低企业、民众和社会组织参与政府治理的进程。因此，政府不仅应尽快制定数据开放计划，有秩序有步骤地形成规范化的数据开放格局，而且政府还需提高输出大数据的质量，实现大数据从信息向知识的跃迁，加强与企业和民众的合作，以提高大数据利用的效率、效益和效能。只有保障政府数据治理过程中数据的有效输入与输出，政府数据治理才能可持续地发展下去。

数据融入边界具有开放性。政府数据治理还要借鉴国外数据开放经验并融入国际大数据平台。数据治国已成为国际社会的共识，"无论是美国提出的'开放政府'战略，还是规模不断扩大的世界'开放联盟'组织，世界各国政府的开放意识都在强化"（刘叶婷 等，2014）。美国与印度联合开发公共数据 OGLP 平台，使大数据正在模糊国家边界，特别是对于涉及国际领域的公共安全问题，国际社会大数据仓库建设也是非常重要的。美国根据"We the People"网页民众请愿和投票的"阈值"给予政府回复和解决建议；英国通过大数据采集与存储技术+环境数据，辅助政府制定科学的环境治理政策；意大利通过大数据分析与挖掘技术+能源消费，帮助政府提升交通规划格局和改进能源消费结构；新加坡通过大数据信息通信技术+智慧城市，改进民意舆情预判和安全消费环境（陈建先 等，2015）。所以，我国政府数据治理的领域与策略应积极借鉴国外一些好的做法和经验，这既是国际数据治理的发展趋势，也是中国政府数据治理与国际接轨的重要路径。与此同时，全球环境问题、安全问题、健康问题、防灾减灾问题的解决需要加强国际数据合作，形成国际范围的大数据仓库，为整个人类的安全和可持续发展提供决策服务。截至2014年底，63个国家加入了由8个国家联合签署的《开放数据声明》，我国政府数据治理需要融入国际大数据平台，共同实现人类友好可持续发展。

四、政府数据治理具有过程的动态性

从系统论看,动态平衡是系统在不断运动和变化情况下的宏观平衡,这种平衡是一个动态的平衡。大数据时代,政府治理要实现静态数据动态化及大数据输入与输出的动态平衡。

静态数据具有动态性。传统小数据时代,由于缺乏实现政府部门之间、政府与企业和社会之间非结构性数据整合的技术支撑,数据的价值多体现在对原始静态结构性数据的加工与利用,数据的不全面性和相对静态性使政府决策中的不确定性因素加大。大数据时代,政府治理的大数据来源于传统数据、网络数据和物理空间数据,大数据技术能够实现对大数据的即时存储、分析、挖掘和可视化,为政府实现数据治理的动态化提供技术支撑。这样一来,政府治理的流程可优化为搜集数据—存储数据—分析数据—挖掘数据—找出相关关系—提供决策。随之,数据治理的动态化使政府治理走向高效、智能和精准:一方面,借助大数据技术,政府能够实现对输入的大数据即时分析、挖掘和可视化,为政府实现动态治理提供了技术支撑;另一方面,政府可以根据民众的动态需求,提供可供企业、民众、社会组织决策的动态性预测建议和意见,实现政府、企业、民众和社会组织动态参与政府治理的进程。正是政府对大数据的动态性治理引领政府治理从无序、滞后、低效走向有序、动态和高效。

大数据输入与输出具有动态平衡性。一个系统要维系动态平衡,输入与输出的物质、能量和信息必须保持一个动态平衡,否则系统将走向无序和混乱。政府实现数据治理的过程是将政府、企业、民众、社会组织所拥有的大数据输入政府治理的大数据仓库,政府再通过分析、挖掘及可视化输出可供不同主体参考的预测性建议。首先,政府数据治理输入的是杂乱无序的大数据资源,输出的是可实现数据增值的潜在的大数据资本,彰显大数据的政府、经济和生态等方面的价值。政府实现数据输入与输出的动态平衡性体现在大数据资源向大数据资本转换的动态平衡。其次,政府数据治理是政府、企业、民众和社会组织参与大数据输入与输出的动态过程。政府要对输入的大数据仓库进行动态管理,淘汰低价值、无关的数据,对大数据仓库要进行周期性的筛选与管理,提高政府治理的效率,需要对其输出的数据预测负责。企业、民众和社会组织动态参与政府治理大数据的输入与输出过程,他们输入的是杂乱无章的大数据资源,输出或接收的是能够为自己提供决策服务的潜在的大数据资本。大数据输入与输出的动态性不仅彰显了政府数据治理的价值所在,而且彰显了政府、企

业、民众和社会组织在政府数据治理过程中的不同职能。

五、政府数据治理具有矛盾的复杂性

从系统论看，复杂性彰显事物运动过程的不确定性、非线性及对还原论的超越。大数据时代，政府数据治理是很复杂的，需要处理多种矛盾和不协调问题，具体体现在以下几个方面。

数据开放与数据安全具有复杂性。数据作为新型资源，被消费和使用的人越多，价值就越大。大数据开放性越强，数据被激活和被利用的概率就越大，它的价值也就越大。这就要求作为大数据拥有者的政府，应该不断开放涉及民生、经济、社会等与民众利益紧密相关的大数据，以收获数据红利。每个人都是一个数据仓库，这个数据仓库记录着每个人的教育、医疗、福利、纳税、工作、死亡等数据。政府可以根据个人数据监管个体。由于政府数据来源于个人、社会及经济等领域，为保障个人隐私、社会与国家的安全，有些大数据不能公开。同时，由于法规不够健全、政府部门数据治理意识不强、安全技术难以满足需求等因素的制约，加大了政府开放数据与保护数据选择的难度。所以，"联合国'全球脉动'计划将数据的分析价值、数据与政策的相关性以及使用个人数据的隐私三个内容列为'大数据'时代可能面临的问题。"（刘叶婷　等，2012）这就充分凸显了数据开放与数据安全的复杂性关系，需要政府在数据开放与个人隐私保护、国家安全之间保持必要的张力。

数据无用与数据短缺具有复杂性。大数据时代，"不同主体所拥有的数据存在重复收集、数据休眠、数据分割等问题"（苏玉娟，2015b）。政府治理的数据每时每刻都在爆炸式增长。从技术角度看，大数据的价值低密度性及碎片化要求政府提升从海量数据中获取优质数据，并充分挖掘其潜在价值的能力。很多大数据是无用的，低价值的，需要过滤与处理。而与民众紧密相关的数据或者数据驱动力不足，造成大量的政府数据处于"休眠"状态。一方面是无用数据的积聚增长，另一方面是有用、可信和有价值数据的短缺，这种矛盾严重影响了政府数据治理的效率，而且会形成一种负效应，即大数据量与质矛盾的加剧。

数据虚假与数据闲置具有复杂性。随着政府开放数据的不断加快，民众足不出户就可以表达诉求，参与决策。但是，民众参与的便捷性与自由性也带来了数据滥用的问题。部分参与者出于自我利益考虑，把参与平台作为发泄自我不满的工具，有些民众借助公共平台发布一些虚假数据，这样就带来了政府治理的无序和混乱。"中国政府部门掌握着全社会信息资

源的 80% 。"（黄思棉 等，2015）但是，由于政府部门数据公开意识不
强、服务意识不强、政府职权条块分隔、数据质量低等原因，造成数据孤
立、数据碎片化现象非常严重，数据闲置问题比较突出。数据虚假与数据
闲置问题加大了政府数据治理的风险，要保障数据治理的科学性，政府需
要剔除虚假数据，为实现数据治理提供最可靠的数据资源；政府还需要加
快顶层设计解决政府部门之间的数据闲置问题。

第三节　大数据知识对社会治理的变革*

　　社会治理是政府、社会组织、企事业单位、社区以及个人等多种主体
通过平等的合作、对话、协商、沟通等方式，依法对社会事务、社会组织
和社会生活进行引导和规范，最终实现公共利益最大化的过程。社会治理
强调更好地发挥社会力量的作用。大数据时代，数据治国已成为国际发展
的新趋势，美国、日本、德国等许多发达国家已经将大数据技术应用于社
会治理并取得显著成效。"大数据具有四个特征：巨量、多样、高速和真
实。"（周世佳 等，2014）目前，我国的大数据知识已被广泛应用于环保、
安全、金融、医疗、交通等领域。大数据知识成为推进社会治理改革，创
新社会治理体制及改进社会治理方式、实现社会治理创新的核心驱动力。
党的十八届三中全会提出要推进国家治理体系和治理能力现代化，大数据
知识成为变革社会治理重要的技术手段之一，也是社会治理科学化重要的
技术支撑。从科学、技术与社会（STS）视域看，大数据知识的社会治理
具有多个语境，包括历史语境、技术语境、认知语境、组织语境和社会语
境，并在实践基础上得以彰显。

一、大数据知识实现社会治理的语境

　　"莱欣巴哈有一句名言：实体的存在是在相互关联中表达的。"（郭
贵春，1997）也就是说，对于一个实体意义的研究需要在特定语境的关联
中实现。语境分析就是寻找决定事件关联因素的结构及其意义。大数据知
识的社会治理是大数据知识与社会治理相互作用的过程，这样就克服了从
一个方面或层面考察大数据知识实现社会治理的缺陷，力求全面系统地描
绘大数据知识实现社会治理的发生和发展的图景。

---

　　* 部分内容发表于苏玉娟：《大数据技术实现社会治理的维度分析》，《晋阳学刊》，2015 年 b
第 6 期。

　　大数据知识的社会治理来源于历史语境中对传统数据技术的变革和社会治理新问题的产生。由此，历史维度构成科学技术发挥功能的源头和基础。不同历史时期社会治理的领域及复杂性不同，对技术的需求也不同。大数据知识支撑社会治理的过程是对传统数据技术的历史继承与变革。2011 年，全球被创建和复制的数据总量为 18ZB（约 180 万亿亿字节），远远超过人类有史以来所有印刷材料的数据总量，传统的数据技术无法满足现时的需求，客观上需要一场新的技术革命。大数据知识革命在此背景下应运而生。同时，数据化的社会已经产生了与大数据相关的文化、心理、伦理、法律、宗教、道德等新的社会问题，构成大数据时代社会治理的新疾患。

　　大数据知识的社会治理需要一场围绕大数据的技术革命。每一次技术革命来源于技术理论和技术应用的重大突破。蒸汽机革命使人类认识到提高蒸汽机效率的原理；电力革命来源于人类发明的发电机；信息技术革命来源于人类对计算机技术的发明与应用。大数据知识革命来源于人类对数据获取、存储、分析、挖掘与可视化等技术的发明与应用，这是大数据知识实现社会治理的前提和基础。如果没有大数据知识的重大突破，也就谈不上对社会治理的支撑作用。

　　大数据知识的社会治理需要一场认知革命。每一次技术革命都是人类的一次认知革命。蒸汽机革命使人类第一次认识到机器的力量，电力技术革命使人类首次认识到电的力量，信息技术革命使人类认识到网络的力量。大数据知识的社会治理过程是政府、社会组织、技术专家、企业和民众的一次认知革命。不同主体不仅应认识到大数据知识对海量数据的获取、存储、分析、挖掘与可视化过程，而且应认识到大数据知识在社会治理过程中应该发挥怎样的功能。没有认知革命就不会有技术革命，也不会有基于技术革命的社会治理变革。大数据知识的社会治理更强调数据在社会治理中的价值。

　　大数据知识的社会治理过程也是组织结构变革的过程。一个系统中，组织结构的变革服务于系统功能的实现。每一次科技革命都促进了社会治理组织结构的变革。人类历史上发生的农业技术革命、蒸汽机技术革命和电力革命、信息技术革命和大数据知识革命，分别将人类带入农业社会、工业社会、信息社会和大数据社会，社会的复杂性不断提升，社会治理的复杂性也在不断提升，社会治理对象从对农业社会的治理转向对工业社会、信息社会和大数据社会的治理，与此相适应产生了相应的社会治理部门。大数据知识革命通过数据发声实现社会治理数据化，需要相应的组织结构的变革。但是，由于传统政府、组织和企业服务于社会治理的组织都是基于部门职责和利益，各自负责社会治理的一个部分，相应的数据也是由各部门所掌握。而要发挥大数据知识的功能，首先要求各部门数据资源的整合，而数据资源整合的过程是组织结构变革的过程。通过组织变革，"打破政府、企业与社会组织间的信息壁垒，实现大数据的大一统格局"（倪考梦，2013），才能实现社会治理数据化。

大数据知识的社会治理是一场社会领域治理模式的大变革。每一次技术革命的社会化过程都是实现社会变革的过程。三次技术革命使人类社会分别进入了机械化、电气化和信息化时代，大数据知识革命使人类进入了数据化时代。大数据知识的数据决策在贫困、失业、医疗、教育、环保等领域的应用与社会治理的程度紧密相关。社会治理从依靠经验走向依靠数据的过程，是实现社会治理数据的透明化、开放化、共享化和法治化的过程。

总之，社会治理是调整人与人、人与组织、人与自然、组织与组织、群体与群体等之间关系的过程。大数据知识参与社会治理的多个语境，一方面为解释不同时期数据技术实现社会治理提供了同一的理论基础，另一方面为全面分析大数据知识的社会治理提供了方法。

二、大数据知识实现社会治理的结构

综上，大数据知识的社会治理具有多语境性，其不同的语境包括不同的要素。只有深入分析不同语境的结构，才能更好地解决大数据知识实现社会治理的重要问题。

（一）历史语境是大数据知识社会治理的基底

历史语境包括社会治理大数据的产生、社会治理对大数据知识的需求、基于传统数据技术社会治理模式的影响等要素。社会治理领域已产生了大数据。社会治理的大数据来源于政府数据、网络数据和基于传感器产生的物理空间数据。社会治理的数据量已经从小数据扩展到大数据，其中非结构化数据占 80% 以上，这为大数据知识实现社会治理提供了历史数据。社会治理对大数据知识的需求越来越紧迫，通过大数据知识可以实现社会治理领域社会空间与自然空间、城市空间与乡村空间、虚拟空间与现实空间的整合，呈现社会治理整体化、体系化和集成化。目前，社会治理虽然已拥有大数据。但是多数数据处于休眠状态，缺乏从社会治理角度对数据进行分析、挖掘与解释，导致无法将数据合理有效地服务于社会治理的决策。提高社会治理水平需要大数据知识的支撑。然而，传统社会治理模式成为最主要的障碍。2013 年被称为大数据元年，大数据知识成为实现企业管理、社会治理现代化的重要因素。在此前，社会治理多是政府一元主体依靠经验和小数据报表等进行决策。大数据时代，数据治理已成为世界社会治理的发展趋势。用传统的政治逻辑解决社会问题的模式已成为大数据知识实现社会治理的障碍。要实现大数据知识的社会治理必须变革传统的社会治理模式。

（二）认知语境反映大数据知识实现社会治理的可能空间

大数据知识实现社会治理的认知语境包括政府、社会组织、企业和民众等不同主体认知的变革。

科学共同体认知的变革。大数据知识作为一场新的技术革命，首先来源于科学共同体对大数据知识的认知，表征为科学共同体对大数据知识概念、理论、观念和思维等方面的认知，这是大数据知识实现社会治理最重要的认知变革。没有科学共同体的认知变革，就不会有大数据知识实现社会治理的变革。

政府认知的变革。随着大数据知识在社会领域应用的不断扩展，政府作为社会治理的主导力量，决定着大数据知识实现社会治理的程度。目前，有些政府部门还停留在传统的经验管理模式中，不重视大数据知识的应用。一些政府部门只是重视对于社会治理大数据的收集，而不重视对大数据的分析。还有一些政府部门已认识到大数据知识应用的重要性，但是缺乏实际行动。政府作为社会治理的主导力量，也是大数据知识实现社会治理的主导力量，政府认知的变革将主导大数据知识社会变革的方向和程度。

社会组织认知的变革。"我国目前在民政部注册登记的各类社会组织达到 57 万个，覆盖科技、教育、文化、卫生、体育、扶贫、环境保护、经济发展、权益保护等多个领域。"（龚维斌，2014）社会组织数量在不断上升。由于传统的社会管理主体是一维的，主要依靠政府，许多社会组织都接受相关政府部门的业务指导，组织缺乏应有的独立职责和功能。同时，由于各组织机构的分割，社会组织掌握的大量的社会治理数据处于休眠状态。随着社会治理的复杂化，各种团体和社会组织也成为社会治理重要的因素。因此，社会组织认知变革是实现社会治理数据资源整合与应用的重要依靠因素，各种社会组织应认识到自己在社会治理中的数据权力和功能。

企业认知的变革。企业作为社会发展最重要的力量之一，"自律与具有社会责任心的企业行为也就成为社会治理的基本内容之一"（李斌 等，

2015）。企业对大数据知识的认知具有两个方面的重要作用。一方面，企业对大数据知识的应用可为政府解决失业、医疗、教育和环保等方面问题提供丰富的大数据资源，使社会治理决策更具有前瞻性和科学性；另一方面，从事大数据知识服务的企业可为大数据知识的社会治理提供技术和人才方面的支撑。我们需要通过社会治理创新，加快企业利用大数据知识服务于社会治理的进程。

民众认知的变革。民众认为大数据知识为实现社会治理提供群众基础。没有民众参与的社会治理是残缺和不完整的。一方面，民众应认识到社会治理关涉自己的切身利益，应具有积极参与的自觉性。另一方面，民众参与社会治理过程不仅是社会治理大数据的提供者，而且是数据治理的受益者。大数据知识作为新生事物，我们要提高民众对大数据知识的认知度，必须大力宣传，使民众认识到大数据知识社会治理的可能性、现实性和紧迫性，让民众接触并了解大数据知识实现社会治理的思维创新，为大数据知识的社会治理奠定坚实的社会基础。

（三）技术语境是大数据知识实现社会治理的技术支撑

大数据知识社会治理的技术语境主要包括大数据知识应用于社会治理的技术创新水平，大数据知识提高社会治理数据化的水平。

大数据技术应用于社会治理的创新。大数据知识包括对海量数据的获取、存储、分析、挖掘与可视化等一系列技术。大数据知识需要与社会治理现实需求相结合，才能转化为社会力量。由于大数据知识具有数据体量巨大、数据类型繁多、处理速度快、价值密度低等特征，实现社会治理的领域非常广泛，包括在贫困、医疗、教育、环保等领域的应用。但是由于大数据价值密度低，大数据知识的社会治理技术创新多是在对社会治理数据的获取、存储阶段，对社会治理大数据的分析、挖掘和可视化技术的研发与应用相对较少。这样，大数据知识所彰显的预测功能无法得到体现。为充分发挥大数据知识的预测功能，必须提高大数据分析、挖掘和可视化技术在社会治理中的应用水平。

大数据知识提高社会治理的数据化水平。根据大数据知识应用于社会治理程度的不同，数据决策呈现于信息决策、知识决策等形式。数据是对信息数字化的记录，本身并无意义。信息是指把数据放置到一定的背景下，对数据进行解释并赋予意义。信息决策主要通过查询技术提供相关信息，以应用于决策。大数据的挖掘和可视化技术通过对社会治理某个领域大数据的多语境透视，解决相关知识生产和知识易用问题，为以知识为基础的数据决策提供支撑。数据挖掘把对社会治理数据分析的范围从已知扩大到了未知，从过去推向了将来，是社会治理数据实现知识决策的真正生命力和灵魂所在，最终推动了社会治理知识化和智能化。

（四）组织语境是大数据知识实现社会治理的组织保障

大数据知识实现社会治理的组织语境包括政府组织、社会组织、企业组织、民众参与形式等方面的创新。

政府组织需要不断创新。政府社会治理水平事关巩固党的执政地位，事关国家长治久安，事关人民安居乐业。目前，由于政府部门之间功能的交叉，部门之间交流与沟通的缺乏，政府实现社会治理边界的模糊等，造成同一数据多部门交叉收集，社会治理数据无法实现整合，也就无法形成能够全面反映社会治理的大数据仓库，当然也就无法发挥大数据知识实现社会治理的目标。为提高政府社会治理水平，必须加快顶层设计，处理好"政府体系内部的关系、政府与市场之间的关系、政府与社会之间的关系"（李斌　等，2015），构建政府内部一致性的标准和规范，以组织创新力推政府部门数据的开放力度，将休眠的数据觉醒。

社会组织需要不断创新。目前，我国组织之间的松散、职能交叉、数据垄断等影响了各种组织在大数据知识社会治理过程中功能的发挥。国家治理能力的现代化需要根据社会治理的需要，整合社会组织机构，充分发挥社会无形组织和有形组织收集数据的功能。明确社会组织的数据权力边界，提高社会组织自治能力和组织数据资源的能力。2012年10月，我国成立了首个专门研究大数据应用与发展的学术咨询组织——中国通信学会大数据专家委员会，还需要建立专门的大数据知识实现社会治理的组织机构及社会治理大数据中心，将隔离的数据整合。

企业组织需要不断创新。企业作为社会重要的微观主体，不仅是社会治理的对象，也是社会治理的参与者。工业化过程中，为解决企业产生的大量环境、资源、安全等社会问题，企业建立了环保、安全、节能等相应的组织结构。大数据时代，企业需要加快组织方式变革，实现各部门数据管理的共享化，加快企业管理与社会治理数据的收集、分析和共享，同时也更便于政府部门对企业环保、安全、就业、医疗等社会治理的监督与管理，以提高企业参与社会治理的能力。

民众参与形式需要不断创新。中国社会治理呈现"政府强—企业较强—社会弱"的状态。民众参与社会治理形式创新是发挥社会力量实现社会治理的重要渠道。民众既是大数据的提供者，又是大数据服务于社会治理的使用者。只有全民参与大数据知识的社会治理，才可能真正实现数据治理。为此，我们要加大社会治理大数据平台的建设，为民众直接参与社会治理提供平台保障；同时，还要依靠社会组织，拓宽民众参与社会治理的渠道，充分发挥社区和社会组织服务于民众需求的功能，畅通和规范民众诉求表达、利益协调和权益保障的渠道和机制。

（五）社会语境是大数据知识实现社会治理的最终检验场

大数据知识实现社会治理的社会语境主要包括大数据知识在教育、医疗、环保等社会治理中的应用程度。

随着社会复杂程度的不断上升，社会治理领域包括协调社会关系、规范社会行为、解决社会问题、化解社会矛盾、促进社会公正、应对社会风险、保持社会稳定等方面。目前大数据知识应用于医疗、教育、环保等社会治理中。"中科院与百度合作，深入分析过去百度 5 年的艾滋病相关历史数据，提前获得中国艾滋病流行状况和分布，与权威部门发布的数据高度吻合。"（邬玉良，2014）客观上大数据已经成为政府治理环境问题的关键要素。自 2006 年以来，北京公众与环境研究中心采用汇总政府公布的数据和志愿者收集数据等方式，制作了 5 大类 13 个子类的环境污染海量数据库，直观展示北京各地各流域的环境质量和污染排放数据，列出近 15 万家企业的环境监管记录，在监控污染状况、监督企业整改等方面发挥了重要作用（李斌 等，2015）。大数据知识也被应用于国家安全治理等方面。2013 年 4 月 15 日，美国马萨诸塞州波士顿发生了马拉松爆炸案，相关调查机构通过对案发现场 10TB 数据的分析，很快破案。

三、大数据知识实现社会治理的特征

大数据知识的社会治理具有历史、认知、技术、组织和社会等多个语境，语境分析彰显其历史性、变革性、关联性和动态性等特征。

近些年来，社会治理的数据量越来越大，传统的数据技术无法满足现实的需求，客观需要一场数据技术革命。社会需求是大数据知识革命最直接的推手。大数据知识只有与社会治理的需求相结合才能实现社会治理数据化。从历时性看，大数据知识的社会治理经过了从无到有，从局部到全局，从政府到多元主体的过程。社会治理大数据的历史性，一方面更加及时地发现社会矛盾和社会问题，将社会治理从被动应对转为主动治理，提高政府预测预警能力；另一方面可以发现大数据在治理环保、就业、医疗等社会问题中的不平衡性，实现大数据社会治理的全局性和均衡性。可以说，历时性彰显了大数据知识的社会治理创新的时代机遇和问题指向。

大数据知识社会治理语境的变革性主要体现在对传统社会治理模式的变革。第一，大数据知识实现社会治理从碎片化向协同化转变。"当前，社会治理碎片化是我国社会治理体制存在的主要问题。"（潘华，2014）政府各部门、社会各组织各自为政，缺乏政府、组织与民众等彼此之间的协同性。社会治理大数据平台为社会治理不同主体提供公共数据资源，将有助于推动各社会治理主体之间的协同，进而实现社会治理从碎片化走向协同化。第二，大数据知识为实现社会治理主体从一元向多元转变提供现实支撑。传统的社会治理主要依靠政府。随着社会治理复杂性的增强，社会治理主体走向多元，根据各主体拥有社会治理数据资源的程度，发挥政府、社会组织和民众等不同主体社会治理的力量。第三，实现社会治理从经验决策向数据决策转变。传统社会治理由于数据量小、不全面、不系统等原因使数据无法支撑决策，因此主要依靠经验决策，经验决策带有主观性，管理效率比较低。大数据知识的社会治理数据量大、数据全面而系统，社会治理要素数据化引领社会治理从经验决策走向数据决策。

大数据知识社会治理语境的关联性特征主要体现在两个方面。一是从社会治理的主体看，不仅包括政府主导，而且包括社会组织、企业和民众共同参与的系统协同过程。根据不同主体所拥有的数据特征发挥不同主体的数据功能，实现社会治理数据化。二是从实现过程看，彰显基于大数据社会治理过程历史语境、认知语境、组织语境、技术语境和社会语境的关联性。没有历史语境，就不会有不同主体认知语境的变革。与此同时，没有认知语境的变革就不会有技术语境的变革，进而不会有组织语境和社会语境的变革。因此，大数据知识的社会治理不仅是不同主体的关联，而且是不同语境的关联。

大数据知识社会治理语境的动态性表现在三个方面：其一，大数据知识对社会治理数据的存储、分析、挖掘、可视化过程彰显社会治理大数据从原始数据向数据仓库和数据决策不断转变的动态过程。其二，大数据知识社会治理是从历史语境→技术语境→认知语境→组织语境→社会语境不断变革的过程。其三，大数据知识社会治理数据的动态性实现了社会治理的动态化。通过大数据分析结果可以为不同主体及时了解和掌握社会问题的变动和社会问题发展趋向提供决策支撑。

四、大数据知识实现社会治理的途径

党的十八届四中全会提出：要坚持系统治理、依法治理、综合治理和

源头治理，提高社会治理法治化水平。大数据知识可以提高这四个方面的治理能力。

（一）大数据技术为多主体系统治理提供技术手段

随着社会复杂程度的不断提高，社会治理的领域从现实世界扩展到镜像世界，从传统就业、医疗、安全、环保等领域扩展到流动人口、突发事件、社区自治等方面，社会治理对象从有限社会治理向全面社会治理的转变，客观上要求社会治理的主体多元化，以凸显系统治理的特征。系统治理主要通过党委、政府、社会、基层组织和个人等多主体的协同实现社会治理的整体性、关联性、动态性。在大数据时代，大数据技术不仅是一场技术革命，而且大数据社会化的过程为党委、政府、社会等不同主体实现系统治理提供了技术手段。

数据仓库凸显系统治理的整体性。对于一个系统来讲，要发挥系统功能首先需要将不同主体或要素为实现某种功能协同起来形成一个整体，否则这个系统无法实现系统功能，这是发挥系统功能的前提和基础。大数据时代之前，社会治理数据多是结构性的，数据量比较小，数据多是由政府进行收集和管理。但是，问题比较突出。"一是不到位，政府该管的没有管好，不该管的管得很多，该市场管的没有放到位，该社会管的没有放下去。二是不协调，职能交叉，叠床架屋，多头管理。"（段华明，2014）社会治理以政府为主，政府与社会、基层组织和民众等之间的整合力差，不同主体之间整体性特征不明显。

社会治理的数据来源于政府数据、网络数据和基于传感器产生的物理空间数据，这些数据不仅包括结构性数据，而且包括图片、声音等非结构性和半结构性数据，拥有数据的主体从政府扩展到基层组织、社会和民众。"数据仓库将不同语言、不同位置的数据按照统一的定义通过清洗、转换、集成最后加载进入数据仓库，数据仓库与传统数据库的最大差别在于前者以数据分析、决策支持为目的来组织存储数据，而数据库的主要目的则是为运营性系统保存、查询数据。"（涂子沛，2012）数据仓库为政府、基层组织、社会和民众等多主体所拥有的大数据进行系统整合提供了技术手段。只有实现不同主体所拥有数据的整体性，才可能发挥多主体实现系统治理的功能。

数据分析和挖掘技术凸显系统治理的相关性。一个系统内不同要素之间的相关性反映系统演化的非线性相关关系。大数据时代之前，国家作为唯一的社会治理主体，实行封闭性和单向度的社会治理模式，这种模式使横向部门之间缺乏数据整合和信息沟通,纵向部门缺乏双向度的数据共享,各部门处于碎片化状态,数据多是从下级汇集到上级部门,而上级部门对下级部门多是指导性的,而且,部门设置存在刚性设计,发现社会治理对象之间的非线性关系非常难,这种治理模式已不适应复杂的社会治理需求。

大数据分析技术和挖掘技术可以对杂乱的社会治理大数据进行相关性分析。分析技术是对数据的一种透视性的分析。"大数据挖掘主要解决四类问题:分类问题、聚类问题、关联问题、预测问题。"(丁圣勇 等,2013)而解决这四类问题的过程是发现数据之间相关性的过程。大数据分析和挖掘技术在社会治理中的应用过程是发现社会治理不同主体之间、不同主体所拥有的大数据之间相关性的过程。治理始于数据,通过对社会治理大数据的分析和挖掘来揭示各种问题。目前,大数据分析和挖掘技术被广泛应用于人类健康、自然灾害、社会安全等社会问题的治理,具有重要的社会价值。

数据可视化技术凸显系统治理的动态性。对于一个系统来讲,它的发展过程处于动态变化之中,系统的动态性特征是需要外部表征的。大数据时代之前,社会治理过程也是处于动态变化之中,但是,由于没有相关技术的支撑,对于社会治理动态性的分析,我们只能通过一个时间段所反映社会治理演化的宏观特征来描述,而无法做到即时反馈,以凸显社会治理动态演化过程。

数据可视化技术实现了对社会治理的动态性分析。社会治理的数据可视化技术主要通过图形、地图、动画等形式即时展示社会治理数据的大小、数据之间的关系和演化趋势,实现了即时反映社会治理的动态特征,而且,具有针对性,更便于操作。正是数据可视化技术,使我们更清晰、更方便地能够即时地看到社会治理过程动态演化的趋势。

总之,大数据仓库及大数据分析、挖掘和可视化技术为实现系统治理提供了技术手段。但是,基于大数据技术的社会治理不仅仅是一个技术问题,而且是一个社会问题。大数据技术对实现法治治理、综合治理和源头治理也具有重要的作用。

（二）社会治理大数据为依法治理提供了新的发展方向和现实依据

大数据时代,大数据技术不仅为依法治理提供了新的发展方向,而且为依法治理提供了现实依据。

社会治理的大数据为依法治理提供了新的发展方向。依法治理要求办事、解决问题、化解矛盾等都要依法、靠法和用法。依法治理强调社会治理过程的合法性,即运用法治思维和法治方式推进多层次多领域依法治理。大数据时代之前,依法治理主要强调政府依照法律法规、社会规范等对现实的城乡、社会与自然等空间进行法治化治理,是"政府本位"的社会治理方式。从依法看,社会治理所依靠的法律法规、社会规范等的修订和完善多来源于对现实社会治理的实践或经验总结基础上形成的,具有滞后性特征,使社会治理的法律法规无法满足社会治理的现实需要。随着网络的发展,对于网络空间的治理成为社会治理新的语境,而目前相应的法律法规比较滞后。从用法和靠法看,由于社会治理主体是政府,经常存在政府在社会治理过程中法治观念淡薄,违法治理等现象,基层组织、社会和民众等参与社会治理的基本权利缺乏明确的法律依据,因而缺乏自主性和自治性。

随着社会治理的理念从"政府本位"转变为"社会本位",大数据技术首先为基层组织、社会和民众等社会不同主体享有参与社会治理的权利平等和机会平等提供了技术支撑,为法治与共治的良性互动提供了新的发展方向。基层组织、社会和民众通过社会治理大数据平台,都享有平等权利和平等机会,他们不仅是社会治理大数据的生产者,而且是这些大数据的拥有者和使用者。我们需要在法律框架下,加快组织立法建设,充分发挥基层组织、学会、协会等社会组织的作用,从而实现政府主导与群众参与的良性互动,实现法治与自治的有效对接。其次,这些大数据的产生不仅使依法治理的空间从现实世界扩展到网络世界,而且这些大数据可能涉及国家安全、企业秘密和个人隐私。所以,依法治理不仅用于治理现实社会,而且用于治理网络世界,这为依法治理提供了新的发展方向。一方面,为保障社会治理大数据开放与应用的合法性,相应的法律和制度应加快出台。从目前的发展看,我国已出台关于信息公开的相关条例,对于政府、社会、基层组织和民众数据公开的权利、义务和责任等相关制度和法律还需要进一步的研究。另一方面,在保障国家、社会、个人数据安全与合法的前提下,社会治理大数据应尽量开放,只有形成全面、系统和整合的社会治理大数据仓库,才能充分发挥社会治理中大数据的系统功能和预测功能。因此,大数据时代,依法治理在关注现实社会的同时,还应关注网络及大数据社会治理产生的法律问题,形成党政善治、社会共治、基层自治的良好局面。

社会治理的大数据为依法治理提供了新的现实依据。依法、用法和靠法是实现依法治理三个重要的环节。大数据时代之前,依法治理的法律条文及证据仅来源于现实世界,随着网络、交通等的快速发展,仅依靠现实世界的证据已经不能满足依法治理的需求。由于政府是社会治理的主体，民众依法治理观念淡薄，依法治理经常存在"应景式工程，抓一阵、放一阵，热一阵、冷一阵现象"（董强 等，2015），无法实现依法治理常态化。大数据时代，社会治理的范围从现实社会扩展到网络世界，网络数据越来越成为民众现实生活的客观反映，如网购、微信、QQ 等越来越彰显民众的生活轨迹，有人把网络的这种现象称为镜像世界。首先，我们通过对社会治理大数据的分析、挖掘与可视化，彰显依法治理的空间，不仅能够反映社会问题可能存在的法律空白，而且能够反映目前相应法律存在的不足。因此，网络大数据和基于传感器产生的物理空间数据，成为完善社会治理法律法规及社会规范最直接的现实依据。其次，大数据为依法治理提供新的证据来源。证据需要具有关联性、客观性和合法性。镜像世界及物理空间数据不仅能够反映社会治理领域的客观性和合法性，而且通过对社会治理大数据的分析与挖掘，彰显事物之间的关联性，为证据的关联、客观与合法提供现实的判据。最后，大数据技术为依法治理经常抓和抓经常提供了现实依据。"依法治理必须形成经常抓与抓经常长效机制。"（董强 等，2015）大数据知识实现社会治理是动态的和即时的，对于社会治理产生的法律问题可以通过大数据分析、挖掘和可视化技术实现即时表征，能够实现依法治理经常抓和抓经常；同时，社会治理大数据平台包含利益诉求表达、法律求助、依法维权等项目，为依法治理常态化提供了平台支撑。

大数据时代，要实现依法治理，我们需要在法律和制度层面重视社会治理大数据的安全性与合法性，同时，要发挥社会治理大数据在依法治理过程中的证据作用，做到有效确权和分权，使不同主体在法律允许范围内行使社会治理的权利。

（三）数据决策为综合治理提供了新的方法

综合治理就是要"在运用权力之外，形成市场、法律、文化、习俗等多种管理方法和技术"（段华明，2014）来综合发挥作用的模式。大数据时代，数据决策就是通过理解数据并通过可视化的方式理解潜在的风险和机会，以优化决策。大数据技术通过数据决策为综合治理提供了新的方法。

数据决策体现了权力、市场、法律等多种手段相结合的综合治理。大数据时代之前，社会治理是小政府大社会，政府通过有限权力对社会进行治理。市场机制的缺失往往容易产生政府权力寻租和腐败问题，造成社会治理成本比较高。法律法规的不完善，最终形成以政府权力为主的治理模式，在社会治理过程中，往往存在权力高于法律的现象。

　　随着社会治理主体从政府扩展到社会、基层组织和民众，我们必须在实施政府权力的基础上，引进市场机制和法律手段，保障社会治理的高效性和合法性。大数据技术为发挥市场机制和法律功能提供了条件。一方面，政府、社会、基层组织、民众都具有不同的数据，但是不同主体对于分析和应用大数据的能力差别很大。通过市场机制，政府可以购买不同主体所拥有的大数据，充分发挥大数据在社会治理过程中的功能，为社会提供优质的公共服务，实现市场对社会治理资源的最优配置；另一方面，不同主体拥有和使用大数据是有边界的，那就是不能突破法律底线。数据决策实现了社会治理过程中政府、市场和法律等多种手段的综合运用。

　　数据决策实现了社会治理从共性治理走向共性与差异性相结合的综合治理。大数据时代之前，社会治理的决策来源于直觉和经验，通过对有限个案的调研形成具有共性的社会治理方案，这种社会治理方法的优势在于不同层级之间具有同构性，便于层级管理。但是，由于各地区之间发展的不平衡性，各阶层、各群体之间社会治理的需求不同，社会治理既要体现共性需求又要凸显个性需求。而这种治理决策无法实现个性化的社会治理。

　　大数据技术通过分析、挖掘和可视化技术汇集不同群体的社会治理需求，形成彰显个性需求的社会治理方案。个性中包含共性，共性中要容纳个性，社会治理的大数据不仅为不同群体的个性需求提供决策服务，而且从个体需求演变轨迹能够反映整个社会治理的演变轨迹。同时，通过对不同层级数据的汇集和整合，我们更能形成反映客观共性的社会治理决策。可以说，数据决策实现了社会治理共性与差异性相结合的综合治理。

　　数据决策实现了社会治理从二维空间走向多维空间的综合治理。小数据时代，社会治理的空间从一维走向二维。社会治理主要是对乡村和社会空间的治理，社会治理领域比较固化。随着工业化进程的加速和信息社会的发展，"人类社会发展历史中出现了多次空间分割，主要包括社会空间与自然空间的分割、城市空间与乡村空间的分割、虚拟空间与现实空间的分割等"（谢俊贵，2014）。空间分割一方面说明社会问题发生的领域在拓展，另一方面也说明社会治理的复杂程度在不断提升。基于二维空间的分割，大数据时代之前社会治理方法都是侧重于对某一类空间内社会问题的治理，如对城市、乡村、自然或者社会某个空间领域社会问题的治理。目前，很多社会问题跨越某个空间，而这种二元分割的社会治理模式已不适应现实的需求。

　　大数据时代，社会治理大数据仓库不仅包括城乡、自然与社会空间，而且包括虚拟空间与现实空间中的非结构性、半结构性和结构性大数据，大数据仓库为实现社会治理多维空间的整合提供了技术支撑。从现实看，社会问题往往跨越传统的空间边界，形成多维空间的社会问题，如环保问题已不是单纯的自然问题，而是自然破坏与社会生产方式、治理模式等社会原因共同作用的结果。大数据技术使社会治理走向新的空间融合的治理模式，更能客观反映社会问题产生的多维空间性和复杂性，实现社会治理多维空间的综合治理。

（四）社会治理大数据平台为源头治理提供了平台支撑

加强社会矛盾源头治理，社会治理的重心必须落到城乡社区，而不是仅停留在应急性和"灭火式"的治理上，这种传统治理模式成本高，治标不治本。大数据时代，大数据技术为实现源头治理提供了平台支撑，不仅有助于发现基层社会治理的新问题新诉求新期待，而且为群众诉求表达、利益协调、权益保障、积极参与提供了渠道。

社会治理大数据平台为源头治理提供了客观条件和依据。大数据时代之前，社会治理主体主要依靠政府，治理方式多是应急性和"灭火式"的，无法从根源上解决问题，其原因来源于两个方面。其一，治理主体的单向性，即社会治理过程是政府自上而下对社会问题的解决过程，无法满足社会治理越来越复杂的需求，很多社会问题多停留在"头疼治头、脚痛治脚"的水平，导致很多治理只是治标并没有治本；其二，治理方法多是来源于经验，缺乏关联性分析，对于新产生的网络问题及大数据问题应对能力比较低，很难找到社会问题产生的深层次原因，进而很难实现源头治理。

大数据时代，社会治理平台的主要功能在于将大量的社会治理数据组织起来，并做到实时反映社会治理程度、存在问题等。从主体看，大数据服务平台为政府、社会、基层组织和民众等不同主体发挥社会治理功能提供了客观条件。不同主体可以根据自己拥有的社会治理数据，发挥相应的治理功能。从方法看，社会治理的大数据仓库涵盖了政府数据、网络数据和基于传统器的物理空间数据，样本比较全面；通过挖掘技术和可视化技术，大数据技术对社会治理问题、治理程度等能够实现即时分析和关联性分析，弥补了传统经验分析的不足，更便于查找社会问题的源头，为源头治理提供了客观依据。如通过对物理空间和网络空间大数据的追踪可以查找到食品安全、环保和安全等社会问题产生的源头，并可以对社会问题产生的源头进行系统研究。

社会治理大数据平台为源头治理提供了畅通的渠道。大数据时代之前，一个社会问题可能涉及多个部门，社会治理过程往往是多个部门多头治理的过程。但是，这种治理模式容易产生社会治理渠道的不畅通。一是群众诉求表达渠道不畅通。社会问题在从基层向上层反映的过程中，由于涉及部门较多，可能造成愿意管理的部门多，而愿意实施治理的部门少，造成社会问题很难及时解决。二是利益协调渠道不畅通。社会治理过程不仅是解决社会问题的过程，也是调整政府部门利益的过程。由于部门利益的存在，很多社会问题解决起来很复杂，也很困难。三是不同主体参与渠道不畅通。主要依靠政府实现社会治理，基层组织、社会和民众等都是服从政府的管理，他们参与社会治理的渠道不畅通，因而主动参与社会治理的热情就不高。

大数据时代，社会治理的大数据平台向所有民众开放，所有基层民众都有参与社会治理的机会，社会治理大数据平台包括就业、医疗、环保、安全等内容，有助于畅通群众诉求表达的渠道。对社会治理大数据平台大数据的分析、挖掘和可视化技术，能帮助我们快捷地将大量数据转换成清晰和可以访问的数据形式，可以清晰反映社会问题之间的相关性及部门利益冲突等问题，为监督和协调部门的利益问题提供畅通的渠道。大数据平台通过畅通自查自纠、责令查处、群众举报等渠道，有助于提高不同主体参与社会治理的积极性，维护民众合法权益。

（五）社会支撑体系为大数据知识实现社会治理提供保障

组织创新为大数据知识实现社会治理提供组织保障。社会治理很重要的一个方面就是多元治理，充分发挥政府、社会、基层组织和民众各群体的作用。传统的社会治理结构重视政府的功能，其他组织功能的发挥都是依靠政府，很多社会组织没有独立的社会治理功能。社会治理客观要求加快组织创新，充分发挥基层组织、社会和民众参与社会治理的功能。一方面，在横向上我们要将社会治理功能交叉、相近的组织和机构进行合并，有助于提高基于大数据社会治理的效率，解决数据冲突，数据重复，数据"休眠"等问题。另一方面，在纵向上我们要将社会治理组织向扁平化方向转变，提高基于大数据社会治理纵向数据之间的整合度，凸显不同地区和不同群体社会治理的个性化特征。

制度创新为大数据知识实现社会治理提供制度保障。大数据时代，政府、社会、基层组织、民众等在社会治理过程中应具体发挥哪些作用，需要通过制度规范。其一，法律上规范不同主体的权力边界。大数据时代，数据虽然成为社会治理的重要资源，但是也涉及个人、企业和国家的安全和隐私。因此，不同主体在利用数据资源时应在法律范围内行使自己的权力。其二，从制度上明确不同主体对于社会治理大数据收集、整合、挖掘和可视化的不同职责，提高不同主体收集数据、开放数据和共享数据的意识和能力。由于社会复杂性的不断提升，社会治理大数据越来越复杂，为发挥好社会治理大数据的功能，必须明确不同主体具体的功能。

大数据技术人才的培养为大数据知识实现社会治理提供人才保障。大数据技术作为新的技术发明，它的社会化过程需要相应的人才支撑。目前，社会治理对大数据的应用能力比较低，主要原因在于大数据知识实现社会治理的人才比较缺乏。为此，我们应加快大数据技术人才的培养。其一，通过网络、报纸、电视等各种媒体宣传大数据技术的功能，提高民众对大数据技术实现社会治理的认知度和参与度，没有足够用户参与社会治理，就不会形成社会治理大数据。其二，加快大数据技术专业人才的培养力度，以提高对社会治理大数据的分析、挖掘和应用能力。其三，提高对现有社会治理工作人员的培训力度，提高服务于社会治理的在职工作人员对大数据技术的认知和应用能力。

辩证思维可以正确处理数据决策与传统决策之间的关系。完善的社会治理是直觉、经验和数据的综合运用。目前，大数据知识实现社会治理处于发展阶段，不同领域、不同地区大数据知识实现社会治理的水平差距非常大，传统的调研、座谈、访谈等社会治理方法在很多领域仍然具有非常广的应用空间。即使在将来大数据技术在社会治理领域得到广泛应用，我们还需要结合传统的社会治理方法，原因在于传统的社会治理方法具有宏观性、人性化等特点。因此，我们还应运用辩证思维，正确处理好数据决策与传统决策方法之间的关系。

第四节　大数据知识对企业治理的变革*

企业治理是一套程序、惯例、政策、法律及机构，影响着如何带领、管理及控制企业。企业治理方法也包括企业内部利益相关人士及企业治理的众多目标之间的关系。主要利益相关人士包括股东、管理人员和理事。其他利益相关人士包括雇员、供应商、顾客、银行和其他贷款人、政府政策管理者、环境和整个社区。

---

* 部分内容发表于苏玉娟：《大数据技术与高新技术企业数据治理创新——以太原高新区为例》，《科技进步与对策》，2016 年 b 第 6 期。

大数据时代，数据治理已成为企业实现智能决策的重要基石。大数据技术包括数据存储、分析、挖掘到可视化等一系列技术。大数据技术使数据成为直接的财富和核心竞争力，很多企业都跨入一个数据兴则企业兴、数据强则企业强的竞争时代。马云曾预言：以前制造业靠电，未来的制造业靠数据。一个有未来的制造企业，终将成为一家智能化的数据公司。制造业将成为"机器人+传感器+硬件集成+云平台+信息化系统+AI 算法"的智能联合体（涂子沛 等，2019）。大数据技术作为高新技术发展的新领域，已成为高新技术产业开发区发展的重要产业之一，大数据技术在高新技术产业开发区的研发与应用，充分彰显高新技术产业开发区的示范引领和辐射带动作用。本部分主要通过对某国家高新技术产业开发区（以下简称为某高新区）的高新技术企业进行调研，以分析高新技术企业实现数据治理的现状、存在问题并提出解决对策。

一、高新技术企业实现数据治理正成为新趋势

目前，国内对于企业实现数据治理的研究主要集中于电力企业、银行业和媒体企业，这些研究主要定性分析企业应用大数据存在的问题与对策。"高新技术企业作为技术密集、知识密集的企业，与大数据有着更为紧密的关系，既是推动大数据研发与应用的重要力量，又是大数据发展影响的重要对象，大数据发展对高新技术企业发展具有更显著的影响。"（凌捷，2015）大数据技术最重要的社会应用在于企业实现数据治理，提高企业的决策质量。

高新技术企业实现数据治理具有示范引领和辐射带动的潜能。高新技术产业开发区作为高新技术发展的载体，应凸显其对传统企业及园区外其他企业的示范引领和辐射带动作用。大数据实现企业数据治理包括生产、销售、服务等环节，大数据来源包括互联网络数据、企业生产和销售网络数据、基于传感器的物理空间数据等。高新技术企业的技术优势及其区域优势使其具有示范引领和辐射带动的潜能。一方面，高新技术企业股东多由专利拥有者或由发明家技术入股，董事会成员多是由专利拥有者或由发明家、技术员工构成，学历较高，参与管理多，员工掌握企业关键技术多。他们具有接受新鲜事物的潜力。所以，这些企业对于应用大数据实现企业治理具有较强的人才优势。另一方面，高新技术企业多是从事信息、生物医药、环保、新型能源、新型材料等产业，这些产业往往分布于全国高新区内，园区内大数据技术服务企业的聚集及各行业内部大数据资源的聚集，对企业实现数据治理具有非常重要的区域优势。

　　高新技术企业对大数据技术的认知程度和应用程度决定企业实现数据治理的空间。一方面，高新技术企业对大数据技术的认知决定其实现数据治理的可能空间。"大数据不仅是一种海量的数据状态、一系列先进的信息技术，更是一套科学认识世界、改造世界的观念与方法。"（徐继华 等，2014）高新技术企业实现数据治理首先是一场认知革命。大数据不仅包括传统的结构性数据，而且包括声音、图像、视频、模拟信号等非结构化数据，其中以非结构化数据为主体。通过对大数据的挖掘、分析、预测与可视化，为企业实现精准决策提供数据和知识支撑。高新技术企业的技术型精英人才更容易认知到大数据技术的数据治理功能；高新区大数据技术产业的聚集，为提高高新技术企业对大数据技术的认知水平提供了环境条件。可以说，大数据不仅仅是一项技术，更是一种认知能力，只有企业认识到大数据技术的数据治理价值，大数据技术才会从技术层面进入社会层面和实践层面。

　　另一方面，高新技术企业应用大数据技术的成效决定其实现数据治理的现实空间。大数据时代，"企业要在竞争激烈的市场环境中获胜，就必须快速有效地分析和处理来自企业内外部的大量的数据和信息，从而为企业的预测和决策提供科学依据。"（Song et al，1999）高新技术企业对大数据技术的应用条件包括大数据应用平台、大数据功能的凸显、企业组织创新等。其中，大数据应用平台是企业实现数据治理的硬件环境，功能的凸显体现大数据在企业应用过程中的价值，企业组织创新为企业实现数据治理提供组织保障。而高新技术企业的人才优势与区域优势决定了它具有示范引领和辐射带动作用。正是基于此种原因，本节选择某高新区高新技术企业作为研究对象，对其实现数据治理的认知水平、应用能力进行问卷调查，基本能够反映我国高新技术企业实现数据治理的整体水平。

二、高新技术企业实现数据治理的实证分析

　　不同类型的企业及不同职业的员工对企业实现数据治理的认知是不同的，实践程度也是不同的。下面主要从认知和实践两个层次对某高新区企业的数据治理水平进行实证分析。（由于有些选项是多选，所以，有些项的总百分比超过100%，为便于分析，该统计百分比没有保留小数点）

　　某高新区作为国家级高新区，从事软件、信息、生物医药、机电一体化、环保、煤化工、文化和现代服务等产业。本次调研主要对从事这些产业的企业认知和实践两个层次进行调研。认知层次主要调研高新技术企业是否有收集数据、分析数据、应用数据的认知及企业对大数据技术认知的

渠道，企业实现数据治理的主要障碍因素等；实践层面主要调研企业应用大数据平台建设、数据功能、企业组织创新、企业应用大数据的障碍因素等。主要采用分层抽样方法，对相关企业进行了问卷调研，共发放问卷 600份，最终收回问卷 591 份，回收率 98.5%。经过审核和筛选获有效问卷 579份，有效率为 96.5%。从企业类型看，煤化工企业有效问卷 15 份，软件企业 276 份，文化企业 111 份，环保企业 18 份，电子信息企业 90 份，生物医药企业 21 份，光机电一体化企业 27 份，服务业企业 21 份；从职业看，企业决策人员 68 份，管理人员 188 份，专业技术人员 323 份。

（一）认知分析

从认知层面看，不同类型的企业及不同职业人员对企业实现数据治理的认知是有差别的。下面主要从企业类型及被调研对象的职业进行实证分析。

一是不同类型企业对数据治理的认知现状。高新技术产业主要包括信息、生物、环保、新材料、新能源等。结合该地区产业发展的实际现状，某高新区高新技术企业主要从事煤化工、软件、信息、生物、光机电一体化、环保、文化和现代服务业等。不同类型的企业对数据治理的认知是不同的（见表 7-1）。

表 7-1　不同类型企业对数据治理的认知情况　　　　（单位：%）

企业类型	大数据收集认知			大数据分析认知		大数据应用认知		大数据认知的渠道			大数据认知度低的原因		
	传统数据	即时数据	网络数据	有	没有	有	没有	网络	传统媒介	企业应用	缺乏平台	缺乏路径	缺乏评估
煤化工	75	25	0	25	75	50	50	25	75	0	0	50	50
软件	42	25	62	75	25	60	40	78	17	32	33	46	28
信息	53	50	95	50	50	63	37	90	7	20	33	27	33
生物	57	57	71	57	43	57	43	86	14	29	14	42	86
光机电	44	22	44	66	34	56	44	77	22	33	44	57	22
环保	50	17	17	83	17	33	67	50	17	50	50	33	17
文化	62	35	22	46	54	57	43	68	11	19	53	49	43
现代服务	29	29	43	71	29	29	71	85	14	14	14	29	43

从对大数据收集的认知看，煤化工、环保、文化等企业比较重视对传统结构性数据的收集，所占比例均超过 50%，而软件、信息、生物等企业

比较重视对网络等非结构性和半结构性数据的收集，所占比例超过 50%，而对基于大数据技术即时数据的关注度基本处于平稳状态。

从对大数据分析的认知看，软件、信息、生物、光机电、环保、现代服务等企业对大数据技术分析的认知度比较高，所占比例在 50%以上，煤化工和文化企业对大数据技术分析的认知度比较低，所占比例均低于 50%。

从对大数据应用的认知看，软件、信息、生物、光机电、文化、煤化工等企业对大数据技术应用的认知度比较高，占 50%以上；环保和现代服务等企业对大数据技术应用认知度比较低，分别占 33%和 29%。

从对大数据认知的渠道看，软件、信息、生物、光机电、环保、文化和现代服务等企业对大数据技术的认知多是来源于网络渠道，所占比例均达到或超过 50%；而煤化工企业对大数据技术的渠道主要来源于培训、报纸等传统媒介，所占比例为 75%；环保企业对大数据技术认知的渠道来源于本公司的应用所占比例为 50%。

从对大数据认知度低原因的调研看，环保企业中 50%认为缺乏大数据应用平台，煤化工、软件、光机电、文化等企业中约 50%认为是企业缺乏大数据价值实现的路径图，煤化工和生物企业中 50%或以上认为企业缺乏对大数据价值的成功评估。

二是不同职业人员对数据治理的认知现状。大数据技术作为新的科技创新成果，它的社会化过程首先是社会领域不同主体认知变革的过程。对于企业来讲，企业要实现数据驱动，企业决策人员、管理人员和专业技术人员对大数据技术的认知直接影响企业实现数据治理的进程。从对某高新区企业的调研看，不同职业人员对大数据技术的认知存在差异（见表 7-2）。

表 7-2　不同职业人员对数据治理的认知情况　　　（单位：%）

职业类型	大数据收集认知			大数据分析认知		大数据应用认知		大数据认知的渠道			大数据认知度低的原因		
	传统数据	即时数据	网络数据	有	没有	有	没有	网络	传统媒介	企业应用	缺乏平台	缺乏路径	缺乏评估
决策人员	17	33	50	100	0	33	67	33	83	0	33	50	50
管理人员	37	37	43	67	33	72	28	80	21	50	48	26	23
专业技术人员	52	27	37	60	40	57	43	75	18	21	30	46	38

从对大数据收集的认知看，50%的企业决策人员主要关注对网络数据的收集，管理人员对传统数据、即时数据和网络数据的收集处于相对均衡的状态，比例均在40%左右，专业技术人员主要侧重对企业内部传统结构性数据的收集，所占比例为52%。从对大数据分析的认知看，100%的决策人员有对大数据进行分析的认知，60%以上的管理人员和专业技术人员有对大数据进行分析的认知。从对大数据认知的渠道看，决策人员中有83%主要通过培训、报纸等传统媒介认识大数据，管理人员和专业技术人员中75%以上通过网络认识大数据，管理人员中50%通过大数据应用的示范作用认识大数据。从对大数据认知度低原因的调研看，决策人员中50%认为企业缺乏大数据价值实现的路径图和缺乏对大数据价值的成功评估，管理人员中48%认为企业缺乏大数据应用平台，专业技术人员中46%认为缺乏大数据价值实现的路径图。

（二）实践分析

从实践层面看，不同类型的企业及不同职业人员对企业实现数据治理的实践程度是有差别的。下面主要从企业及被调研对象的职业进行实证分析。

一是不同类型企业实现数据治理的现状。基于大数据技术企业实现数据治理的过程是认知与实践层面的辩证统一。从实践语境看，企业实现数据治理的过程包括大数据应用平台建设与应用、大数据功能凸显、企业组织创新等一系列过程。大数据应用平台反映企业对大数据应用的程度；大数据应用功能彰显大数据在企业数据治理中的具体体现，如果没有相应功能的凸显，大数据平台只是具有潜在的价值；大数据应用组织创新为保障企业发挥大数据功能提供组织保障；大数据应用障碍调研主要是为了更有针对性地构建企业实现数据治理的路径。从对某高新区调研看，企业对大数据在实践层面的应用程度比较低（见表7-3）。

表 7-3　不同类型企业实现数据治理的实践情况　　（单位：%）

企业类型	大数据应用平台			大数据应用功能			大数据应用组织创新		大数据应用障碍			
	私有云	公有云	混合云	降低成本	创新流程	公平竞争	有	没有	认知度低	平台缺乏	安全问题	人才问题
煤化工	10	10	40	25	25	0	75	25	50	50	25	25
软件	26	29	21	39	38	52	79	21	75	56	21	28
信息	33	10	20	40	23	30	83	17	60	86	30	43

续表

企业类型	大数据应用平台			大数据应用功能			大数据应用组织创新		大数据应用障碍			
	私有云	公有云	混合云	降低成本	创新流程	公平竞争	有	没有	认知度低	平台缺乏	安全问题	人才问题
生物	29	0	29	43	29	71	86	14	85	70	29	43
光机电	33	0	33	44	22	56	88	12	89	88	11	33
环保	0	17	17	17	0	17	83	17	50	67	33	0
文化	27	11	14	30	46	38	70	30	88	59	24	24
现代服务	0	14	29	0	15	14	43	57	95	14	14	0

　　从大数据应用平台看，私有云主要是企业建立的大数据服务平台，公有云是政府建立的公共服务平台，企业使用需要付一定的佣金，混合云主要指企业两种云都用。从调研看，不同类型的企业对大数据应用平台不是很了解，使用率不高，其中软件、信息、生物、光机电和文化等企业使用私有云比例在30%左右；软件企业使用公有云比例29%，其他企业使用公有云的比例更低；煤化工、光机电和现代服务等企业使用混合云比较多，比例在29%~40%。总体上，被调研企业使用大数据应用平台比例比较低。

　　从对大数据应用功能看，企业应用大数据的主要目的在于降低运营成本和维护成本，实现业务流程从产品战略走向服务战略，为企业提供更加公平的竞争机会等。根据调研结果，软件和信息企业用于降低运营成本和维护成本约占40%；软件、文化企业用于实现业务流程从产品战略走向服务战略分别占38%和46%；软件、生物、光机电等企业利用大数据为企业提供更加公平的竞争机会占50%以上。而煤化工、环保、现代服务等对企业实现数据治理的功能定位不清晰，带有一定的盲目性。

　　从大数据应用组织创新看，企业进行组织创新主要通过设置专门的数据管理岗位、数据分析团队等实现。煤化工、软件、信息、生物、光机电、环保、文化等企业进行组织创新占70%以上，现代服务企业进行组织创新仅占43%。

　　从大数据应用障碍原因的调研看，企业是否应用大数据是由企业不同层次员工的认知、大数据平台、数据安全和人才等方面因素决定的。50%以上被调研人员认为企业应用大数据的最大障碍是对大数据的认知度低和应用平台缺乏，而数据安全问题和人才问题的障碍处于其次。

二是不同职业人员对企业实现数据治理的现状。企业应用大数据的过程是企业决策层、管理层、技术层和操作层共同运作的过程。企业决策层决定了企业应用大数据的方向，管理层决定了企业应用大数据的空间，技术层和操作层决定了企业应用大数据的程度。从对某高新区调研看，不同职业的员工对企业应用大数据在实践语境的分析是不同的（见表7-4）。

表7-4　不同职业人员对企业实现数据治理的实践情况　（单位：%）

职业类型	大数据应用平台			大数据应用功能			大数据应用组织与制度创新		大数据应用障碍			
	私有云	公有云	混合云	降低成本	创新流程	公平竞争	有	没有	认知度低	平台缺乏	安全问题	人才问题
决策人员	17	17	33	33	83	17	100	100	83	50	0	0
管理人员	15	41	17	20	22	54	78	22	77	60	17	22
专业技术人员	37	11	20	46	37	43	68	32	85	64	24	40

从大数据应用平台看，不同职业人员对大数据技术在企业实践层面的应用存在差异。企业决策人员中33%认为应重视混合云的使用，企业管理人员中41%认为应重视公有云平台的应用，专业技术人员中37%认为应重视私有云平台的应用。

从大数据应用功能看，企业决策人员中83%认为应利用大数据创新流程，实现业务流程从产品战略走向服务战略；企业管理人员中54%认为应通过利用大数据为企业提供更加公平的竞争机会；企业专业技术人员中46%认为应利用大数据降低企业运营成本和维护成本。

从大数据应用组织创新看，不同职业人员中60%以上都认为组织创新对于促进大数据应用是非常重要的。这说明组织创新是实现科技创新最主要的依靠力量。

从大数据应用障碍原因的调研看，不同职业人员中50%以上认为企业认知度低和大数据应用平台缺乏是最主要的障碍，其次才是安全问题和人才问题。

三、影响高新技术企业实现数据治理的主要因素

企业治理数据化过程是大数据技术在企业认知与实践层面辩证发展的过程。大数据技术作为新的科技创新成果，首先给社会带来的是一场认知革命，没有认知的变革，就不会有实践的变革。"过去，企业对数据的

关注只是存储和传输，而企业利用的数据不足其获得数据的 5%，在数据量每年约 60%增长的情况下，企业平均只获得 25%~30%的数据，作为企业战略的数据还远未得到挖掘。"（迪莉娅，2014）从现实调研看，高新技术企业实现数据治理的影响因素很多，主要包括认知因素和实践因素，具体体现为以下几个方面。

高新技术企业对大数据认知的不全面影响企业实现数据治理。企业对大数据技术的认知过程是企业不同主体对大数据的收集、存储、分析、挖掘和可视化过程的认知。企业收集大数据的语境，决定了企业分析大数据与应用大数据的程度。从现实看，目前，某高新区高新技术企业主要收集传统结构性数据和网络数据，对反映企业生产、管理及销售的即时数据认知较欠缺，而这些数据反映了企业发展的动态性、即时性与全面性，是企业实现数据治理最重要的数据来源。企业大数据的不全面影响数据决策的科学性，这是企业实现数据决策最关键和最重要的资源。被调研企业对大数据分析和应用有一定的认知，这是建立在企业对大数据收集的基础上。为了提高高新技术企业对大数据技术的认知度，首先应重视企业对传统数据、即时数据和网络数据的收集。只有建立全面系统的数据仓库，分析和应用大数据才能凸显大数据的价值，实现高新技术企业数据治理。

高新技术企业对大数据认知渠道的不畅通影响企业实现数据治理。企业对大数据认知渠道的深度与广度决定企业应用大数据的可能空间。大数据技术作为新的科学技术创新成果，它的社会化过程是大数据技术从科学领域向社会领域不断传播的过程。知识传播过程由传播媒介、传播内容和传播形式等组成。从现实调研看，某高新区高新技术企业对大数据的认知主要来源于网络，其次是企业应用，最后是培训、报纸等传统媒介。网络对于大数据的介绍多是着眼于理论分析，只能使不同主体从宏观层面对大数据技术有一个感性认知，而通过参观、调研应用大数据的企业，不仅能够提高企业决策人员、管理人员、专业技术人员的感性认知，而且容易产生模仿效应，使他们的认知从感性跃迁到理性。随着网络技术的发展，越来越多的人正在远离传统媒介渠道。所以，大数据时代，网络宣传和企业典型案例示范将成为提高高新技术企业对大数据认知的主要渠道。

高新技术企业缺乏数据应用平台，影响企业数据功能的发挥。实践为大数据发展提供最广阔的空间。大数据应用的过程是企业应用数据平台发挥大数据功能的过程。蒸汽机革命实现企业治理的机械化，信息技术革命实现企业治理的信息化，大数据革命实现企业治理的数据化。从调研看，高新技术企业对选择应用私有云、公有云还是混合云比较盲目。所以，大数据时代，高新技术企业应用大数据的程度关键看应用平台在企业发挥的程度。

大数据在高新技术企业治理中功能不明显，影响企业对大数据技术的应用。大数据功能彰显的语境很大程度上影响企业应用大数据的程度。大数据究竟能够给企业带来哪些功能是企业选择数据治理最直接的推动力。其一，要素数据化引领企业治理走向精准化决策。云计算的重点在于通过资源的快速组合，来满足企业业务转型、业务拓展等不同需求，提高企业治理的精准度，为决策提供数据支撑。其二，流程数据化引领企业治理从产品战略转向服务战略。企业利用平台创新服务流程，通过对用户产生的即时数据实现存储和挖掘，真正实现企业治理从基于 IT 的产品战略转向商业导向的服务战略。其三，治理数据化具有成本优势。数据库向数据仓库的转变，实现了企业多部门、多主体对数据资源的共享，降低了数据收集的成本。因此，要推动企业实现数据治理，必须使高新技术企业清晰大数据的功能，这是非常关键的。从调研看，很多企业不清楚大数据应用的功能，这是最主要的障碍因素。

高新技术企业组织结构碎片化，制约企业实现数据治理。从调研看，虽然煤化工、软件、信息、生物、光机电、环保、文化等企业进行组织创新占 70%以上，企业决策人员、管理人员和专业技术人员 60%以上都认为组织创新对于促进大数据应用是非常重要的。但是，从实践看，高新技术企业缺乏数据负责人制度，各部门之间缺乏统一的数据标准，部门之间的数据共享非常困难，同时，高新技术企业缺乏全局的数据质量考评机制，导致企业数据仓库样本不全面，不系统，影响数据治理的精准性和实效性。

高新技术企业示范引领作用不突出，很多企业应用大数据存在盲目性。高新技术企业发挥应用大数据的示范引领作用是提高不同企业对大数据认知与实践的重要支撑。从现实调研看，与大数据技术紧密相关的软件、信息、光机电等企业对大数据应用程度比较高，而环保与现代服务企业对大数据应用程度比较低。一些高新技术企业对大数据在企业的作用认识不到位，片面的、局限的大数据分析，并不能给企业的决策和运营提供任何帮助，反而增加了成本。因此，应发挥高新技术企业的示范引领作用，使更多的企业能够更直观地认知大数据。

四、高新技术企业实现数据治理的对策

大数据时代，企业作为实现治理数据化的微观主体，直接决定大数据社会化的进程。结合对某高新区高新技术企业的调研，为提高高新技术企业治理数据化水平，我们必须做好以下几个方面。

制定国家大数据发展战略，引领高新技术企业走向数据化治理。2012年3月，美国宣布投资2亿美元启动"大数据研究和发展计划"，其后英国、法国、德国等国家也积极制定大数据发展战略，积极培育大数据市场。目前，我国在《"十二五"国家战略性新兴产业发展规划》《物联网"十二五"发展规划》等发展规划中都有关于大数据存储、处理、挖掘技术及信息感知、信息传输和信息安全等技术，但是，这些都是大数据发展的部分环节，缺乏大数据收集、分析、挖掘和可视化等系统性的产业政策。为此，我们应从国家层面布局大数据发展战略，协调区域之间大数据技术发展的不平衡性，促进大数据与经济、社会的和谐健康发展。

建立和完善宣传机制，不断提高高新技术企业对大数据技术的认知度。从现实调研看，高新技术企业对大数据技术认知度低主要原因在于企业对大数据的收集、分析、挖掘和可视化等技术过程不理解，也就是说不理解大数据技术与传统小数据技术的根本区别，另外企业对大数据彰显的价值不理解，即对大数据价值评估及其价值实现路径不理解。为此，一方面，树立数据资产观念，这是高新技术企业实现数据治理最重要的认知因素。企业员工应提高对数据的敏感度，了解数据的价值，分析数据，善用数据。另一方面，我们要宣传大数据的价值，可视化技术使企业更容易理解大数据的价值。"数据可视化指以图形、图像、地图、动画等更为生动、易为理解的方式来展现数据的大小，诠释数据之间的关系和发展的趋势，以期更好地理解、使用数据分析的结果。"（丁圣勇　等，2013）宣传使企业更清晰地理解大数据给企业带来的新功能和新价值。再者，我们要创新宣传渠道，进一步创新网络、典型案例和传统媒介对大数据技术的宣传力度，使大数据从科学共同体向企业共同体转移，提高高新技术企业决策人员、管理人员和专业技术人员对大数据的认同度。

加快平台建设，为高新技术企业实现数据治理提供现实支撑。大数据时代，企业数据来源包括传统企业数据、机器生成的即时数据、社会数据和政府数据等。建立全面系统的数据仓库，是企业实现数据治理的前提和基础，平台建设为企业数据仓库建立提供了现实支撑。云平台允许开发者们或是将写好的程序放在"云"里运行，或是使用"云"里提供的服务，或二者皆有。根据企业发展特点与规模确定使用私有云还是公有云，前者投资比较大，但在数据的安全性等方面优于公有云，后者相对具有成本优势。目前，面向个人和企业的云服务平台很多，企业可根据需求，确定选择什么样的"云"服务。无论在户内环境、还是在"云"里，我们可以认为一个应用平台包含基础、基础设施服务、应用服务三个部分。基础主要包括平台软件，基础设施服务主要包括提供远程存储服务、集成服务及身份管理服务等，应用服务主要包括根据企业需求提供的各种具体服务。大数据时代，高新技术企业要实现数据治理，必须明确平台建设及平台选择的重要性及其价值，通过应用平台，凸显大数据应用的功能和价值。

加快组织创新，为高新技术企业实现数据治理提供组织保障。企业组织创新关键要实现组织机构的碎片化向协同化方向转变。"构建全面的数据治理体系，需从组织架构、管理流程、操作规范和绩效考核等四个语境进行全面的梳理。"（杨洁，2012）首先，高新技术企业建立由高层管理人员、数据管理人员部门和业务管理部门组成的数据治理委员会，负责企业数据治理的顶层设计和战略规划。其次，高新技术企业成立由各业务部门专家、信息部门技术专家、数据管理专家组成的数据工作组，负责企业数据标准的制定，数据收集、分析与挖掘、可视化及评估工作。再次，高新技术企业成立数据治理实施组，主要由各数据系统项目组成员组成，负责向企业大数据平台提供原始数据。

充分发挥高新技术企业的示范引领作用。"数据对决策者的意义在于，一是早期预警，二是实时感知，三是实时反馈。"（张婉怡 等，2014）大数据技术作为科学技术发展的新成果，它的推广与应用首先来自高新技术企业的示范引领。目前，很多大数据服务企业及应用大数据企业都聚集在高新区。高新区具有数据高端人才集聚，网络环境好，大数据企业集聚态势好，数据源丰富，数据平台条件良好等优势。我们应进一步发挥高新区企业应用大数据的示范引领作用，加大对高新区应用大数据典型企业和龙头企业的宣传和示范，通过可视化技术充分彰显大数据在高新技术企业的应用价值，示范引领其他企业走向数据治理。

数据安全和人才队伍建设是高新技术企业实现数据治理的坚实基础。数据安全主要考虑数据资源不能滥用。"大数据的挖掘与利用应当有法可依，需要界定数据挖掘、利用的权限和范围。"（邬贺铨，2013）从调研看，大数据应用最大障碍中安全问题和人才问题虽然不是最主要的，但是高新技术企业要实现数据决策，一方面企业必须公开涉及民众安全、健康、环保等方面的大数据，另一方面对于涉及企业秘密的大数据，企业应保护好自己的私有数据，在数据开放与封闭之间保持必要的张力。企业实现数据决策也是企业人才素质与能力的一次竞争。从全球看，数据专家缺乏已成为普遍现象。没有人才支撑，企业的数据决策将无法实现。企业决策人员、管理人员和专业技术人员都需要有一定的大数据素养，才能保障高新技术企业实现数据治理。

第八章　大数据知识论的当代意义

大数据知识论在知识内涵、实现模式、确证理论等方面不同于传统知识论，正在重建新的知识论研究范式；大数据知识论对科学哲学具有重要影响，为科学划界、科学发现模式、科学评价、科学伦理学发展等注入新的理论；大数据知识论丰富了社会建构论，彰显社会采集、社会支撑、社会实践、社会需要等对大数据知识的重要作用；大数据知识论还促进了社会的数据化转型。

第一节　大数据知识论正在重建一种新范式

范式（paradigm）一词源于希腊文，有"共同显示"之意，由此引申出模式、模型、范例、规范等意。（李醒民，1989）库恩在《必要的张力：科学的传统和变革论文选》中对范式进行了修正式阐述。库恩认为，范式分为两个集合，一种意义是综合的，包括一个科学集体所共有的全部规定；另一种意义则是把其中特别重要的规定抽出来，成为前者的一个子集。（库恩，1987）在库恩看来，新旧范式最大的区别在于不可通约性和革命性，如爱因斯坦相对论范式取代牛顿力学范式，革命前后的两个范式之间完全没有共同性，并且科学共同体不同，他们提出的问题、解决方法、得到的答案都不同。但是，在实际的科学研究过程中，往往不是绝对的库恩意义上的不可通约性与革命性，那我们就得修改库恩的范式概念，金吾伦称之为"重建范式"。"重建范式也是一种学术创新。首先，须分清库恩的范式概念中哪些适用哪些不适用于我们的研究，同时指出其理由。这是学术研究所允许的，而且也是学术进步所要求的。"（金吾伦，2009）对于大数据知识来讲，我们需要回答它是正在引领一种新的研究范式？与传统知识论范式之间不可通约，还是二者之间具有通约性，只是对传统知识论研究范式的修正或重建。

一、大数据知识论彰显的变革性

柏拉图、西塞罗、奥古斯丁是西方古代知识论主流的代表人物。他们认为，知识来源于客观、独立、真实和自存的实在，客观实在是可知的，他们是先验主义者，把感官知觉和经验排斥在知识的范畴之外。对于先验主义来讲，知识发现主要侧重逻辑的一致性，其确证和其真理性也都是在逻辑基础上实现的。随着科学技术及社会科学等从哲学中独立出来，特别是实验、计算和模拟等发现知识手段的不断发展，经验世界成为知识论重要的研究对象。传统知识论对经验世界的认知遵循逻辑实证主义的路线。

改革开放之前，我国的认识论主要研究"认识主体""认识客体""认识过程""认识评价"和"认识检验"等，这种认识论与存在论、历史观、实践论、价值论等是相互脱节的。改革开放以来，随着实践标准讨论的不断深入，我国的社会认识论、决策认识论等在对实践批判基础上，促进认识论与实践论的结合。"马克思主义认识论与其存在论、辩证法、价值论、方法论等只是角度、层次的差别，它们是相互渗透、相互促进的，在马克思主义哲学中，它们是一块整钢。……强调在注重马克思主义哲学中的认识论的特性和相对独立性的同时，把认识论与存在论、辩证法、方法论、价值论等内在地结合起来，才能够完整地体现马克思主义认识论的反思性、批判性、规范性和实践性。"（张明仓，2001）而我国知识论研究多年来还是局限在知识本质、知识确证、知识的真理观、西方知识论等方面。随着知识经济的发展，知识论研究已不能仅局限于对知识本身的认识，还应彰显知识的存在论、方法论、实践论与价值论之间的内在统一性。大数据知识虽然来源于对经验世界和网络世界的采集、存储、分析、挖掘和可视化等，但从知识发现和应用视角看，大数据知识比传统基于经验的符合论、实用论等更主动、更智能、更全面和更深入，彰显为对传统知识的变革性。

（一）大数据知识论彰显本体论、认识论、实践论的内在统一性

传统意义上，知识论与本体论、认识论、价值论等作为马克思主义认识论的分支，多年来以人为割裂的模式进行研究，这并不是真正意义上的马克思主义。我们必须强调在不同分支的特性与相对独立性的基础上，研究不同分支之间的结合，这是马克思主义认识论区别于其他认识论的重要特性。

大数据知识的实现机理通过语境转换彰显了本体论、认识论、实践论等之间的内在统一性。大数据知识的实现过程是从历史语境→技术语境→伦理语境→认知语境→语言语境→实践语境的不同转换。从历史语境向技术语境转换，彰显大数据知识来源的客观性和全样本性；从技术语境到伦理语境、认知语境和语言语境，彰显大数据从潜在知识向显性知识的转换，

如果大数据不能解决伦理问题，其安全性反过来又会影响大数据的全样本性，很多主体会制造虚假数据或产生数据孤岛而影响大数据知识的发现，认知语境和语言语境将潜在知识转换为显性知识。大数据知识在实践语境中的检验与应用建立在历史语境、技术语境、伦理语境、认知语境和语言语境基础上，也就是说在实践语境基础上，大数据知识的本体论、认识论、实践论实现了有机的统一，在语境基础上彰显了马克思主义认识论与其他分支的内在统一性，是马克思主义认识论的重要体现。

（二）大数据知识论是集基础论、融贯论和实践论为一体的整体论

传统知识论研究边界比较窄，偏重于纯理论问题的研究，其影响主要限于学术界，主要侧重知识发现的可能性、客观性、真理性等。这种知识论研究并不能彰显当代知识发展的大实践、大科学、大哲学发展的特征。

从知识论演进历史看，大数据知识的实现条件、实现机理、实现方法、确证和实践应用等比本体论、认识论更复杂，更具有整体性，是大数据知识发现和应用的辩证统一。传统本体论追求知识的本原，认识论侧重知识与经验世界的相符合性，实践论强调知识结果的应用价值，德性论关注知识的德性与伦理问题，这些都不能从整体性反映知识实现过程即发现与应用的统一性。大数据知识论既研究大数据知识的本体，又研究大数据知识的实现条件、实现机理、确证与真理等认识问题，同时研究大数据知识的实现方法、大数据知识的实践应用等，可以说大数据知识论彰显为本体、认识、方法、实践为一体的整体论，对传统的本体论、认识论、实践论等具有革命性变革。大数据知识以历史语境为基础，融贯历史、技术、伦理、认知、语言、社会等相关语境，并在实践基础上彰显大数据知识的真、善、效。这样，大数据知识论是基础论、融贯论和实践论为一体的整体论。所以，从大数据知识研究对象、研究过程看，都具有整体性特征。

对于大数据知识的研究我们应全面地研究其所涉及的哲学问题，而不能仅局限于知识发现的认知领域，这也不符合当代大数据知识发展的客观实在。因此，对大数据知识的研究，必须通过多语境彰显其整体性，反映其客观实在性，这是马克思主义认识论所坚持的。

（三）大数据知识论发展了马克思主义的实践唯物论

我国的知识论研究多是秉承西方知识论的传统，以抽象的知识为研究对象，形成"抽象知识论"。这种仅建立在逻辑基础上的抽象知识论，缺乏实践检验和实践需求，限制了知识论研究的范围和功能。大数据知识的

发现与应用直接来源于实践需求，而能否实现精准治理还需要在实践中检验，因而大数据知识发展了马克思主义实践唯物论。

大数据知识是具体的，而不是抽象的，是唯物的，而不是唯心的，这都是由大数据知识的实践转向所决定。大数据知识来源于大数据技术对大数据的采集、存储、分析、挖掘和可视化等，采集哪些大数据都是由人类实践决定着，而这些大数据是客观存在的。当前，全球化浪潮、数字经济、中国治理变革，为大数据知识的发展提供了历史性机遇，也提出了巨大挑战。

大数据知识自觉、合理和有效地处理与世界的各种复杂关系而构建的理论框架和逻辑演进方式，为人类更好地从事实践活动、科学活动和哲学活动提供必要的思维规范、行为规范和确证方法等。如为了保障大数据的客观与全样本性，不同主体应坚持大数据所要求的伦理原则，并坚持大数据思维范式，确证大数据知识的合理法与价值性。大数据知识发现与应用过程是对现实问题的反思、批判、解决与干预，发展了马克思主义实践唯物论最本质的批判性、反思性和规范性等。

二、大数据知识论是对传统知识论的重建

对于当代知识论与传统知识论研究范式的关系，目前学界至少存在两种观点，一种观点认为传统知识论研究范式已过时，还有一种观点认为传统知识论还有可借鉴的地方，我们需要根据当代知识发展的特质，重建知识论研究范式。具体来说，传统知识论都是哲学家通过对经验知识和逻辑知识的信念、真和确证进行理论上的研究，形成相应的关于知识的本体论、认识论、方法论、确证论和真理论，探讨的核心问题是知识是什么，信念如何通过确证成为知识，等等。随着后现代知识论的发展，对于知识的研究更重视知识与行为、知识与权力、社会与实践等问题的研究。还有一种主张，认为当代知识论研究应该吸收传统知识论研究的内核。如胡军认为，对于知识进行哲学研究还是很必要的，他在《知识论》一书中，重点研究了知识的认识论、确证论和真理论；陈嘉明研究了当代知识论中的认知、理解与知识的关系，等等。我个人赞同第二种观点，即当代知识论与传统知识论之间具有必然联系，并不是两个范式。从哲学视域看，传统知识论与作为当代重要语境的大数据知识论具有通约性，或者说是同一性。从研究主体看，二者研究主体多是哲学方面的学者，其他方面的同一性主要表现在以下几个方面。

传统知识论主要研究经验知识和理性知识，经验知识来源于客观世界，理性知识来源于数学和逻辑学等。大数据知识论主要研究产生于经验

世界和网络世界的经验知识。由于二者都关注经验世界运行存在的知识，因而具有一定的同一性。

传统知识论重视认识主体如何获得对客体的认知。康德等的知识论重点研究人类是如何认识客观世界的。人的主体性作用的发挥表现在确定采集哪些方面的大数据，及大数据知识应用的范围，大数据知识认识过程的全样本性等。可以说，传统知识论和大数据知识论都关注对经验世界的认知，只是采用的方法不同而已。

传统知识论主要采用基础主义、融贯论和外在主义等方法确证知识的真。随着知识发现方式的不断变革及知识社会化进程的加速，知识的确证方法衍生出语境方法等。大数据知识直接来源于社会需要，它是社会建构的结果，所以，其社会效果是非常受关注的，而且大数据采集来源于民众、企业、国家等不同层面的大数据，大数据知识的产生与分享应保障不同主体的权益，保障大数据的安全。这样，大数据知识的确证，应确证大数据知识的真、善、效。传统知识论更关注对知识真的确证，大数据知识的确证维度包括真、善、效，是对传统知识论继承基础上的创新。根据前面的分析，大数据知识确证方法包括语境分析方法和因果分析方法等。大数据语境确证方法集基础主义、融贯论和外在主义为一体，彰显其对传统知识论确证方法的传承与创新。

可见，大数据知识与传统知识论之间存在一定的同一性，我们需要通过发展的、辩证的思维看待二者的关系问题。大数据时代，大数据知识对传统知识论有哪些变革，能否重建彰显当代知识论特质的范式，这是我们需要研究的重要任务。

三、大数据知识论的重建范式

范式作为共同体遵循的观念、规则、规范，需要得到共同体的认可。范式的存在彰显共同体认知、研究方法等方面具有的共同性。从科学发展历程看，要想改变共同体的认知，首先要改变他们对重建范式在观念上的认可，这是非常重要的。

大数据知识作为当代知识发展的新形态，可以说是当代知识发展的新范例，同时彰显为对传统知识论研究范式的重建。这种提法目前还值得商榷，但是具有一定的合理性，既不是对传统知识论研究范式的完全抛弃，也不是全盘接受，这种重建范式由大数据知识本身发展的特质所决定。大数据知识论的重建范式包括对传统知识实现范式和确证范式的重建。

从实现范式的重建看，大数据知识追求真、善、效，真是基础，善是条件，效是结果。传统知识论其实现范式主要是在历史语境、认知语境和语言语境中彰显知识的真，即信念与客体的相符合。大数据知识不仅实现其真，而且彰显其善与效，其语境扩展为历史、技术、伦理、认知、语言和实践等语境。这样，大数据知识实现范式既继承传统知识对真的实现，同时还彰显为对善与效的实现，反映大数据知识在不同语境实现从技术转换向认知实现和实践应用的转换，彰显大数据知识价值真、善、效的多元性和同一性，这是其重建的重要体现。

从确证范式的重建看，大数据知识的确证是语境分析方法、因果分析方法等的统一。传统知识论的确证无论采用基础主义、融贯论还是外在主义，核心确证信念与客体的相符合性，并通过因果分析，论证其合理性。大数据知识的确证范式所采用的方法和所确证的价值与传统知识论是不同的，是对传统知识论的重建。从确证目标看，大数据知识的确证不仅包括对其真的确证，还包括对其善与效的确证，这不同于传统知识论只是对知识的真进行确证。从确证方法看，大数据知识确证主要采用语境分析方法和因果分析方法。大数据知识确证的语境分析方法就是通过对历史、技术、伦理、认知、语言和实践等语境形成的总阈值的分析，以判定大数据知识的真、善、效。这个过程是通过对不同语境的递归实现的，缺少任何一个语境，大数据知识都无法确证。对于大数据知识的合理性判定，我们需要通过因果分析法进行分析，并不像有些人所认为的"用数据说话"，不需要因果分析。通过因果分析方法，我们可能发现大数据知识实现存在的不足。所以，大数据知识的确证是多种方法综合运用的结果，并彰显了大数据知识真、善、效多元价值的同一性，体现了对传统知识论确证方法的重建。

大数据知识论不同于传统知识论的根本点在于：一般知识论是对普遍经验知识和理性知识进行研究，而大数据知识既不是完全意义上的普遍经验知识，也不是具体的某个领域的大数据知识，而是介于抽象知识与具体大数据知识之间中观层面的大数据知识，既彰显普遍知识的特质，又彰显不同领域大数据知识所具有的共性特质，这就决定了大数据知识的双重地位，即大数据知识是从具体到抽象再到具体的中间层面。通过对大数据知识的全方位考察，可以清晰明辨当代知识发展的新特质。大数据知识的重建范式既是大数据知识发现与应用的普遍范式，又是当代知识发现与应用的典型范式，我们可以把大数据知识发现与应用的范式作为当代知识论研究的范例，进一步从更宏观的视角重建当代知识论研究范式，这是一条可以继续研究的路径。

第二节　大数据知识论对科学哲学具有重要影响

知识论研究知识的发现、边界、确证、真理、效用等问题，科学哲学研究关于科学的哲学问题，科学特别是自然科学作为科学哲学研究的主要形态，也是知识论研究的重要内容，因此，科学哲学和知识论之间具有很强的关联性。大数据作为当代知识发现的重要来源之一，其也被广泛应用于自然科学、社会科学和人文科学中，成为科学发现的重要来源。从研究对象看，大数据知识论与科学哲学都关注自然科学、社会科学的发展；从研究视角看，认识论对知识边界、发现、确证、真理、进步等问题的研究，也是科学哲学研究的视角，如科学与非科学的划界问题、科学的发现与确证问题、科学发展模式等；从研究方法看，知识论与科学哲学坚持逻辑与历史的统一，彰显不同时代科学与知识发展的特质。大数据时代，大数据被广泛应用于自然科学、社会科学、人文科学、一般社会活动中，形成基于大数据的自然科学、社会科学、人文科学和社会知识等。大数据知识论的发展对当代科学哲学在科学划界、科学发现模式、科学评价、科学研究方法、科学发展模式等方面产生重要影响。

一、大数据知识论为自然科学、社会科学提供同一的大数据基底

大数据知识论实现自然科学哲学、社会科学哲学研究的同一。划界问题作为科学哲学研究的重要领域，重点研究科学与非科学、伪科学的划界问题。社会科学没有像自然科学一样客观和精确，主观性强，善于定性分析，社会现象处于不可逆的运行状态，对分析结果难以确证等特点。由于社会科学不能像自然科学那样可重复实验、客观、精确，所以，社会科学的科学性一直受到质疑。这样，科学哲学的研究分化为科学哲学和社会科学哲学。科学哲学多是研究自然科学哲学。研究社会科学的哲学问题，往往称为社会科学哲学。大数据时代，无论对自然现象还是社会现象的研究，只要是通过大数据技术对经验世界和网络世界的存储、分析、挖掘和可视化等形成的大数据知识，都可以运用大数据知识论来研究，这样，在大数据基础上实现自然科学和社会科学研究的同一，也为科学哲学和社会科学哲学研究范式的同一提供了大数据基底，这种同一表现在都是通过大数据技术实现对自然世界和社会世界的分析，所采用的分析技术具有同一性，即数据驱动；所采用的研究方法也具有同一性，都是建立在对大数据基础上相关性、因果性、语境性、递归性分析的同一，等等。所以，大数据技

术使社会科学能够像自然科学一样实现客观分析、精准预测等。

物理学、化学、生物、地理、医学、环境科学等学科研究自然界物质、物体的运行规律，这些自然现象是经验世界的重要组成部分。对于经验世界的认识，可以通过大数据采集、存储、分析、挖掘和可视化等形成大数据知识，如医学研究可以借助对病人治疗效果的大数据以分析药物临床应用情况，进一步确证药物使用问题。对于环保问题，我们可以通过大数据采集自然环境中污染源的分布、来源、演进走向等，形成环保大数据知识。

对于社会科学来讲，主要研究人类活动形成的规律性认识。大数据作为对经验世界和网络世界分析的主要工具，对人文社会科学具有重要作用。大数据通过采集、存储、分析、挖掘和可视化人类经验世界和网络世界的活动轨迹，形成相应的大数据知识，这些知识一方面成为经济学、政治学、管理学、社会学、教育学、法学等社会科学的重要组成部分，另一方面又促进这些学科研究范式的变革。如大数据在交通、安全、医疗、企业等方面的广泛应用，形成相应的大数据知识，促进公共管理学、企业管理学的发展；大数据对网络世界和经验世界民众购物数据的分析、领导干部行为方式的监管、教育方式等的分析、挖掘、可视化等，形成相应知识，促进经济学、政治学、教育学的发展。

由于大数据主要是对经验世界的分析，所以，对于像数学、逻辑学等这样的理性知识，大数据应用还是受局限的，也就是说大数据应用于对物理学、化学、生物学、政治学、管理学、经济学等经验科学研究具有广泛的应用前景，但并不太适合像数学、逻辑学这样的理性知识研究。

二、大数据知识论为研究科学发现提供了新的模式

所谓科学发现，就是指从经验材料到提出新概念（或修正旧概念），从而为新的理论奠定基础的过程。科学哲学对科学发现的探究，旨在寻求科学发现活动的规律性。这种规律性的东西，就是所谓的"科学发现的模式"。（洪晓楠 等，2001）库恩认为，科学发现始于反常，是观察的理论化，范式的更新。夏皮尔认为，科学发现是创造性思维过程，并没有固定的模式。可以看出，传统意义上对科学发现的研究往往是孤立的，就科学发现谈科学发现的模式，就是说将科学发现、科学应用分割开来谈。

大数据知识论实现了科学发现和科学应用的统一，彰显为科学发现的一种新模式。这种模式就是在历史语境、技术语境、伦理语境、认知语境、语言语境和实践语境中彰显科学的发现历程和实践价值。从大数据知识论看，科学知识的发现基于历史语境、技术语境、伦理语境、认知语境和语

言语境，将大数据中包含的隐性知识转化为显性知识。大数据知识的应用主要依赖于实践语境。可见，基于语境基底，大数据知识的发现与应用实现了同一，为科学发现提供了一种新模式，这种模式彰显为科学发现与科学应用的同一分析，同时彰显为科学知识发现和科学应用基于同一的语境基底。

三、大数据知识论为科学评价提供新的方向

对科学理论的评价是科学哲学研究的重要内容之一。"科学理论的评价是为了在相互竞争的多种理论中作出合理的选择，以促进知识的成长和科学的进步。在这一问题上，现代西方科学哲学形成了两派主要的观点，一派强调科学理论评价的经验——逻辑标准，这派以逻辑经验主义和波普尔学派为代表；另一派强调科学理论评价的社会学——心理学标准，库恩、费耶阿本德等历史主义者大都属于这一阵营。"（洪晓楠 等，2001）在我看来，这两派代表了逻辑标准和实用标准两个方向，前者相信科学理论具有逼真性，会越来越接近真理，后者否定客观真理的存在，否定科学理论会越来越接近真理，认为科学理论在于解题能力的提升。

大数据知识论作为对经验世界和网络世界的大数据研究形成的知识，其首先要彰显对经验世界和网络世界真的反映，也就是说要彰显大数据知识与经验世界和网络世界运行规律的相符合性，如果大数据知识不能彰显这种符合性，它可能就会失真。其次，大数据知识的评价要彰显善的语境。也即大数据知识的发现要保障国家、企业、社会、民众所产生的大数据的安全性，要在向善基础上保障大数据的安全，守住大数据可公开共享的边界。再次，对哪些领域进行大数据研究都是社会建构的结果，因而对效的追求是大数据知识另一评价的语境。当然，并不是所有的大数据知识都需要对效进行评价，关键看研究的目标，如对自然生态环境运行的大数据分析，更关注对其真和效的评价，为进一步改善生态环境提供精准预测。

从对大数据知识的评价看，其评价的语境包括真、善、效，对真、善、效的评价，建立在历史语境、技术语境、伦理语境、认知语境、语言语境和实践语境的基础上，是在对多语境评价的基础上实现的。其真的评价要求大数据知识反映其与历史语境经验世界和网络世界运行状况的相符合性；其善的评价要求其在伦理语境中保障大数据的安全；其效的评价要求大数据知识在实践中具有经济、政治、社会、生态等方面的价值，这样，一方面，大数据知识的评价实现了逻辑标准和实用标准的同一，为科学理论评价提供了新的研究方向。另一方面，大数据知识的评价是多语境综合

评价的结果，而不是逻辑的或者实用的某一个语境能决定的，这反映了当代大数据知识评价的复杂性与多语境性。

从传统意义上看，自然科学主要追求真、善，对效的追求似乎是技术和社会科学的任务，这要看自然科学评价是否需要对效的评价，而不是一味地机械地坚持所有科学都必须通过真、善、效的评价标准。

四、大数据知识论彰显当代科学发现数据驱动的特质

从方法论看，科学哲学的发展与同时期科学发现的方法紧密联系在一起，形成科学发现的不同范式大数据时代，数据驱动被广泛应用于科学发现。

大数据知识所依靠的数据驱动具有以下特质。其一，数据驱动依赖于经验世界和网络世界基于经验大数据分析基础上所获得的，该知识具有经验性特质。其二，基于数据驱动获得的知识可以预测经验世界和网络世界可能发展的趋向，以更好地面对未来。其三，数据驱动依靠大数据，但也离不开小数据。有些人夸大数据驱动的作用，形成"唯大数据论"的思想，这种思想往往忽视人的主体性作用的发挥。由于大数据知识的发现需要全样本大数据，在现实中由于伦理问题等，我们很难做到全样本性，这就需要相应的小数据作为补充，如定性分析结果等都是可借鉴的。

五、大数据知识论实现各种科学发展模式的同一

科学发展模式主要研究科学发展从总体上看是积累的、进步的还是革命的发展模式。逻辑经验主义认为，科学发展是一种逐步积累的过程。证伪主义者波普尔认为，科学发展是不断革命的过程。历史主义的主要代表库恩用范式来说明科学的进化与革命。拉卡托斯将科学研究纲领作为分析科学发展模式的重要工具。夏佩尔认为没有必要将科学发展划分为"高层次理论"与"低层次理论""常态科学"与"科学革命"，对于科学发展模式的研究应坚持科学内部的"理由"，等等。从科学史看，科学发展是渐进性和革命性的统一，关键看新的科学理论比旧的科学理论优越性有多大，这个评价本身就具有主观性特质，等等。

基于大数据的知识发展模式建立在对不同语境分析的基础上，语境对积累模式、革命模式的分析具有同一的语境基底，最后评价大数据知识的积累发展还是革命变革是科学内部的"理由"，如新知识比过去的知识更能彰显经验世界和网络世界的真，或者能够解决更多问题，或者具有更强的包容性，等等，是科学共同体的事情。

六、大数据知识论彰显当代科学伦理学研究的重要性

传统意义上，科学哲学主要研究科学与非科学的划界问题，科学发现与发展模式、科学的确证与真理问题等。科学伦理学主要研究科学技术与伦理道德之间的关系和人们在科学技术工作中的道德关系。科学伦理学处于科学哲学研究的边缘地带。大数据时代，很多爬虫公司通过爬虫技术可以获得民众、企业和国家相关领域的隐私大数据，如个体的电话、身份证信息、住址、消费习惯、行为习惯、银行信息等，这些信息都是民众个体的隐私。但是，爬虫技术已从技术层面可以整合这些大数据，以再现民众赤裸裸的相应信息，这已侵犯民众个体的隐私权，关键是民众自己产生的大数据被发掘、买卖，自己都不知道是怎么回事。所以，大数据时代，对大数据知识的伦理问题研究至关重要，我们需要确定爬虫的边界、大数据知识应用的边界，并不是技术能到达的地方就一定要到达，关键还要看其合理性和合法性。一方面，我们需要通过制度、法律创新，明确大数据爬虫的边界和相应的责任；另一方面，我们需要在技术层面不断完善大数据技术，引领其不断向善的方向发展。

总之，大数据知识论与科学哲学在研究主体、确证方法、研究方法等方面具有同一性。大数据知识论对科学划界、科学发现模式、科学确证、科学研究方法、科学发展模式、科学伦理学等方面都产生了重要影响。当代科学哲学发展应积极吸收和借鉴大数据知识论发展的特质，进一步丰富当代科学哲学研究的内容和方法。

第三节　大数据知识论对社会建构论的丰富*

随着大数据时代的到来，大数据知识被广泛应用于科学、环保、健康、交通和能源等领域，已逐渐成为科学研究、社会治理和企业决策的重要依据。大数据知识发现与应用过程中最显著的特征就是社会建构性。但是，大数据知识发现与应用建立在语境依赖基础上，是客观实在的，以历史语境为基础，因而并不反对基础主义，其发现过程并不是依赖人际互动、社会协商和共同意识为基础的特定文化历史，而是依据客观实在运行过程中产生的大数据为基底，依赖历史语境、技术语境、伦理语境、认知语境、语言语境和实践语境基础上的社会建构。

---

* 部分内容发表于苏玉娟：《大数据知识表征的社会建构》，《中共山西省委党校学报》，2017年 d 第 1 期。

一、大数据资源：社会采集

目前，大数据主要是来源于网络、基于传感器的大数据和政府数据等。相关研究者需要根据目标的不同，从大数据资源的全样本采集入手，共同建构全样本、共享的大数据资源，以期为大数据转换成知识提供最基础的数据来源。

大数据资源实现政府治理公共数据资源有效整合的结果。政府作为公共数据资源的拥有者，有责任和义务实现区域内相应大数据资源的有效整合，为大数据转换成知识提供最基础的数据来源。从全国看，不同省份公共数据资源存在分割；从一些省份看，不同地区之间数据存在分割；从不同部门看，部门之间的大数据共享也是非常重要的。实践中，通过顶层设计加强部门之间的协同，是充分发挥大数据知识各项功能的重要途径。

大数据资源是对企业不同来源的数据进行有效整合。对于企业来讲，其通过对网络大数据、消费者反馈大数据、行业大数据等进行有效整合，能够产生大数据知识，这已成为指导企业发展的重要依据。目前，从企业层面看，一些企业数据观念落后，不重视大数据的采集，有些企业虽然具有存储大数据的能力，但是不具备分析和挖掘数据的能力，大数据并不能转换成知识，因而无法为现实决策服务，而一些企业同时具备存储、分析、挖掘大数据的能力，大数据已成为其决策的重要依据之一。因此，在大数据时代，我们要大力发展大数据产业，为一些不具有存储、分析、挖掘大数据能力但又需要大数据知识的企业提供相应的服务。当然，大数据服务企业的资质、人才素质、技术水平等方面的因素也很重要。只有这样，企业所拥有的大数据才能转换成知识，进而服务于企业的决策。

民众产生的大数据资源是大数据知识资源形成的另一主体。大数据时代，没有旁观者。一方面，民众既是大数据的生产者，同时又是大数据知识的使用者。民众的行为轨迹、网上交流痕迹等都成为大数据知识的重要资源。企业可以根据民众的消费方式为企业决策服务，政府可以根据民众的交通方式为公共交通治理提供决策服务。另一方面，民众又是大数据知识的使用主体之一。交通、健康与安全等大数据知识反过来会指导或影响民众的生活方式。

二、大数据知识实现条件：社会支撑

社会支撑是大数据实现其社会价值的重要保障。大数据知识实现的社会支撑因素有很多，既包括政府、科学共同体、企业和民众等主体，又包括大数据技术、大数据平台建设、社会法治进程等。

政府、科学共同体、企业和民众是大数据知识生产与应用的主体。我们只有将不同主体进行协同合作，才能实现大数据知识的价值。目前，由于不同主体对大数据知识的认同度不同，因此产生了不同的应用结果。政府重视战略的提出与落实，企业重视自己发现大数据知识的能力建设，民众多是大数据知识的实践者。由于认知的分化，不同主体内部、主体之间协同力比较低，从而影响了大数据知识的生产与应用。实践中，为了提高大数据知识的生产与应用水平，我们要协同不同主体，彰显政府战略的指导作用和企业的示范引领作用，引导民众参与到大数据知识的生产与应用中，而不同主体应用大数据知识的能力又会进一步反馈到大数据知识生产环节中，进而形成良性互动。

大数据知识来源于大数据存储、分析、挖掘等技术的发展。没有大数据技术，也就没有大数据知识，更谈不上大数据知识的社会建构。正是有了大数据技术，才产生了大数据知识。因此，大数据技术本身的成熟程度、可靠程度和便捷程度，影响大数据知识的生产与应用。相关研究人员要通过技术创新提高大数据技术的应用程度，以最小的社会成本获得最大的社会效益。

大数据平台建设为大数据知识生产与应用提供了平台支撑。没有大数据平台，所有的大数据知识都无法实现有效的生产和传播，它的社会价值也就无法得到有效彰显。目前，大数据平台建设虽然得到不同主体的重视，但同时也产生一个新的问题，即由于平台之间的不兼容，使得大数据知识被多种途径所传播和利用。大数据知识被多种途径传播和利用既有好的一方面，但同时也存在着大数据知识被滥用的风险，即知识的碎片化。语境不同，大数据资源不同，大数据知识往往也会有所不同，而很多传播平台，只关注传播结果却忽视了这些知识是怎么产生的和它所依靠的语境。也就是说，大数据平台建设既要有融合性，又要具有相对的独立性，原因在于大数据知识具有语境依赖性。

社会法治进程为大数据知识生产与应用提供了环境支持。大数据时代，大数据的来源必须真实可靠。由于民众的认知不同，很多人不愿意将自己所掌握的大数据应用于公共大数据资源中，原因在于担心个人的隐私数据被泄露。但同时，民众又希望依靠大数据知识服务于个体需求。政府、企业等在利用个体大数据资源过程中也可能会产生伦理问题，如对个体数据的泄露、过度开发等，这样做也容易产生虚假数据。因此，在大数据时代，我们需要通过相关法律、制度等规范政府、企业和民众的行为，了解

哪些大数据可以共享，哪些大数据属于隐私不可以共享，即大数据采集的
边界问题。

三、大数据知识应用：社会实践

大数据时代，知识生产的方式发生了变化，大数据隐含的知识能够实
现精准治理，已得到各国政府的积极响应。社会实践为大数据知识应用提
供了广阔的平台。从大数据知识应用的范围来看，其应用于政府治理的公
共领域、企业决策的经济领域和民众所需的社会领域。

大数据知识成为政府实现公共安全、环保、健康、交通、反腐等方面
治理的重要依据。政府拥有公共领域的大数据资源，往往会依托大数据服
务公司将大数据资源转换成信息、知识，然后再应用到政府的精准治理过
程中。目前，大数据知识已成为数据反腐、指引民众健康生活、控制环境
污染、保障民众公共安全的重要支撑。但是，由于数据分割，使大数据知
识服务的公共领域具有一定的局限性，即大数据资源的边界、融合程度决
定大数据知识应用的边界。实践证明，区域之间和部门之间的大数据融合，
是提高大数据知识应用效率的重要保障。

大数据知识成为企业提高经济价值的重要依据。目前，很多企业都建
立了自己的大数据仓库，包括行业大数据、企业所拥有的大数据，并能够
将大数据资源转换成大数据信息和知识，为企业决策服务。但我们也应注
意到，一些企业大数据观念比较淡薄，虽然认识到大数据资源的重要性，
但是对大数据技术缺乏了解，因而对大数据知识的应用仅限于观念层
面。还有一些企业虽然具有存储、分析和挖掘大数据的能力，但是由于
缺乏从大数据到信息和知识提炼的能力，使得大数据只能是碎片化的知
识或者信息，不能真正为企业提供服务。为此，大数据时代，企业要应
用好大数据知识，就必须依托大数据服务公司，或者自己具有生产大数
据知识的能力。当然，并不是所有的企业都适合开发大数据资源，如一
些企业规模较小，企业所拥有的多是传统的小数据资源，并不适合进行大
数据分析。

大数据知识成为民众提高健康、安全、环保等水平的重要依据。大数
据知识取之于民、用之于民，不仅成为政府决策的重要依据，同时也成为
影响民众生活方式的重要依据。目前，民众并不拥有自己生产的大数据，
而且也不具备分析大数据的能力，政府公布的大数据知识是民众作出自己
选择的重要依据。大数据知识将政府与民众紧紧联系在一起，政府的服务
功能在大数据时代更精准、更有时效性。

四、大数据知识价值：社会彰显

大数据时代，大数据知识生产主体从科学共同体扩展到政府、企业和民众。大数据知识的社会实践应用决定了大数据所具有的广泛社会价值。可以说，大数据知识的价值在社会领域得到了广泛的彰显。

大数据知识实现了人类从感性认识到理性认识的飞跃。从传统意义上说，人类认识经验世界来自观察、经验、实验或理论建构，认识的起点即经验世界，表征为感觉、自我经验、实验数据等。因此，我们对经验世界的认识转化为对相应大数据的认识，实现了从感性认识到理性认识的飞跃。

大数据知识使社会科学越来越具有自然科学的精确性。长期以来，有些学者认为社会科学，如政治学、经济学、社会学、法学等学科不具有像自然科学一样的精确性，多是定性分析，因而不是科学。基于大数据技术，社会治理、经济领域决策越来越走向精准化，使得社会科学像自然科学一样具有精准性。当前，大数据已成为提高社会科学精准性的重要依托。

大数据知识在公共领域的应用产生了公共价值。目前，大数据被广泛应用于环境保护、公共安全、民众健康、反腐等领域，成为各级政府解决环境问题、公共安全问题、民众健康与腐败问题的重要支撑。政府通过与大数据服务公司的合作，提高了大数据知识的公共价值。首先，随着生态文明建设的推进，解决环境问题已成为政府一项重要的工作任务，其要通过对环境大数据的监测、分析、挖掘，形成指导环境改变的大数据知识。其次，相关部门通过对民众健康状况大数据的分析产生健康大数据知识，可以为改变民众生活方式提供最直接的数据支撑。再次，数据反腐已成为国际上很多国家采用的反腐败方法之一，体现了大数据知识在提高政府治理能力等方面的作用。另外，政府认知水平决定了大数据知识在公共领域应用的程度。当然，我们也要认识到，大数据知识的可靠性是其应用的前提条件。

大数据知识在企业的应用产生了经济价值。大数据时代，大数据知识为企业提高治理能力提供重要支撑，成为企业实现经济价值的重要利器。时代的发展要求企业必须与时俱进、开拓创新。大数据知识通过精准服务，为企业提供最精准的决策支撑，企业则可以根据自己生产大数据的情况，因地制宜地建设大数据或租用大数据平台，进而发现大数据知识。我认为，如果企业规模小，大数据资源非常少，就完全没有必要建设大数据仓库形成大数据知识。

大数据知识在民众中的应用产生了社会价值。民众既是大数据的生产者，也是其应用的最大受益者。民众的出行方式、生活方式都在受大数据知识的作用，民众观念的改变是大数据知识在民众中应用的重要前提。一方面，民众参与到大数据知识的生产中，对提高大数据知识的精准性具有重要的价值；另一方面，民众应用大数据知识的程度反过来会刺激或约束大数据知识生产的过程。影响民众信任大数据知识的因素包括大数据知识本身的可靠性、民众的生活习惯、大数据公共服务平台建设水平和大数据知识应用的示范情况等。因此，大数据时代，我们要提高民众应用大数据知识的水平、彰显大数据的社会价值，就必须改变他们的观念，提高大数据知识的精准度。

五、大数据知识是基于语境实在的社会建构论

大数据知识生产与应用都是社会建构的过程，而其本身是反映客观实在的理论体系。大数据知识的社会建构体现了大数据时代知识的客观实在性、知识认知的主体能动性和知识的语境依赖性。

大数据知识反映了经验世界和网络世界的客观运动，具有客观实在性。经验世界包括"自然事实、科学事实和现象学事实，形成日常知识、科学知识和哲学知识"（舍勒，2014）。经验世界是人类对自在世界的认识，只有经验世界才能够被人类所认识。传统意义上，我们认为网络世界是虚拟的、不可靠的，而随着大数据技术的发展，网上与网下越来越走向了一体化。因此，经验世界和网络世界中的大数据的客观实在性越来越明显。基于客观实在性的经验世界和网络世界的大数据资源，是大数据知识生产的主要依据，因而具有客观实在性和知识的本质特征。

大数据知识的生产离不开政府、科学共同体、企业和民众等主体能动性的发挥。"一个信念之真，是其使持此信念的人能够应付环境的功用问题，而不是其摹写实在本身的存在方式的问题。"（罗蒂，1992）大数据时代，一些人认为有大数据就可以了，他们持大数据决定论的观点。但是，从社会建构的角度看，大数据资源来源于网络、基于传感器的大数据等。采集哪些大数据、如何采集都是不同主体决策的结果，也是发挥不同主体能动性的过程。从大数据知识生产的过程看，大数据技术只能解决对大数据的存储、分析、挖掘等，并不能形成客观的知识。产生上述问题的原因是基于大数据技术分析和挖掘的结果，而如果只是相关性分析，就不能挖掘出这种相关性产生的原因与未来发展的趋势。这就要求不同主体要发挥主观能动性，从相关性中找出其发生的原因，并概括出理论性的知识体系。从大数据知识的应用看，大数据知识的价值在哪些领域彰显、如何彰显等

都是不同主体社会建构的结果。因此,在大数据时代,我们必须理性地分析和应用大数据知识,既要重视技术,也要重视人的因素,特别是人的主观能动性的发挥。

知识具有普遍适用性,就是说在相同条件下,知识是可以被使用的,而条件如果不同,知识就不一定具有适用性。大数据知识生产的语境依赖性决定其应用的语境依赖性,如脱离相应边界,大数据知识的适用性就不一定起作用。可以说,大数据知识生产与应用具有一定的语境依赖性。新形势下,相关研究者要拓宽大数据知识生产与应用的范围,需要不断扩展大数据仓库,实现更大范围内的大数据融合,进而形成具有更广泛适用范围的大数据知识。

小科学时代,知识论也就是认识论,主要研究知识如何在认知层面被发现。大科学时代,知识论从认识论走向实践论,知识表征从陈述性知识扩展到程序性知识,知识的实践表征的意义越来越重要。知识如果不能解决理论和实践问题,知识的价值就很难评价了。大数据知识不仅产生了彰显相关特征的陈述性知识,而且产生了能够服务于社会实践的程序性知识,以解决具体的实践问题,如解决社会治理、国家治理、政府治理等方面的问题。大数据知识的社会建构就是从社会实践出发,社会采集、社会实践、社会应用和社会支撑构成了社会建构的不同语境。总之,我们要在实践过程中,充分地使用大数据知识,以彰显大数据时代社会实践的大数据化趋势。

第四节　大数据知识对社会数据化转型的引领

科学技术作为第一生产力,是促进社会转型的重要工具。每一次科技革命通过知识革命促进社会转型。吕乃基曾出版过《科技革命与中国社会转型》一书,在该书中作者认为:科学主要经由知识体系、方法和科学精神影响社会,社会则在更大的范围以本体论、认识论以及价值观和具体的科技政策选择科学。技术主要经由物质层面、制度层面和观念层面影响社会。显然,技术对社会的影响较之科学更为直接、广泛和深刻。反之,技术同样受到来自社会的经济、政治和文化全面而又深刻的影响。

从人类发展史看,科技革命促进社会转型主要通过知识革命实现。农业知识革命实现了人类社会从渔猎社会进入农业社会,蒸汽机和电力知识革命实现了人类社会从农业社会进入工业社会,信息知识革命使人类社会从工业社会进入了信息社会。大数据知识革命将引领人类社会进入大数据时代。中国作为第二大世界经济体，正积极迎接大数据技术革命，实现中国治理的数据化。而大数据技术革命主要通过大数据知识在科学、经济、社会等方面的应用实现治理数据化。

一、大数据知识革命促进社会数据化转型的机理

科技革命促进社会转型是一个系统工程，是社会文化、社会认知、产业结构、制度体系等一系列因素变革的过程。大数据技术正在通过大数据知识作用于社会。大数据知识革命促进社会数据化转型是大数据知识促进社会文化、社会认知、产业结构等一系列因素变革的过程。

大数据知识革命促进社会文化的变革。据统计，有关"文化"的各种不同定义至少有二百多种。狭义的文化指意识形态所创造的精神财富，包括宗教、信仰、风俗习惯、道德情操、学术思想、文学艺术、科学技术等。科学作为人类精神财富，改变人类意识形态，促进文化转型。大数据科学主要通过知识形态影响社会文化转型。一方面，大数据知识作为知识形态离不开数据密集型科学。"大数据现象的成果，不仅因为人类信息技术的进步，而且是信息技术领域不同时期多个进步交互作用的结果，其中最重要的原因，当数摩尔定律。"（涂子沛，2014）摩尔定律指单位芯片面积上可容纳的晶体管数量，一到两年将增加一倍。数据密集型科学为大数据知识的发展提供了理论支撑。另一方面，大数据知识促进社会文化的变革。社会文化的转型主要来源于人们的信仰和观念的变革。社会文化包括自然科学、人文社会科学等。大数据的发展促进管理科学、经济学和哲学等人文社会科学的变革，使这些学科的研究对象从抽样走向总体，从基于假设走向基于数据，从因果性走向相关性。如在大数据知识的作用下，经济学领域产生了大数据计量经济学、大数据统计学、大数据领域经济学等。数据密集型科学、大数据知识、大数据人文社会科学构成了大数据学科体系，大数据大众文化等构成了大数据文化。大数据知识促进社会文化从信息文化走向大数据文化。大数据文化是促进社会数据化转型的文化基础。

大数据知识革命促进社会认知的变革。大数据知识革命作为工具和技术条件，引起不同群体认知的变革，进而实现社会产业结构、就业结构和制度的变革，而这些变革成为社会转型最核心的物质基础和制度保障。大数据知识促进社会数据化转型来自企业、政府、民众认知的变革。企业重视大数据，将大数据挖掘、大数据全样本分析、相关性分析等作为企业生产方式和管理模式变革的重要依托；政府的认知变革体现在对大数据服务平台的重视，对数据公开程度的认可，对大数据挖掘价值的重视等；民众

认知的变革体现在重视社交媒体、公共服务平台，通过大数据挖掘的价值改变自己的生活方式。如社交媒体使网民不仅成为数据的生产者，而且成为数据挖掘价值的受益者。所以，大数据引起企业、政府和民众认知的变革，为社会产业结构、就业结构和制度变革提供思想基础。

大数据知识革命促进社会制度的变革。制度指以规则或运作模式规范个体行动的一种社会结构。这些规则蕴含着社会的价值，其运行表彰一个社会的秩序。制度是各种行政法规、章程、制度、公约的总称。大数据知识革命依靠数据"发声"引起企业、政府和社会管理制度走向数据化制度框架，即围绕数据存储、分析、挖掘等环节制定一系列规章制度；大数据知识的实现有可能产生侵犯个人隐私、国家安全、数据统治等伦理问题和异化问题，为规避大数据知识实现可能带来的风险问题，大数据知识革命将引起相应法律体系的变革。

大数据知识革命促进社会产业的变革。产业革命是确定一个社会形态的重要指标。大数据时代，大数据知识革命将产生服务于大数据存储、挖掘和应用的新产业，如传感器生产、数据挖掘产业、大数据服务产业等。为促进大数据产业的发展，我国出台了相应的政府指导性文件和产业规划，同时，大数据知识革命催生了服务于大数据知识的人才培养，引起就业结构的变革。

大数据知识革命促进政府治理、社会治理和企业治理的数据化。大数据作为一种生产要素，主要通过数据治理变革提高治理效率，实现政府、企业和社会治理能力现代化。目前大数据被广泛应用于交通、医疗、环保、企业监测等领域，这是大数据知识提升治理能力的重要体现。大数据本身并不具有治理能力，通过对大数据的分析、挖掘、可视化等形成大数据知识，对现实世界进行精准预测，大数据才有用，否则仅是镜像资料。

总之，大数据时代，大数据知识正在引领人类社会向数据化转型，这个过程包括了认知、制度、产业、治理方式等方面的变革。我们只有积极迎接，才能实现社会的数据化转型。目前，我国已从认知、制度、产业、人才、治理方式等方面积极迎接数据化时代。

二、大数据知识促进社会数据化转型的路径

自大数据技术产生以来，中国采取积极的应对策略，多次召开围绕大数据技术的国际和国内科技大会。大数据技术革命正在促进中国治理数据化转型。但是，从目前发展现状看，存在以下几个方面的不足。

大数据技术革命还没有形成数据文化。大数据技术作为知识形态形成

数据文化，影响不同群体的思维方式、行为习惯。目前，对于大数据技术的研究主要集中于计算机科学、管理科学、图书情报科学等。哲学、政治学、经济学等人文社会科学对大数据技术研究比较少，造成大数据技术停留于科学共同体内部，无法形成大数据技术与社会文化进行融合。哲学对于大数据技术的研究多是从方法论和认识论视角进行研究。经济学主要从大数据促进经济学理论假设、研究模型、学科体系等方面进行研究。其他人文社会科学对大数据技术的研究更少。可以说，大数据技术对人文社会科学的变革才刚刚起步，还没有形成数据文化，这就影响大数据技术革命促进中国社会转型的进程。

企业、政府和民众对大数据技术认知度低。大数据技术革命促进社会转型的过程是大数据技术从科学共同体扩展到企业、政府和民众的过程。企业、政府和民众不仅是大数据的生产者，而且是大数据价值的使用者。目前，一些网络企业、信息技术服务企业开始重视大数据的价值。如亚马逊利用大数据开发"预判发货"专利，使收货时间以"小时"计，而不是以"天"计。但是，大多数传统企业还没有认识到大数据的巨大价值。"客观上大数据已经成为政府治理生态的关键要素。"（任志锋 等，2014）目前政府对大数据价值的认知度比较低，最主要的原因在于很多领导干部不上网，或者说对网络的利用率比较低。据 2014 年 7 月发布的第 34 次《中国互联网络发展状况统计报告》显示，截至 2014 年 6 月，我国网民规模达6.32 亿，农村人口占比为 28.2% 。从职业看，学生占比最大，为 25.1%，个体户及自由职业者占比为 21.4%。随着社交网络的发展，民众对大数据的认知度在不断提升。但是，由于数据信息的不对称性和技术软件的局限性，很多民众没有能力挖掘大数据潜在的价值。

大数据技术革命引发的产业化和就业率比较低。大数据技术社会化过程直接促进大数据产业的发展。由于不同群体认知存在较大差距及大数据技术人才的缺乏，使大量大数据仅处于存储状态，大大浪费了大数据的价值。大数据技术在我国的应用处于高速发展阶段，这方面的人才更缺乏。可以说，大数据技术革命引起的产业化和就业率比较低，原因在于不同群体认知度低和大数据人才的缺乏。

大数据技术革命引发的制度变革不明显。大数据技术促进社会转型经过文化、认知、物质和制度等不同层次的变革，其中文化变革是基础，认知变革是条件，物质变革是实质，制度变革是保障。由于大数据技术对文化、认知、物质的变革还没有形成，制度的变革会更滞后。制度的创新来源于社会需求。目前，由于大数据技术在企业、政府和民众生产、治理和生活过程中应用比较少，相应的制度变革的需求也比较少。同时由于不同群体思维惯性的存在，制度变革的紧迫性更不明显。

为了更好地推动大数据知识革命促进中国社会的转型，我们必须做好以下几个方面。

加快人文社会科学对大数据知识的研究，塑造数据文化，为大数据知识革命促进中国社会转型提供文化氛围。随着大数据知识与社会一体化进程的加速，大数据知识促进社会转型需要相应的文化支撑。首先，加强大数据人文社会科学的研究。我们应加强大数据知识本体论、认识论和方法论对人文社会科学研究主体、研究方法和研究视角的变革，形成包括数据密集型科学、大数据知识与大数据人文社会科学在内的大数据科学体系。其次，塑造大数据文化。"大数据文化就是尊重事实，推崇理性，强调精确的文化。"（胡少甫，2013）大数据文化以大数据科学体系为核心，是规范不同群体思想和行为的准则，是指导不同群体产生和应用大数据的思想基础。

提高政府、企业和民众等不同群体的认知水平，为大数据知识促进中国社会转型提供群众基础。大数据知识促进社会转型来源于企业、政府和民众对大数据知识的认可和使用。其一，我们需要加大对不同群体大数据知识的培训。大数据技术作为高新技术，首先在科学共同体内部得到认可。大数据知识促进社会转型必须要得到社会不同群体的认可，才能转化为社会生产力。加大培训是提高企业、政府和民众对大数据知识认知度的重要途径，我们需要在大学生教育、领导干部培训、企业培训等方面加大对大数据知识相关内容的比例。其二，提高大数据文化的传播力。我们需要通过报纸、网络、微信、公共服务平台等途径提高大数据文化的传播力，提高不同群体对大数据知识的认知度。其三，加快大数据知识存储和应用软件的开发力度。任何一项技术从实验阶段进入应用阶段，都是技术操作简便化、实用化、社会化的过程。一项技术即便应用前景很好，经济价值和社会价值非常大，但是如果技术特别复杂，企业、政府和普通民众等不同群体即使有应用需求，由于思维惯性和技术的复杂化也会选择传统技术，而放弃新技术。因此，开发适用性强的大数据知识软件是推动大数据知识促进社会转型的重要技术问题，科学共同体应加快实现大数据知识存储和应用的简便化、适用化和方便化。

加快制度建设，为大数据知识促进中国社会转型提供制度保障。大数据知识促进社会转型需要相应的制度保障。首先，完善企业与大数据知识相关的制度体系。随着企业研发、生产、销售等环节数据化进程的不断推进，企业需要不断完善相应的制度体系，规范企业员工的行为，既利用好大数据的价值，又保护购买者的利益。其次，完善政府部门的管理制度体系。政府作为社会治理的主体，掌握大量的数据。因此，我们需要通过制度管理好大数据。一方面，从制度上规范政府哪些数据可以公开，哪些数据需要保密，尽可能提高大数据的公共度。另一方面，保护好企业、民众和国家的利益。由于政府掌握的大数据很多来源于企业、民众的生产和生活行为，需要通过制度建设，保护企业、民众的隐私和国家的安全。最后，不断完善法律体系。大数据的挖掘与应用涉及个人隐私、企业机密和国家安全，我们需要通过相应法律体系的建设，维护各方的利益，实现大数据知识的公正性。

加快大数据产业化进程，为大数据知识促进中国社会转型提供物质条件。大数据知识促进社会转型关键在于将大数据知识的全样性、相关性和预测性物化到企业、政府和民众的社会治理、生产方式和生活方式中，才能促进社会走向数据化，实现社会转型。大数据的产业化水平反映了社会大数据转型的进程。首先，加快大数据存储、分析等技术的产业化进程。虽然，各行各业对大数据知识的需求千变万化，个性化特征比较明显，但是，有一个共同的特征即对各种大数据的存储与分析的需求，大数据知识相关软件业发展应满足对各种大数据的存储与分析需求。其次，培养大数据专业技术人才。由于各个行业的复杂性和需求的特殊性及大数据维护的技术性，客观要求不同行业和不同企业需要专业的大数据知识人才，以服务于大数据知识的开发与维护。因此，我国高等教育在专业设置、课程设置、资金投入等方面应加大对大数据知识的扶持力度。

进一步提升大数据知识在各领域的治理能力。大数据作为提升治理能力的重要工具，越来越受到政府、企业和民众的重视。只有不同主体重视大数据的应用，大数据知识才能发挥更重要的价值，基于大数据的精准治理、精准服务、精准预测等才能实现，大数据中包括的知识才能被发掘和应用。这是大数据知识最重要的价值所在。

总之，大数据知识促进中国社会数据化转型是一个复杂和长期的过程。我们需要在大数据文化、大数据认知、大数据产业、大数据就业、大数据制度建设等语境上加快发展，以实现中国社会的数据化转型。

第九章　大数据知识的反思与展望

　　大数据知识通过大数据技术使人类发现和应用知识越来越方便，减轻了人类的脑力劳动，节省了人类的劳动时间。与此同时，大数据技术在发现知识的过程中潜在地存在安全、共享、知识边际等问题，大数据知识对大数据技术的过度依赖性，可能弱化人的主体性，使知识成为没有感情和令人乏味的机器知识，大数据知识对人类未来具有影响。我们需要反思这些问题，以更好地引领大数据知识造福人类。

第一节　大数据知识的异化问题

　　任何事物的发展都具有两面性，我们既不能过于悲观，也不能过于乐观，我们应客观地判断事物发展的利与弊，以正确地引导事物的发展。大数据知识作为当代知识发展的重要标识，其发展过程也具有两面性。知识作为人类认识客观世界的真的信念，不仅彰显人类认识水平的提高，而且对客观世界的解蔽能力越来越强，人类依靠知识从必然王国逐步走向自由王国。这是人类不断创造知识的目标，在此过程中不断彰显人的主体性和创造性。利用知识，人类改造客观世界的水平越来越高，人类可以借助更多的工具从繁重的体力劳动和脑力劳动中解放出来，这也是人类创造知识的根本目的。如利用机器，人类从繁重的体力劳动中解放出来，可以有更多的自由时间完善自己，充实自己，实现人本身的自由发展。总之，知识对于人类来讲，是实现个体自由和解放的重要工具。

　　大数据知识作为人类认识客观世界新的知识形态，它不同于传统知识之处在于，它是借助大数据技术存储、分析、挖掘大数据中包含的知识。大数据知识已成为个体、企业、政府等不同主体决策的重要依据。如我们出行，可以通过百度导航，根据自己的偏好，选择自己喜欢的交通线路和交通方式。交通大数据知识包括道路拥挤情况即时状态、出行路线的精准预测等。交通大数据知识大大方便了人们的出行，也为政府进一步改善交通状况提供了客观依据。但是，在此过程中也产生一些新的问题，这些问题是与知识发现、应用相背离的。我们可以把这种情况称为大数据知识的异化问题。

一、异化的实质

从西方思想发展史看，异化这一概念源远流长，最早可以追溯到古希腊柏拉图的《理想国》。这一概念基本的含义是背离、疏远和对立。中世纪的神学思想正式确立这一基本含义来说明神与人的疏远或神性的丧失。"近代以来，英法的启蒙思想家用'异化'来讨论人的权利转让问题，直至德国古典哲学时代，异化才有了真正哲学意义上的阐述。"（韩蕊，2016）在马克思看来，正是由于社会分工、私有制和资本逻辑的不断发展，才导致了劳动异化，割裂了主体与客体的统一，从而造成了人的异化和社会的奴役。"在马克思看来，在资本主义制度下，劳动者同自己的劳动产品相异化；劳动者同自己的劳动活动相异化，在资本主义社会，雇佣劳动者是机械地、反复地、无创造性的'死'劳动，人最有价值的本质特性之意识性和判断性反而变成了多余的存在物，人被机械化，劳动失去乐趣，不能自由地发挥自己的体力与智力；人同自己的类本质相异化，即失去了自己的自主自觉性劳动；人同人相异化，即人与人之间成为赤裸裸的物与物的关系。"（李明 等，2018）可见，"所谓的异化关系必须是'自我'与其创造出来的'非我'之间的对立关系"（欧阳英，2019）。对于异化问题的研究，我们需要分析人的物质生产、精神生产及其产品是什么，即自我创造物是什么？自我创造物是自我的外化形式，它是否异己力量反过来统治人，这种异己力量产生的原因，如何规避等问题都是需要研究的。

二、大数据知识存在异化

大数据知识是否会产生异化，首先我们需要阐明大数据知识是人脑的创造物，它才可能产生异化，成为控制人类的工具。

大数据知识是人脑的创造物。大数据知识作为当代知识新的表征形式，是人类认识世界和改造世界过程中人脑创造知识的新产物。大数据知识在创造过程中，离不开人的主观能动性和大数据技术的支撑，采集哪些大数据、如何采集等都需要发挥人的主观能动性，而大数据技术的产生本身就是人脑创造的产物，所以，大数据知识作为依靠大数据技术发现的知识，也是人脑的间接创造物，大数据技术是关键。对基于大数据技术发现的知识，其真、善、效的评价需要人类进行判断。所以，大数据知识发现与应用过程本身就是人脑的创造物。

大数据知识是人与自己的脑力劳动发生疏离的一种表现形式。传统知识直接产生于人类思维，传统哲学主要研究人类如何通过理性认知发现经验知识和理性知识。大数据时代，大数据知识的发现与应用已不是依赖单个个体大脑完成，而是借助于大数据技术对大数据进行存储、分析、挖掘发现大数据知识，该过程彰显大数据知识发现与单个个体大脑、身体条件的疏离，是大数据技术作用的结果。

所谓异化必须具备两个条件：第一个条件是，所谓的异化物必须首先是自我的创造物，即费希特所强调的"自我"创造"非我"；第二个条件是，在外部环境和自身条件的共同作用下，异化物与自我之间的疏离乃至对立的关系可以得以形成，这也就是黑格尔所说的异化过程中必须有对立物的产生。（欧阳英，2019）大数据知识能否成为人脑的异化物，也需要具体这两个条件。大数据技术的产生既彰显个体与自己脑力劳动的分离，同时也使人类从繁重的脑力劳动中解放出来。人类借助大数据技术创造出大数据知识，而大数据技术也是人脑的产物，借助大数据技术人类发现了大数据中包含的知识。因此，大数据知识也是人脑的产物。只不过大数据知识发现过程中主要借助大数据技术，因而大数据知识又是自我创造物。大数据知识作为自我创造物，又是与自我疏离或者对立的。表现在：借助大数据技术，大数据知识发现与应用大大减轻了人类脑力劳动的负担，但是，大数据知识的智能化和即时化，使人类对大数据知识越来越依赖，逐步弱化了人类的自主性。如我们寻找一个地方，不用再问人，直接导航到目的地，大数据知识反过来控制人类的思维，成为人类的对立物。

马克思认为，异化劳动产生的根源在于资本主义私有制，造成人类劳动与劳动成果分离，劳动成果成为人类劳动的异化物。大数据知识产生异化问题的根源是什么呢？我们认为，大数据知识异化问题的产生首先来源于大数据所有权与使用权的分离，处理不好二者的关系，不仅影响大数据的全样本性，而且影响大数据知识的共享性；个体、企业、社会让渡自己的数据权，从理论上说才能获得较为客观的大数据知识，而对大数据的采集、存储、分析、挖掘者来说，又必须保障不同主体大数据的安全，否则不同主体不会让渡自己的数据权。但是，目前的情况是，不同主体在不知情的情况下，被大数据采集者所拥有并被使用。如，我们网购、交通、医疗等行为产生的大数据，成为网络对个体网购习惯、诚信等评价的依据，进而有目的地向购买者推送商品。其主观目的是好的，但是，往往推送的并不同主体想要买的。这也是一种异化，这是一种对个体预测可能引起的异化。

其次是人类对大数据知识的过度依赖，加剧了大数据知识对人脑的控制，这也是人类发明机器，反而被机器所控制的异化问题，特别是基于大数据知识发展起来的人工智能，使人脑对人脑的外化物人工智能的依赖性更强。所以，未来人类智慧需要处理好人类与人工智能之间的关系问题。

三、大数据知识的异化形态

马克思揭示出劳动异化有四个种类，即工人与他们产品的异化、工人与他们的劳动行为的异化、工人与他们的类存在的异化、工人与其他工人的异化。（中共中央编译局，2009）大数据知识存在哪些异化呢？大数据知识的异化问题，可以从人与大数据知识产品、人与大数据知识的生产过程、人与自己的类本质、人与人之间的数据关系等方面进行分析。

人类与大数据知识之间的异化。大数据知识主要借助大数据技术而产生，大数据知识的即时性、便捷性已远远超过人脑对世界万物知识发现的速度。在现实生活中，无论是个体、还是企业和政府，对于借助大数据获得的大数据知识越来越具有依赖性，大数据知识成为不同主体提高预测水平和治理能力的重要依据。过度的依赖会造成人脑思维的退化。数据依赖会导致数据崇拜和数据独裁。"我们比想象中更容易受到数据的统治——让数据以良莠参半的方式统治我们。其威胁就是，我们可能会完全受限于我们的分析结果，即使这个结果理应受到质疑。或者说我们会形成一种对数据的执迷，因而仅仅为了收集数据而收集数据，或者赋予数据根本无权得到的信任。"（迈尔-舍恩伯格 等，2013）同时，人类脑力劳动解放的过程也是人类脑力劳动对技术依赖的过程，人的能动性越来越弱。大数据知识是机器的知识，人的情感、偏好、兴趣、个性等似乎被抹去了。

人类与大数据知识活动之间的异化。传统意义上，知识的发现与应用是科学共同体对客观世界的认识，反映的是人的认知与客观世界之间的对话。大数据知识来源于大数据，人类的认知在大数据知识活动中越来越显得复杂，不仅需要确定大数据采集的边界，而且需要对大数据分析结果进行理性思考，对其可靠性有个理性判断，大数据知识发现与应用过程中的真、善、效等，都需要人类认知进行判断。虽然，大数据技术大大提高了知识发现的便捷性，但是，也使人脑在此过程中需要处理越来越多的事情。人类需要承担更多的社会的、伦理的、技术的等多方面的责任。所以，大数据技术一方面在减轻人类脑力劳动的负担，一方面又给人类增加了其他方面的责任，使大数据知识的异化越来越多。

人类与大数据知识产生过程中类本质之间的异化。科技异化造成人的类本质不断弱化，使人成了社会中一个个孤立的点和原子。马克思在《关于费尔巴哈的提纲》中指出："人的本质不是单个人所固有的抽象物，在其现实性上它是一切社会关系的总和。"（中共中央编译局，1995）大数据时代，大数据知识无处不在。我们可以看到，当我们遇到问题时，第一时间想到的往往只是拿出手机、打开网络这一思想机器中更为省力地获取现成答案，结果很有可能是个体思维逐渐被搁置，以致个体对大数据知识越来越依赖。因此，个性化服务很有可能不是乌托邦而是温柔乡，是认知的碎片化和思维的同质化。（唐永 等，2017）这些同质化的大数据知识正在控制人类思维与行为。人类本身的思维越来越让位于大数据知识，大数据知识这种类本质思维已经越来越控制人类的思维，人类创造出一种控制人类思维的新工具。

不同主体之间的异化。大数据知识在发现与应用过程中彰显不同主体之间的异化问题。首先，大数据的权力问题。大数据知识成为继劳动力、资本、土地、企业家才能、管理等之后又一新的生产要素。大数据权力是对大数据的掌控、占有和使用的权力。"多数人仅仅是作为大数据时代的分享者、承受者和被分析者，而非主导者、引领者和掌控者，大数据化正逐渐成为当今时代异化最为典型的表现形式之一。"（唐永 等，2017）大数据采集、分享、应用的权力应该如何划界成为重要的理论问题和实践问题。其次，大数据的安全问题。移动、联通等监视着我们的通话记录，亚马逊、淘宝等监视着我们的消费习惯，谷歌、百度等监视着我们的网页浏览，微软、WPS等监视着我们的书写与纠错，微信、QQ等监视着我们的社交行为……而集这些功能于一身的智能手机，相当于一个"移动间谍"，时时生成追踪用户一举一动的"数据脚印"。这过程可能引发了信息泄露、数据滥用、平台权力私有化诸多乱象。再次，人与人之间关系的冷漠化。大数据时代，直播、网络交流平台等成为人与人之间沟通的重要方式，大量低头族的出现，都在弱化人与人之间的现实沟通。大数据知识更多的是机器知识，抹去了人的痕迹，人的情感、偏好、兴趣、个性等要素，令人感觉乏味僵硬，而大数据知识的即时性更加剧了人们对网络的依赖性。人们越来越相信大数据技术分析的结果，而漠视人与人之间的现实沟通，长时间会形成人与人之间的沟通障碍，不利于社会的和谐发展。

总之，大数据知识异化来源于技术层面、人类自身数据素养、应用不当等方面。我们需要从这些方面扬弃异化，促进大数据知识为人类提供更美好的未来。

四、大数据知识异化的扬弃

大数据技术作为人类认识客观世界的新工具，扩展了人类认识客观世界的领域。大数据知识作为人类的创造物，它可能带来异化问题。我们需要扬弃，以实现大数据知识与人类更好地和谐发展。

树立正确的科技伦理观，实现科学理性与人文精神的有机融合。科学精神是指人们在长期的科学研究过程中形成的一系列价值观念和行为规范的总和，具有求真、创新、务实等精神特质。大科学时代，科学技术成为第一生产力，科学技术不仅追求真，其在社会领域的广泛应用，成为推动社会进步的重要工具，在此过程中科学技术应用带来的异化问题越来越明显。"因为一旦有用性变成科学成就的唯一标准，具有内在科学重要性的大量问题就不再受到研究了——这些规范限制了科学潜在生长的可能方向，威胁了科学研究作为一种有价值的社会活动的稳定性和连续性。"（默顿，1986）这就需要人文精神的引领。人文精神是人类在创造文明过程中形成的规范、指导和约束人类思想和行为规范的总和，核心是以人为本，崇尚真、善、美，追求人的全面自由发展。大数据时代，大数据知识真与效的实现，可能会产生个体、企业、社会大数据的安全问题，我们必须用善规范大数据技术应用过程，以保障大数据的安全。2019年7月，中央全面深化改革委员会召开第九次会议，审议通过了《国家科技伦理委员会组建方案》，方案指出要建立国家科技伦理委员会，强化伦理监督和细化相关法律，旨在解决科技活动中存在的风险问题。这也充分说明国家对科技伦理的高度重视，特别是大数据涉及的伦理问题关乎每个人的安全问题，也关乎国家安全。因此，我们更需要从价值选择、行为方面规范不同主体，以发挥大数据最大的社会功能。

加快技术创新，不断完善大数据技术体系。区块链通过密文存储和发送，确保了数据存储、流转不被截取或被盗窃，并能实现可追溯的精准定位。大数据技术的融合发展，将进一步实现社会领域的智能化发展，大数据的安全、方便、智能正在进一步实现人类美好的未来生活。

进一步明晰数据权，保障大数据的安全。大数据作为新的知识资源，来源于个人、企业、社会等不同主体运动产生的镜像数据，而不同主体都应具有其产生大数据的知情权，并要保障相应大数据的安全。爬虫技术作为获得大数据的工具，本身是中性的，无罪的，但是，目前一些大数据公司利用爬虫技术获得大数据，非法交易，侵犯了个人隐私，大数据风控行业门槛低、鱼龙混杂，监管难度大。为此，我们应推动出台相关法律法规，加强对个人信息、企业信息和行业领域重要公共信息的安全保护，明确个人数据的法律性质，在尊重个人隐私、企业秘密、国家安全的基础上开发利用大数据，依法规定大数据服务公司采集数据信息的边界，政府信息公开的范围、主体、方式、程序等内容，明确非法获取个人信息的惩处规则，保证大数据在风险可控原则下最大限度地开放，建立大数据权力边界，促进大数据权力的规范化利用和开发。同时，要通过行业标准规范大数据企业行为，针对公开爬虫和授权爬虫制定相关的行业标准，使大数据企业走向规范化发展。

正确处理人与大数据知识之间的关系。主体与客体的关系问题也是大数据知识必须面对的关系问题。大数据知识产生的异化问题最核心的是大数据知识是由人脑创造出来，反过来成为人脑的对立面，控制人类的思维与行动。人类怎样才能理性地对待大数据知识，既依靠大数据知识，又能独立自主地思考呢？这就需要人类采取有效控制上网时间，脱离低头族，更多地接触小数据生活方式，体验其给我们带来的愉悦感。如休闲时间不是无聊地去上网聊天，而是采取多看些纸质图书，提高自主思考能力，创造更多新的实体生活体验，减少大数据知识对我们生活方式的控制。在现实生活中，我们看到很多人都是低头族，很多宝贵时间都在无效地浏览网页中消逝掉了。我们正在要求中小学生要远离手机，其实对于我们成年人来说，更应该远离手机，以提高工作效率。我们应该成为我们自己时间的主人。这目前已成为重要的社会问题。网瘾不仅影响青少年，也影响成年人。很多大数据知识存在于网络空间中，特别是一些碎片化知识存在于微信、网页中，我们需要通过自主思考，辨别其中知识的真伪。所以，大数据时代，由于大数据来源的不同，对于同一情况会得出不同的结论。如，对于养生，有些专家认为我们应多吃蘑菇，蘑菇能增强人体的免疫力，有些人说蘑菇中可能含有重金属，不能多吃，等等。这种自相矛盾的碎片化知识会使人们不知所措，这样，我们更需要有自主判断，否则，我们会成为网络中碎片化知识的牺牲品。要避免大数据知识对我们生活方式的控制，我们就需要系统地学习科学知识，用科学武装头脑，用主动积极的理性思维判断大数据知识的真、善、效，而不会沦为大数据知识的傀儡。

正确处理大数据共享与大数据知识共享之间的关系。追求平等是人类权利的重要体现。在社会主义社会不同级层只有分工的不同，没有阶级的不平等。大数据共享与大数据知识共享是两个问题，涉及权力的平等问题。大数据共享应该包括不同政府部门之间数据共享，不同地区政府间信息共享，政府与企业间数据合作共享，企业之间、企业与公众间信息数据共享，国家间面对共同的生态、安全、健康、防灾减灾等共同问题也需要数据共享。从理论上讲，"大数据共享服务要面向多元主体，提供一体化的大数据服务，从而缩减不同主体之间所掌握的信息大数据差距，降低信息不对称的现象"（佟林杰 等，2019）。但是，相同的大数据由于分析问题的不同，会产生不同的大数据知识，这样，不同的大数据资源拥有者会从大数据的安全角度出发，不会免费地融合其他主体的大数据资源。那么，谁才能实现跨区域大数据资源的有效融合呢？政府，因为政府的大数据资源取之于民，用之于民。政府利用大数据知识解决交通、医疗、环境、安全等公共问题。大数据知识并不会自动带来城市的善治，只有未雨绸缪才能将城市治理中可能出现的风险降到最低。所以，对于大数据和大数据知识的共享来说，政府能够实现民众大数据共享与大数据知识共享。当然，政府对民众大数据的使用也遵循有限自由原则，保障他人或组织的大数据安全。当然，有限自由原则也是其他组织实现大数据知识共享的主要原则。

正确处理人与人之间的社会关系。随着技术对人类生活方式的不断变革，人与技术之间的对话，越来越多于人与人之间的现实对话。有亲情的、有血有肉的人与人之间的有效沟通，在大数据时代几乎成为奢侈品。特别是人工智能技术的发展，技术占有人类越来越多的空间，人类不仅需要处理好人与机器的关系问题，而且需要处理好智能机器时代人与人之间的关系问题。首先，人应重视社会关系的重塑。目前，社会、企业、学校等不同主体应建立规范民众合理使用网络的行为规范，从社会层面倡导良好的、多元的社会关系规范民众行为。其次，科学技术发展应考虑人类未来发展。虽然克隆人从技术上是可行的，但是，为了人类未来有序发展，世界反对克隆人。大数据技术可以实现对个体产生大数据的分析，这直接关涉个体的隐私，显然，大数据知识的应用应考虑人类的未来发展，其发展是有边界的。

要全面客观理性地看待大数据技术和大数据知识。一是大数据知识论彰显大数据技术的工具理性。对于世界万物来说，每时每刻都在产生大数据。传统小数据时代，由于人类认知和技术的局限性，人类只能采集有限的小数据，通过归纳、因果分析等方法实现对客观世界的认知，并形成小数据知识。对于大数据知识来说，大数据技术支撑是一个很重要的条件，使我们能够对客观世界产生的大数据采集、分析、挖掘和可视化，以发现大数据中的知识。正是大数据技术的工具理性，才有研究大数据知识论的必要。但是，"大数据不是告诉我们世界如何运作，而仅仅是呈现给我们需要解读的材料，如何对数据进行理解与诠释，还需要具有一定知识结构和理论背景的研究者发挥社会学的想象力。大数据是我们认识世界的工具，并不能代替研究者的理性思考，也不会带来社会学研究范式的根本转变"。（鲍雨，2016）

二是大数据知识论彰显大数据知识的特质。大数据时代，很多人关注大数据，似乎大数据可以解决一切问题，"用数据说话""用数据发声"等成为一种社会时尚。这里，我们需要理解大数据本身并没有太多价值，大数据只有转换成大数据知识才具有真正的价值。当然，大数据时代，小数据知识依然有效。为了方便和节约成本，我们还可以利用小数据获得我们需要的知识。所以，我们需要根据客观世界具体的数据量和研究的需要，确定采用大数据知识实现方法还是小数据知识实现方法。二者对客观世界的认知存在互补关系。

三是大数据知识论凸显其对传统知识论的继承性与创新性。从知识论发展历程看，知识论从本体论和认识论向实践论转向。科学技术是促进知识论转向的重要工具。大数据知识论不仅彰显大数据技术工具理性的价值，而且彰显知识论的语境性、协同性和社会建构性。从大数据知识实现历程看，包括发现条件和应用条件，是发现和应用的辩证统一。从大数据知识实现的社会条件看，是社会建构的结果。大数据采集对象、大数据平台、大数据服务公司、大数据人才培养等都需要社会支撑。总体上看，大数据知识论更复杂。

第二节　大数据知识的局限性

根据知识发现方式的不同，我们可以把知识分为经验知识和理性知识，大数据知识来源于经验世界和网络世界，更多的是经验知识，而不是理性知识，这是它的一个缺陷。除此之外，大数据知识的发现与应用还存在其他局限性，我们需要理性分析。

一、大数据知识容易产生相对主义倾向

大数据每时每刻都在产生着，我们都是对一定时空中的大数据进行存储、分析、挖掘等，也就是说经验世界和网络世界即时产生大数据，但是大数据知识的发现与应用来源于固定的历史节点，它是大数据动态性与大数据知识静态性的有机统一。大数据知识表征过程就是将动态的大数据转化为静态的大数据知识。有些人会认为，大数据每时每刻都在产生着，不存在静态的分析，因而怀疑大数据知识的合理性。还有些人认为大数据虽然是对经验世界和网络世界的镜像反映，但毕竟不是经验世界和网络世界，具有相对主义的色彩。极端的怀疑论和相对主义都会走向不可知论，大数据知识成为无法确定的东西。所以，对于大数据知识，我们需要处理好可

知性与怀疑论、相对主义之间的关系，摒弃极端的怀疑论和相对主义，从大数据的客观实在性方面理解大数据知识。

二、大数据知识前提预设的局限性

大数据知识的发现与应用的前提预设是大数据的全样本性。基于对全样本大数据的分析，我们能够获得更精准的预测。这里存在两个局限性条件，一是由于受大数据安全和共享的影响，一些大数据的采集、存储、分析受到限制，实现大数据的全样本是非常困难的，这就需要我们借助大数据知识与小数据知识，共同决定可能采取的对策，而不能唯大数据论。二是大数据边界问题。如对北京交通大数据的分析，我们需要采集北京地铁、公交、出租车、网约车、私家车、公用自行车等交通大数据进行分析，形成相应的预测，但是，要对京津冀交通大数据进行分析，发现区域协同存在的交通问题，我们就需要把三个地区的交通大数据进行整合再分析，大数据边界从北京拓展到天津和河北，三个地区交通大数据能否实现有效整合，直接影响预测结果。所以，大数据边界不同，大数据知识所能提供的知识也是不同的。大数据的边界问题也是大数据知识发现与应用的预设条件，不同的边界获得不同的大数据知识。

三、大数据知识预测的有限性

从理论上讲，拥有大数据资源，就可以借助大数据技术发现大数据知识。但是，大数据对于群体与个体的预测还是存在差异的。目前，大数据知识多是应用于交通、安全、环保、医疗等公共领域，其来源于民众，又服务于民众，彰显大数据知识的共享性特质。由于我们每个人时刻都在产生大数据，目前对特殊群体的大数据分析也有，如对可疑犯罪分子或者具有前科的犯罪分子，公安机关会根据他们的行踪判断预测他们存在潜在犯罪的可能，以进行有效防范。对于领导干部的监管也可以通过大数据进行治理，根据群众举报，可以借助其产生的大数据，挖掘其犯罪的证据。但是，对于普通民众来讲，任何机构都有义务和责任保密普通民众产生的大数据，不应该随意分析某个人的大数据，特别是目前我们很多大数据资源在不断整合，对于一些机构来说，很容易获取某个人的隐私。所以，我国出台科技伦理及大数据相关法律是非常必要的。

我们发现大数据知识由于来源于经验世界和网络世界，对于经验知识多是归纳的结果，大数据知识也不例外。大数据知识只是对过去经验的总结，这种经验是否可以指导现在和未来？由于过去、现在与未来的语境不同，因而来源于过去语境的大数据知识其预测和应用当然具有一定的局限性，这种经验论容易走向相对主义和怀疑论。毕竟过去和现在没有共同的语境。所以，大数据知识具有相对主义的色彩，这是大数据知识的局限性所在，其科学性也得到怀疑。我们需要对大数据知识作客观的分析，任何唯数据论、排斥数据论都是错误的做法。我们需要结合小数据知识，理性地判断大数据知识的科学性与合理性。

四、大数据知识价值之间协同的复杂性

传统知识发现的主体比较单一，主要是科学共同体的事情，知识论主要研究科学共同体是如何发现知识的。大科学时代，知识生产的费用越来越多，一些重大科学研究都是政府资助，这样，知识发现与应用从科学共同体扩展到包括政府、企业、民众，知识发现模式也在不断创新。大数据时代，知识发现与应用主体包括民众、企业、政府、科学共同体等，大数据知识的价值从传统意义上的真扩展到真、善、效，从本体论、认识论扩展到方法论、实践论等。

大数据知识要实现真，必须以其善为前提，非善即大数据的不安全，会使不同主体限制大数据的共享，非共享直接影响大数据的全样本性，而全样本性是大数据知识真的重要条件。大数据知识的真又直接决定大数据效的功能的发挥。从逻辑上看，大数据知识价值的彰显，善是前提，真是根本，效是目的。为实现三者的有机统一，我们首先需要保障大数据的安全，在此基础上实现大数据的共享；其次，在大数据知识真的基础上彰显其效的价值；最后，大数据知识的真、善、效是辩证统一的，在实践中是同时存在的。

另外，大数据知识论作为对大数据知识基本性质、实现条件、实现机理、实现方法、确证和实践等的哲学研究，不仅应具有知识论相关知识储备，还应具有对大数据技术相应知识的储备，同时还应具有对大数据知识实践等问题的研究。从这个角度看，大数据知识论研究确实具有一定的难度。

大数据知识研究的世界视域对研究者提出较高要求。大数据科学的发展首先在美国而在世界范围内引起重视。从时间语境看，美国先于中国，国外相关研究先于国内。这样，我们在做大数据知识论研究时应具有世界眼光，不能仅停留在对国内相关资料的把握上。因此，查阅和整理外文资料需要一定的知识储备。

数据鸿沟、数据孤岛、数据不安全等诸多问题加大大数据知识发现与

应用的难度。大数据其实很大，我们所拥有的其实很小；即使拥有一定的大数据，由于民众利用大数据知识的能力弱，大数据的价值是无法彰显的；数据孤岛限制了大数据的合理流动，我们需要在无伤害原则下实现大数据的合理流动；保障大数据安全是政府、企业、科学共同体、民众等利益相关者共同的责任。

第三节　大数据知识对人类未来的影响

每一次科技革命都为人类开启一个新时代。农业科技革命引领人类进入农耕时代，蒸汽机革命引领人类进入机械化时代，电力革命引领人类进入电器时代，计算机革命引领人类进入信息时代，大数据技术革命将引领人类进入智能时代，在此过程中逐步使人类从繁重的体力劳动和脑力劳动中解放出来，有更多的时间实现自我价值，人类对客观世界的认识越来越明朗，越来越走向自由王国。

一、大数据知识促进人类进入智能时代

自20世纪60年代以来，人类渴望人工智能技术的出现，当时的人工智能最多是低级的机器人，它主要模仿人的动作并进行重复性劳动。大数据时代，机器可以根据大数据知识采取行动，可以模仿人的智力，如现在的机器人可以与人进行情感沟通，帮助人解决情感问题，或者实现智能化的家务劳动，等等。正是大数据知识的预测功能和精准治理能力，为人工智能提供了智能选择。可以说，没有大数据技术，就没有新一代的人工智能，正在孕育的人工智能的母体是大数据。人机大战中机器之所以能战胜人，也是由于机器借助大数据全样本的分析结果，能够作出超越人类的选择。所以，很多人担心人机大战，不仅担心人工智能对劳动者工作机会的占有，而且担心其对人类本身的替代，如人工智能机器代替恋人，无人机的出现等，将使人与人之间的对话越来越少，人与机器之间的沟通越来越多，人与机器合体将会对人类自身生存提出重大挑战，这是我们必须关注人类未来发展的重大课题。不是技术能够到达的地方，我们人类一定要到达，我们首先应考虑人类未来的身体、心灵的健康和可持续发展，我们不能让自己发明的机器最后毁灭自己，这是人类极大的悲哀。

二、大数据知识的实现是对人类脑力劳动的进一步解放

自从人类认识数以来，数据就是知识产生的重要来源。古代毕达哥拉

斯学派是比较早研究数的知识论学派。科学技术革命某种意义上也是在提高对数据的运算能力，以发现更多的知识，如数学这门学科及计算机学科都是在解决计算问题，使人类从繁重的数据计算中解放出来。大数据技术作为当代数据计算的重大革命，大大提高了人类对客观世界的计算水平，而且扩展了人类认识客观世界的范围，特别是对网络世界的认识。大数据技术应用范围从科学领域扩展到企业、社会和公共领域，正在引领各个领域的治理革命。正是由于大数据技术革命，人类大大扩展了对客观世界的认知和改造，大数据技术的智能化计算大大解放了人类的脑力劳动，这是人类发展史上的重要解放。可以说，"大数据的发展应以人为中心，维护人的权利和尊严，促进人的全面发展，满足人们对美好生活的向往，而不是走向相反的方向"（涂子沛 等，2019）。

三、大数据知识依托大数据服务于人类需要

人类发明大数据技术就是要实现对日益增长的大数据进行管理，为人类提供更智能、更精准的服务。大数据毕竟是人类社会建构的结果，虽然来源于客观世界。大数据毕竟不等同于事实本身，所以，对于基于大数据产生的知识我们需要结合客观世界及其产生的小数据综合提炼形成大数据知识，而不能盲目相信大数据。毕竟技术并不能代替人的思维。同样，大数据技术是人类发明的产物，最高地位还是人类的需要和自主性作用的发挥。大数据知识是要服务于人类的需要，不能以伤害或者滥用某个群体的大数据为代价，来满足另一群体的利益。大数据知识作为依靠大数据技术而产生的知识，应尊重人类的需要，更应该尊重人的权利。在我看来，过度强调数据主义或者以数据为中心的思想都是不对的，技术的工具性决定了大数据知识是要彰显人的价值，服务于人的需要，而不是相反。

四、大数据知识正在引领人类走向自由王国

从人类的认知能力看，人类认识能力的不断提升，人类对客观世界的认识领域和程度越来越高，客观世界对人类的控制程度越来越弱，该过程彰显人类从必然王国走向自由王国。大数据技术大大提高了人类对客观世界的认知能力，人类对客观世界认识越多，其对客观世界的可控制能力越强，人类自身的自由度就越大。利用大数据技术，人类不仅可以认识经验的宏观世界，还可以认识渺观世界和宇观世界。所以，正是由于大数据技术的应用，人类的自由度越来越大。

第十章　大数据知识论的实证研究

大数据知识论是关于大数据知识的特质、实现机理、确证、真理问题、实现方法、实践应用等的一系列理论。这些理论不是空中楼阁，也不是主观臆造，它的客观性与合理性需要通过实践来检验。目前，大数据已被广泛应用于交通、医疗、公共安全等领域。通过搜索中国知网、百度、国际及国内相关部门和研究机构的大数据调研报告，对大数据知识实践进行分析，同时验证大数据知识论的合理性。我们搜索到《关于大数据在医疗行业应用的调研报告》（2017）、《2018 年中国健康医疗大数据行业报告》《高德交通大数据在城市交通分析方面的应用》（2015）等。本部分主要通过健康医疗、交通大数据调研报告实证分析大数据知识论的科学性和合理性。

第一节　大数据知识特质的实证研究

从大数据知识的本体论看，大数据知识的可知特质表征为经验世界和网络世界是可知的，通过大数据技术和人的主观能动性的发挥，是可以认识的。大数据知识的数据特质表征为大数据存储、知识发现、知识易用、管理数据化；大数据知识的实现特质表征为多元性、关联性、强语境性和实践性；从对传统知识的超越性看，大数据知识对技术的依赖性越来越强，是关联分析与因果分析的辩证统一，是知与识、知与行的辩证统一，是对内在主义和外在主义知识论的超越，追求真、善、效的统一，等等。从目前对健康医疗、交通大数据的调研报告看，我们可以发现目前大数据知识的本体论特质。

一、健康医疗大数据知识的特质

2016 年 8 月，习近平总书记在全国卫生与健康大会上的讲话中指出，要完善人口健康信息服务体系建设，推进健康医疗大数据应用。目前，大数据被广泛应用于智慧养老、精准医疗、智慧医院等方面。健康医疗大数据知识是在对民众医疗健康大数据的存储、分析、挖掘等综合分析基础上形成的。这些大数据是对民众客观存在的医疗健康状况的镜像反映，而民众医疗健康状况是客观存在的，是可知的，基于此的大数据也是可知的。

健康医疗大数据知识实现特质表征为多元性、关联性、强语境性和实践性。健康医疗大数据知识的发现离不开政府、医院、民众、大数据服务公司等的支撑；健康医疗大数据在分析环境、生物、经济、个人行为、心理、医疗卫生、生物遗传等因素关联的基础上，挖掘出强关联性的分析结果；对于健康医疗大数据知识来讲，其依赖于不同地区、不同人群疾病健康状况的大数据，大数据资源不同，所获得的知识也不同，彰显为强语境依赖性；从实践看，健康医疗大数据知识直接服务于医院科研需要，民众健康指导需要，新药研发需要等。

健康医疗大数据知识相对于传统医疗知识来讲，其超越性也是很明显的。首先，健康医疗大数据知识对大数据技术具有直接的依赖性，没有大数据技术，就没有健康医疗大数据知识；健康医疗大数据知识是在对环境、生物、经济、个人行为、心理等相关大数据分析的基础上，结合因果分析获得的大数据知识，因而是关联分析与因果分析的辩证统一；健康医疗大数据知识的发现与应用是人类认识疾病与健康、指导医疗与民众生活方式变革的过程，是坚持内在的医学学科规律和外在社会实践基础上的知识体系；是追求人类对疾病健康的科学认识、保护民众个人隐私、提升民众健康水平的过程，彰显为真、善、效价值的统一。

可见，健康医疗大数据知识相较于传统知识而言，彰显为可知特质、数据特质、实现特质和超越特质，这也是大数据知识普遍具有的特质。因此，我们在实践中应秉持这些特质，使健康医疗大数据知识发挥更多的作用。

二、交通大数据知识的特质

"我国交通信息系统从控制阶段已经发展到集成的需求阶段；从单项应用已经发展到在客观数据支持下综合化、智能化的应用阶段。"（陈水平，2015）交通大数据覆盖面广，存储、分析、挖掘等都对大数据技术是一大挑战。从目前发展看，交通大数据知识具有以下特质。

交通大数据知识的可知特质。交通大数据来源于经验世界交通运行状况的时时采集，是对交通状况的镜像反映。而交通状况是可知的，基于交通状况的大数据也是可知的。这是交通大数据知识产生的前提条件。

交通大数据知识彰显了数据特质。交通大数据来源于对即时交通大数据的存储，该数据量接近全样本。如广东省高速公路监控大数据综合展示平台，包括各车道和现场收费数据、高清卡口数据、事件数据、气象数据等，各路段数据汇集到路段数据中心，再汇集到省中心的运营管理平台和省监控平台，再到大数据展示平台。通过大数据综合平台展示，可以看出最近 30 天交通事件类型组成、交通事件变化趋势、交通事故变化趋势、交通事故排行榜。由于交通大数据的全样本性，其可视化结果使知识易用，交通管理部门和民众可以很方便地了解到目前交通状况，实现交通的数据化管理。高德交通大数据的 GPS 定位由时间、经度和纬度组成，数据包括来自公众的手机地图 APP、车载导航设备占 54%，还包括行业数据即出租车数据、物流车和长途客车数据，包括 80% 以上的出租车数据。（陈水平，2015）高德交通大数据采集几乎是全样本，其可视化使交通管理部门和民众使用交通大数据知识很方便，交通治理实现数据化。

交通大数据知识彰显了实现特质。交通大数据具有多元性、关联性、强语境性和实践性等实现特质。交通大数据来源于民众交通、出租车、客车和货车的 APP 交通定位系统；不同主体产生的交通大数据经过关联和整合，形成大数据仓库；对交通大数据知识来讲，交通管理部门不仅需要知道某个城市的交通状况，还需要了解某个时段某条道路运行状况，这就具有强语境的依赖性，交通地点、时段的语境不同，形成的大数据知识也不同，对实践的指导意义也不同。

交通大数据知识彰显了超越特质。交通大数据知识在对不同来源大数据关联分析的基础上，可视化结果可为不同主体选择交通线路，在因果分析基础上形成大数据知识，所以，交通大数据知识的实现过程是关联分析与因果分析的统一；交通大数据分析与挖掘直接来源于实践需要，交通大数据知识不仅要反映客观交通运行状况，关键是要指导民众交通实践，是知与识、知与行的辩证统一；交通大数据来源于民众各个汇集的交通导航系统及出租车、客车等，对于每个民众来讲，交通大数据的存储、分析与挖掘应保护每个民众的隐私，彰显大数据知识的善，由于分析和挖掘大数据知识需要技术、人员等各个方面的支撑，社会需要是大数据知识产生的直接动力，即追求效是大数据知识发现与应用的直接目的。可见，交通大数据知识的实现方法、价值选择与实现目标都超越传统知识。

通过以上分析，我们可以得出医疗、交通大数据知识的实现彰显出大数据知识的可知特质、数据特质、实现特质和超越特质。但是，大数据知识与传统知识具有相统一的地方，都追求客观事物运行的普遍性规律。虽然大数据知识对语境具有强依赖性，语境不同，所展现的知识也不同，似乎大数据知识只是地方知识或小知识，如对于某个区域交通拥堵现象可能具有相似性，原因可能不同，但是，都不外乎上下班、上下学、限号效果不明显、交通信号灯设置不合理、道路建设瓶颈问题等，我们可以通过对某地区、某省或者全国交通拥堵原因进行大数据分析，提炼出规律性的、系统性的知识，在这个意义上，强语境依赖的大数据知识已上升为具有普遍意义的交通大数据知识，即大数据知识从强语境依赖的地方大数据知识向强语境依赖的普遍知识转换。

第二节　大数据知识实现机理的实证研究

从对大数据知识的认识论看，大数据知识的实现条件包括发现条件和应用条件，发现条件包括全样本大数据、伦理支撑、大数据技术、人类认知和语言表征；应用条件包括社会需要、社会条件、社会实践；大数据知识的实现是发现过程和应用过程的统一，经过从历史语境→技术语境→伦理语境→认知语境→语言语境→实践语境的不断转换。从研究报告看，健康医疗大数据知识和交通大数据知识的发现与应用过程究竟是什么情况？根据该研究报告我们可以做如下分析。

一、健康医疗大数据知识的实现机理

从历史语境看，数据科学和大数据技术已经取得一定的发展，它的应用逐步向社会各个领域扩展；健康医疗领域对大数据的需求很重要，目前信息不流通、资源不共享、利益不互通是制约健康医疗事业发展急需解决的问题，医疗大数据的建立可以为解决这些问题提供技术和服务支撑。从技术语境看，目前大数据技术在医疗领域的技术层面、业务层面都有十分重要的应用价值，说明大数据技术成熟程度高可以推广应用。从伦理语境看，医院或者医疗机构对民众的医疗大数据应担负起保密的责任，毕竟这些数据都是民众自己的，从研究报告看，并没有专门提到这方面的内容，但从医院目前大数据应用平台看，保护民众隐私是他们应有的职业道德。从认知语境看，医疗领域的专家学者已认识到大数据技术的治理价值。从语言语境看，通过大数据技术的可视化，医生可以获得临床辅助治疗决策的知识。从实践语境看，大数据技术主要用于医疗系统和医疗信息平台建设、临床辅助决策、医疗科研领域、公共卫生管理、健康监测、医药研发和医药副作用研究等。与此同时，社会条件的支撑也是非常重要的。其中三个先决条件是很重要的。另外，相关制度政策的出台也很重要。2015～2017 年，我国出台了一系列相关政策，如《促进大数据发展行动纲要》《关

于促进和规范健康医疗大数据应用发展的指导意见》《"健康中国2030"规划纲要》《"十三五"全国人口健康信息化发展规划》、健康医疗大数据应用及产业园建设试点工程等。社会领域经费支持也是重要的，2018年，科技部给予生物医学的经费支持12亿元，投融资比例不断上升。

通过对以上分析，我们也发现一些问题：一是民众对自己（健康）医疗大数据的隐私安全和用途其实不是很清楚的，因而保护意识不是很强。当然，政府、医疗大数据管理部门能够从职业道德、制度建设等保障医疗大数据的安全，这不仅有利于保护民众的隐私，而且有利于医疗大数据资源的共享。二是对于医疗大数据可视化结果，仅是医生临床辅助决策的依据，也就是说医疗大数据通过存储、分析、挖掘、可视化获得的语言表征的结果，仅仅是医生作出决策的参考。这就说明大数据知识不只是依托大数据技术分析获得的语言、数据表征的结果，而是需要医生结合大数据分析结果、医生临床经验、病人临床表征等综合作用，作出最终的决策。大数据知识的发现与应用离不开传统小数据的支撑，特别是传统经验的积累、相关语境的支撑等。所以，大数据时代，大数据知识的发现与应用既离不开主体能动性的发挥，也离不开传统小数据的支撑，唯数据论是行不通的。

二、交通大数据知识的实现机理

我国加快发展综合交通、智慧交通、绿色交通、平安交通，其中智慧交通是关键。大数据技术是实现智慧交通的关键性支撑技术。从对目前交通大数据知识的调研报告看，交通大数据知识发现条件包括交通大数据的全样本性，民众交通大数据的安全性，大数据技术的支撑，交通管理部门、民众、大数据服务公司等认知水平和交通大数据知识的表征。如政府提出建设智慧交通，政府认知的重大变革，为交通大数据知识发现与应用提供了重要指导。从实践条件看，政府和民众对交通拥堵的治理需求、对精准导航的需要、对交通事件和事故的治理为交通大数据实现提供动力。现实需要是大数据知识实践的基础，城市交通大数据、高速交通大数据等服务平台建设、交通大数据存储、分析与挖掘、交通报告等为交通大数据知识的实现提供社会支持；大数据分析报告形成的知识为解决拥堵问题、精准导航等提供了理论和实践依据。这样，交通大数据知识的实现过程经过了历史语境中的交通治理需求→技术语境中的大数据支撑→伦理语境中的数据安全→政府、民众、科学共同体认知水平的不断提升→语言语境中交通大数据知识的形成→实践语境中交通大数据知识的应用。

可见，医疗、交通大数据知识的发现与应用是一个复杂的认识过程，其依靠的条件也是不同的。发现条件包括大数据的全样本性，大数据的安全，政府、民众、大数据服务公司等不同主体的认知、大数据知识的表征等；大数据知识的应用条件包括社会需要、社会条件支撑和社会实践等。这个过程彰显大数据知识认识论的本质特征。

第三节　大数据知识确证的实证研究

从大数据知识的确证理论看，大数据知识是对其真、善、效的确证，大数据知识确证的条件是对其历史、技术、伦理、认知、语言、实践等语境条件的综合确证；大数据知识确证的阈值是各语境权数加权的结果。从目前对健康医疗、交通大数据的调研报告看，我们可以分析目前大数据知识确证理论的合理性。

一、健康医疗大数据知识的确证

大数据知识目前被广泛应用于交通、医疗、环保等社会领域。大数据知识需确证其真、善、效。真就是要确证大数据知识与经验世界和网络世界的相符合性，善是要确证大数据的安全性，效就是要确证大数据知识在实践中的经济、政治、环保、社会等方面的价值。

医疗大数据知识的辅助治疗效果如何需要在实践中得到检验。不同语境功能是否完善直接决定大数据知识效的发挥。在实践中我们需要不断总结经验，以不断完善不同语境，使大数据知识越来越逼近客观世界。所以，大数据时代，我们需要在实践中检验大数据知识的真、善、效，实现大数据知识螺旋式上升发展，不断克服大数据本身存在的问题。

二、交通大数据知识的确证

从确证视域看，首先，交通大数据是对高速、城市交通状况的数据化彰显，来源于民众交通数据、出租车、客车、货车等运行数据，几乎可以做到全样本性，因而其基本能够反映交通现实的运行状况，彰显大数据与交通领域的相符合性，基于这种全样本性，交通大数据知识才可能彰显其真，即与交通领域运行状况的相符合性。交通大数据包括民众产生的大数据，因而保护民众出行的隐私是其应该承担的社会责任。交通大数据知识用于治理交通面临的拥堵问题、精准定位、科学预测等，在实践中彰显其效的价值。这样，交通大数据知识的确证彰显为真、善、效三个语境，真是基础，善是条件，效是结果。从理论上讲，对于交通大数据知识的确证需要对历史语境、技术语境、伦理语境、认知语境、语言语境、实践语境等赋予不同的权重，各语境权数加权形成其总阈值，以判定其真、善、效的程度。目前，对于交通大数据知识来讲，其各语境承担着不同功能，权重的确定需要根据不同语境的重要性来确定。由于目前分析的是交通大数据研究报告，我们并没有参与到具体的全过程，因而其权重的确定就比较困难，这将在以后的研究中进一步完善。

总体上看，医疗、交通大数据知识的确证是对其真、善、效的确证，不同语境承担着不同的功能，只有各语境都充分彰显其功能的完备性，大数据知识才能真正实现真、善、效。通过对医疗、交通大数据知识的分析，充分彰显大数据知识确证理论的科学性和合理性。

第四节　大数据知识真理问题的实证研究

大数据知识的真理观在于追求其与经验世界和网络世界的相一致性。当然，善与效对真具有重要意义。对大数据知识真理问题的研究需要通过语境方法，在实践基础上进行衡量。从目前健康医疗、交通大数据的调研报告看，大数据知识真理问题研究具有重要价值。

一、健康医疗大数据知识的真理问题

健康医疗大数据知识比传统知识分析维度更多，涵盖面更广，分析更透彻，其可靠性更强。不仅可以实现对某个人健康状况的管理，还可以实现对某一类人的健康进行指导，其具有地方性和普遍性特质。从与客观相符合性看，健康医疗大数据知识其大数据量更能反映客观健康和疾病的发展规律。当然，随着民众生活方式的不断健康发展，相应的健康医疗大数据知识也处于动态的变化之中。无论如何，健康医疗大数据知识来源于经验世界中不同群体的健康医疗状况，因而其更接近于经验世界，其预测性功能更强。健康医疗大数据知识是否为真还需要回到实践中进一步检验，在实践中不断得到修正和完善。

二、交通大数据知识的真理问题

交通大数据知识的真理问题就是要分析其与交通运行经验世界的相符合性。交通大数据来源具有全样本性，基于此获得的大数据知识与交通运行经验世界基本具有相符合性，因而具有真的特质。传统意义上对于知识真的衡量有两种方法，一是该知识具有更强的解题能力；二是有反例存

在，该知识被证伪。交通大数据时刻在发生变化，其真的衡量对语境具有强依赖性，这是不是说交通大数据知识具有很强的相对性。但是，我们对某个交通时空中大数据的分析，还是可以得到普遍知识，如对于某个时间段，某些道路的拥堵问题的可视化，可以反映此段交通的普遍性，可以为进一步交通治理提供决策依据。可见，交通大数据知识的真理性不只是具有相对性，更具有普遍性，它与传统知识的最大区别在于对未来交通治理的预测功能，而传统知识虽然也建立在归纳分析的基础上，但是其验证功能更强。

可见，健康医疗大数据知识和交通大数据知识的真理性是由其大数据的全样本性、大数据技术水平、因果分析、实践应用等多方面因素决定的，彰显大数据知识真理的客观性、实践性和发展性等特质。

第五节　大数据知识实现方法的实证研究

从大数据知识实现方法看，包括大数据归纳方法、基于关联的因果分析方法、递归分析方法、语境分析方法。在实践中，大数据知识的实现是否应用到这些方法？通过对健康医疗大数据报告和交通大数据报告的分析，我们可以看出，大数据知识实现方法的多路径性。

一、健康医疗大数据知识的实现方法

大数据归纳方法的应用。大数据技术的应用过程就是大数据技术通过对经验世界和网络世界中产生的大数据进行归纳总结分析的过程。这是大数据知识不同于传统小数据知识的显著特征。医疗大数据的采集、分析、挖掘主要都是建立在对病人产生的大数据处理的基础上，这些大数据包括病历、医学检验数据和医学影像数据等。

基于关联的因果分析方法的应用。医疗大数据的来源是病人不同疾病、不同病人之间数据相关联的结果，通过数据关联分析彰显大数据知识的特质；这种关联还体现在医疗大数据与小数据之间的关联性，只有通过理性地分析二者之间的相关联性，并通过归纳总结形成基于语言表征的大数据知识。经验知识可以说是有限知识，其科学性与合理性离不开因果分析。

语境分析方法的应用。医疗大数据知识的实现来源于历史、技术、伦理、认知、语言和实践等语境，是多语境协同作用的结果。社会需要是医疗大数据知识发现与应用的直接动力；大数据技术为医疗大数据知识发现

提供最直接的技术支撑；医疗大数据安全关系每个民众的个人隐私，需要从制度和法律上保障；政府、医院、大数据技术服务公司、民众的认知，决定了采集哪些医疗大数据，用于解决哪些问题；医疗大数据可视化结果并不是大数据知识，大数据知识需要医院或专业服务机构根据可视化结果、因果分析结果、经验、医学知识等总结概括形成医疗大数据知识，医疗大数据知识是否科学还需要回到实践语境中检验，并在实践中不断修正和完善。

递归分析方法的应用。医疗大数据知识的发现与应用经过了历史语境、技术语境、伦理语境、认知语境、语言语境到实践语境不断递归的过程。可见，医疗大数据实现方法集大数据归纳方法、基于关联的因果分析方法、递归分析方法为一体，同时还有医疗工作者的理性分析方法、经验分析方法等。

通过分析我们可以看出，医疗大数据知识的实现以大数据归纳方法为基础，是基于关联的因果分析、递归分析、语境分析、理性分析、经验分析等多种方法综合作用的结果。对于其他领域来讲，也具有这种普遍性的方法特征。所以，大数据时代，我们要理性地看待大数据，它是我们发现知识的途径或工具，知识最终的表征与实践是人类能动性发挥的结果，唯大数据论是很危险的。

二、交通大数据知识的实现方法

大数据归纳方法的应用。如果说大数据是矿，大数据分析方法就是要发现矿中所含有的稀有金属。交通大数据分析需要多个角色的参与，包括"业务用户、项目发起人、项目经理、商业智能分析师、数据库管理员、数据工程师、数据科学家"（戴连贵，2017）。交通大数据知识来源于对民众私家车、公交车、出租车、客车、货车等交通工具产生的大数据进行归纳、分析、挖掘、可视化等形成交通大数据知识。只不过归纳方法不是通过传统人为统计，而是通过大数据技术来实现。大数据来源于不同主体，但是对大数据的归纳主要由大数据服务公司承担。没有大数据技术，无法对大数据进行归纳分析，也就不会有大数据知识。

因果分析方法的应用。有学者认为"用数据说话"，就不需要因果分析了。其实，通过大数据技术获得的可视化结果，只是把经验世界和网络世界产生的大数据通过相关性分析挖掘出他们之间的联系，这种联系是种镜像反映。这种镜像背后真正的原因是需要进一步分析的，这不仅为大数据知识的形成提供理论根据，还可以为交通治理提供决策支撑。如利用高德地图可以时时发现道路拥堵情况，如拥堵指数是 2，说明你在高峰期出行，你所花费时间是畅通时间的两倍。周一和周五拥堵时间和路段较多。原因如中国车辆尾号是 4 的比较少，出现在路上的车就多了，所以，我们需要根据拥堵情况合理确定限号车辆。对形成拥堵区域进行因果分析，以提出相应解决对策。

语境分析方法的应用。交通大数据知识发现与应用过程是在历史、技术、伦理、认知、语言、实践等语境中实现的。我们只有充分认识不同语境所承担的责任，并不断完善不同语境，交通大数据知识才能真正彰显真、善、效。

递归分析方法的应用。对于交通大数据知识，其实现过程经过了从历史语境→技术语境→伦理语境→认知语境→语言语境→实践语境的不断转换。不同语境承担着不同的角色。交通大数据是否为真、是否有效、是否为善，我们需要对不同语境进行确证。这需要从历史语境不断向后递归，发现不同语境所承担责任的程度，以确证交通大数据的真与善；实践语境中发现交通大数据在效的价值方面有不足，可以通过向前递归，以发现语言语境、认知语境、伦理语境、技术语境等存在的不足，不断完善不同语境，提高交通大数据知识在实践中的价值。

由以上分析可见，健康医疗大数据知识和交通大数据知识的实现方法是大数据归纳方法、因果分析方法、语境分析方法和递归分析方法的综合应用。在现实中，我们需要通过多种方法更好地挖掘、发现、应用好大数据知识。

第六节　大数据知识实践应用的实证研究

目前，大数据在国家治理、政府治理、社会治理、企业治理中的应用，正在引领不同领域的治理变革。通过对目前健康医疗、交通大数据调研报告的分析，我们可以发现大数据知识实践应用的水平。

一、健康医疗大数据知识的实践应用

随着大数据技术的发展和政府、医院、民众认知水平的不断提升，大数据目前被广泛应用于健康医疗领域，可用于健康监测，为居民提供个性化健康事务管理；可用于医药研发、医药副作用研究，主要根据互联网上民众疾病药品需求趋势，合理配置有限研发资源；可用于科研领域，利用大数据技术对健康危险因素数据进行系统分析，发现家族性、地区性发病的因素，进而确定科研方向；可用于疾病预报和预警能力；等等。从实践

看，该过程经过监管支持部门→数据生产→健康医疗信息数字化→存储分析可视化→数据应用，可进一步具体化为历史语境中的健康医疗需要、监管支持→大数据技术服务公司的支撑→政府、医院健康医疗大数据的认知→结合原因分析等形成健康医疗大数据知识→应用于健康服务、精准医疗、智能化管理和医药研发等。目前，健康医疗大数据知识发现与应用存在反应速度慢、操作不方便、数据不准确、分析不准确、电子病历不共享、健康医疗大数据知识传播与应用面窄、政策监管不到位、市场认知水平低、数据安全等问题，这需要在进一步的研究中解决。

从实践看，大数据技术正在引领健康医疗领域数据化，该过程包括病历数据化管理，研发和新药使用的数据化预测，民众生活方式改变的数据化指导等。社会需要是推动健康医疗大数据知识发现与应用的直接动力；大数据技术支撑是重要的技术维度；保障民众健康医疗大数据安全是非常重要的。大数据技术实现健康医疗从治疗走向预防，形成从上游的数据供应商到中游的产业链核心企业即具有大数据技术的技术型企业再到下游的应用场景，包括医院、医药企业、政府、保险、民众等对健康医疗大数据知识的应用。可见，大数据技术实现健康医疗领域整体治理模式的变革，从小数据治理走向大数据治理，从事后治疗到事前预防，从政府、医院与民众关系转变为政府、医院、民众、大数据服务公司等多元协同。

二、交通大数据知识的实践应用

社会需要是驱动大数据分析、挖掘的直接动力。对于海量大数据我们不是都需要作大数据分析。所以，社会需要是最重要的。交通大数据知识在实践中：（1）依靠大数据知识，为用户服务越来越精准，如用户时时了解道路拥堵情况，大数据知识可以做到为每个用户提供精准服务；（2）依靠大数据知识，实现治理即时化，对于复杂天气、事故、各种突发事件大数据能够做到实时分析，为交通管理部门及时作出反应提供数据支撑；（3）依靠大数据知识，交通服务自动化程度越来越高，自助服务越来越多，现场人工执法越来越少；（4）依靠大数据知识，交通主管部门决策越来越科学，如广州道路拥堵的症结通过大数据分析，其原因是外地牌照汽车行为所导致，所以采取了限制外地牌照的做法；（5）依靠大数据知识，可以提高线路更新频率。现在交通线路更新很快，传统意义上，我们需要通过层层申报，增加新路，高德地图是阶段性的更新线路。现在，"通过一些特征的抽取，把可能是新路的东西由点连成线，提供给地图的更新部门，提高线路更新的频率"。（陈水平，2015）交通大数据知识来源于社会共享于社会。去往目的地往往有多种方案，传统意义上我们会根据经验去躲避拥堵，利用高德地图的躲避拥堵功能，大数据知识就可以为我们规划不拥堵的线路，提高我们出行的效率，实现大数据知识价值的最大化。

交通大数据融合是提高交通数据治理水平的重要保障。从交通大数据来看，人们应用更多的是大数据可视化结果。大数据要想实现全样本性，大数据融合是关键。建立大数据标准很重要，这是实现不同主体大数据融合的重要支撑。从交通大数据知识的实践看，社会需要、社会支撑、技术支撑等是交通大数据知识价值实现的重要因素。

总之，通过对健康医疗大数据知识和交通大数据知识实践应用的分析，可以看出医疗、交通大数据知识实践应用过程是社会需要、社会条件、社会实践综合作用的结果，大数据知识正在健康医疗和交通领域引领一场数据治理变革。

第七节　大数据知识当代意义的实证研究

从知识论发展视域看，大数据知识是对传统知识论的重建，大数据知识是存在论、认识论和实践论的有机统一，彰显当代大数据知识发现与应用的辩证统一性；大数据知识是基础论、融贯论、实践论的有机统一，彰显大数据的全样本、不同语境之间的融贯和实践确证的统一性。从学科演进看，大数据知识论对科学哲学产生重要影响。从实现路径看，大数据知识是社会采集、社会支撑、社会实践、社会价值实现等社会建构的结果。从社会功能看，大数据知识正在实现社会数据化转型。分析健康医疗、交通大数据知识发现与应用，彰显大数据知识发展的当代意义。

一、健康医疗、交通大数据知识彰显了知识的重建范式

从研究领域看，健康医疗、交通大数据知识是存在论、认识论和实践论的有机统一，是对传统知识论研究主题的重建。健康医疗、交通大数据知识来源于医疗、交通领域的大数据，这些大数据是知识产生的本体，政府、交通管理部门、医院、民众、大数据服务公司等不同主体对大数据知识发现和应用模式的认知，彰显大数据知识认识模式，大数据知识在健康医疗、交通领域的应用既是其实践价值的彰显，也是在实践中检验大数据知识的真、善、效，是存在论、认识论和实践论的有机统一，彰显传统知识论研究视域的同一性和协同性，是对传统知识论的一种重建。缺失任何一个方面，健康医疗、交通大数据知识都是不完整的。没有健康医疗、交

通领域的大数据，无从谈起相应的大数据知识；没有对健康医疗、交通大数据存储、分析、挖掘，也不会有相应的大数据知识；没有社会实践需要，政府、交通管理部门、医院等也不会投入大量资金用于大数据平台建设、制度创新；等等。

从确证看，健康医疗、交通大数据知识是基础论、融贯论、实践论的有机统一，是对传统知识确证论的重建。健康医疗、交通大数据知识依靠健康医疗、交通领域产生的大数据，这些大数据是对经验世界运行状况的镜像反映，当然也会出现数据孤岛、数据虚假、数据不全样等问题，我们需要解决这些问题，在大数据全样本基础上发现大数据知识，这个基础是客观的，不需要再证明的。健康医疗、交通大数据知识的确证是在历史、技术、伦理、认知、语言、实践等语境中实现的，各语境承担不同的功能，只有各语境之间相协同，才能彰显大数据知识真、善、效的协同。健康医疗、交通大数据知识的效需要在社会实践中彰显和确证。可见，健康医疗、交通大数据知识的确证是基础论、融贯论、实践论的有机统一，吸收传统确证理论的精髓，从更高的、相统一的层面融合了传统的确证理论，是对传统确证理论的重建。

从实现范式看，健康医疗、交通大数据知识彰显为对真、善、效的追求，这是对传统知识论价值追求的重建。从目前知识论研究现状看，本体论、认识论追求知识的真，德性知识论追求知识的善，实践知识论追求知识的效。从调研报告看，健康医疗、交通大数据知识追求真、善、效的同一性，其中真是基础，善是条件，效是目的，三者是有机统一的。所以，健康医疗、交通大数据知识是对传统知识论价值的重建。

二、健康医疗、交通大数据知识对科学哲学产生的影响

科学哲学主要研究科学的划界问题、科学发现模式、科学评价、科学发展模式等。对于这些普遍问题的研究来源于具体科学的发展特质，即从特殊科学上升到一般的科学哲学理论。大数据为自然科学、社会科学和社会活动研究提供数据基础，这些领域基于大数据产生的知识虽然是属于具体学科的知识，但作为大数据知识对科学哲学研究具有重要影响。

从科学划界看，无论是属于自然科学领域的健康医疗大数据知识，还是社会活动中产生的交通大数据知识，都可以借助大数据技术发现健康医疗和交通领域中的大数据知识，实现自然科学和社会科学研究基底和研究方法的同一，社会科学和社会活动也可以像自然科学一样实现客观分析和精确预测。

从科学发展模式看，健康医疗和交通大数据知识不仅在于发现相应知识，更重要的是要将这些知识用于指导实践，形成健康医疗和交通大数据知识发现与应用的同一，彰显为从大数据→大数据隐性知识→大数据显性知识→大数据知识的应用，目前健康医疗和交通大数据被广泛应用于疾病治疗和预防，交通状况的改善等。这种发现模式弥补传统意义科学发现与科学应用相分离的分析模式，同时客观反映了大数据知识社会建构对大数据知识应用维度的重视。

从科学评价看，科学哲学主要有逻辑标准和心理学标准，分别侧重科学理论的逼真性和实用性，即对科学真与效两个方面进行评价，似乎二者是不可调和的。健康医疗、交通大数据知识不仅追求真，即与客观事实具有相符合性，还追求善与效，即相应大数据在采集、应用过程中要保障大数据的安全，并能指导实践，可以说，健康医疗、交通大数据知识的评价是真、善、效三个维度，这对当代科学哲学评价理论具有重要影响。从实证分析看，扩展了科学评价的维度，即从对真的评价扩展到真、善、效三个维度；同时实现逻辑标准与心理学标准评价的同一，既追求与客观世界的相符合性，又追求对客观世界的改造作用。

从科学发现驱动力看，科学发现经过了经验、理论、计算和数据挖掘四种关键性范式。大数据知识的发现主要靠数据驱动。从实证分析看，健康医疗、交通大数据知识的发现来源于大数据技术对相应领域产生的大数据采集、存储、分析、挖掘和可视化等，彰显数据驱动的特质。

从科学发展模式看，总体上有进步和革命两种发展模式，并形成不同的发展理论。健康医疗、交通大数据知识的发展究竟属于哪一种？我们不能简单地根据库恩的科学革命理论、拉卡托斯的科学研究纲领等来确定。由于健康医疗、交通大数据知识发现与应用的程度来源于对其相应历史语境、技术语境、伦理语境、认知语境、语言语境和实践语境的评价，其是否进步的还是革命的，我们仍然需要对这些语境进行评价，即依靠对语境的评价，彰显健康医疗、交通大数据知识在发现和应用方面对传统理论和实践的变革程度，来判定是进步还是革命。从实证分析看，健康医疗、交通大数据知识的发展模式的判定具有语境依赖性，存在发现是革命的，应用是进步的；发现是进步的，应用是革命的；发现与应用者是进步的，或者都是革命的四种模式，这反映了科学发现与应用的不平衡性。

从科学哲学发展维度看，科学伦理学作为伦理学和科学哲学的交叉学科，已取得一定的发展，主要研究科学共同体所应坚持的伦理原则。健康医疗、交通大数据知识来源于国家、企业、民众等不同主体产生的大数据，所以，保障大数据的安全不是科学共同体的事情，大数据服务公司、大数据采集和应用等环节都需要保障大数据的安全问题。所以，大数据时代，大数据伦理学研究非常重要。

三、健康医疗、交通大数据知识是社会建构的结果

社会建构论认为知识是处于特定文化历史中人们互动和协商的结果，是人际互动、社会协商、共同意识、实在、语言等综合作用的结果，并且实在也是社会建构的结果。大数据知识从大数据采集、人员、资金和制度支撑、实践、价值实现等都是社会建构的结果。从对健康医疗、交通大数据知识的调研看，其发现与应用过程也是社会建构的结果。首先，采集哪些健康医疗、交通大数据，从哪儿采集都是政府、交通管理部门、民众、医院等认知的结果，所以，这些大数据的采集是社会建构的结果，也可以说大数据的实在性是社会建构的结果。其次，健康医疗、交通大数据资金、人才、制度支撑都是社会建构的结果。目前，我国已出台相应的制度、政策，促进健康医疗、交通大数据产业发展。最后，健康医疗、交通大数据知识应用领域是社会建构的结果。社会需要是大数据知识发现与应用的直接动力。目前，健康医疗、交通大数据知识主要应用在公共治理和便民服务领域，有利于提高健康医疗、交通的精准治理和精准预测，便于民众生活方式和交通方式的选择和优化。

四、健康医疗、交通大数据知识实现健康医疗、交通领域数据化转型

大数据时代，大数据技术正在引领人类社会走向数据化治理，大数据技术主要从观念、制度、生产方式、管理方式、产业升级等方面促进社会数据化转型。从目前对健康医疗、交通大数据知识的发现与应用看，大数据技术在医疗、健康领域的应用正在引领一场治理变革。从观念看，政府、交通管理部门、医院、民众等都认识到大数据的重要性，并推动大数据仓库的建设。从制度看，政府已制定推动健康医疗、交通大数据发展的相应制度和政策。从生产方式和生活方式看，大数据技术的应用，将从体系搭建、机构运作、临床研发、诊断治疗、生活方式五个方面带来健康医疗变革性的改善，民众出行依靠高德地图、百度地图导航指导，新药研发、上市依靠健康医疗大数据知识的支撑。从管理方式看，交通拥堵治理依赖相应大数据知识，交通新路线的更新依靠相关大数据知识的支撑，病症方案的确定可辅助依赖健康医疗大数据知识。从产业升级看，交通大数据、健康医疗大数据产业正处于快速发展阶段，特别是健康医疗大数据知识得到

民众、政府、医院的认可度越来越高，健康医疗收费越来越合理化，会进一步促进相应产业的发展。可见，健康医疗、交通大数据知识正在实现健康医疗、交通领域的数据化转型。随着大数据在工业、农业、高新技术产业、现代服务业等方面的广泛应用，整个社会将走向数据化转型。

第八节　大数据知识异化与局限性的现实分析

大数据知识作为人类认识经验世界和网络世界的知识形态，它的发现和应用过程值得我们进一步反思。从对人类的解放看，大数据知识进一步解放了人类的体力劳动和脑力劳动，为人类提供更多的自由发展空间，但是，在此过程中产生了异化问题。从大数据知识发展条件来讲，其存在一定的局限性，需要在未来的发展中不断修正和完善。从人类未来发展看，大数据知识正引领人类进入智能时代，实现对人类进一步的解放，使人类越来越近自由王国。从健康医疗、交通大数据知识发现与应用看，彰显了这些哲学问题。

一、健康医疗、交通大数据知识存在异化问题

任何事物的发展都具有两面性，健康医疗、交通大数据知识发现与应用带来一些异化问题。

人类与健康医疗、交通大数据之间存在异化。人类认识经验世界需要发挥人类本身的能动性。随着大数据技术的发展，健康医疗、交通大数据知识的发现越来越依靠大数据技术，数据崇拜和数据独裁越来越强，人脑的创造性和惰性越来越明显。所以，有些专家提出将来人工智能将会控制人类，人类离世界末日不远了。

人类与健康医疗、交通大数据知识活动之间存在异化。传统知识发现与应用特别是科学知识都是科学共同体的事情，健康医疗知识、交通知识发现与应用都是相关科学共同体、政府的事情，主要彰显相关知识的真与效。但是，大数据技术的发展，使健康医疗、交通大数据知识发现和应用主体从科学共同体、政府扩展到民众、大数据服务公司等，追求的价值从真与效扩展到真、善、效的统一，该过程需要大量的资金、人才、技术、制度等方面的支撑，给人类无形中增加了很多负担。

人类与健康医疗、交通大数据知识应用之间存在异化。人与动物最大的区别在于人会制造工具，并且在现实性上是一切社会关系的总和。但是，大数据知识的应用正在使人成为一个个孤立的点和原子。从健康医疗、交

通大数据知识的应用看，人打开手机可以查到自己需要找的位置，可以通过网络挂号、咨询一些交通、健康医疗问题，这就造成人与人之间的沟通交流越来越少，人类从群居越来越走向独居，这不利于社会凝聚与协同，容易滋生个人主义，而边缘集体主义。

健康医疗、交通大数据知识实现过程产生的不同主体之间的异化。首先，权力的不平衡问题。谁拥有大数据，谁就拥有大数据知识的使用权和支配权。目前，交通领域大数据知识基本上是取之于民，用之于民，民众可以通过百度地图、高德地图规划和方便自己的出行。但是，对于健康医疗大数据知识而言，其主要服务于医院、科研单位、政府，民众获得相应知识需要付费，路子有些不畅通，这需要在以后的研究中进一步完善。其次，民众健康医疗、交通大数据的安全问题。科技伦理已上升到国家层面，保护民众健康医疗、交通大数据安全任重道远。最后，人与人之间关系走向冷漠化。目前，人类很多需要沟通的事务都可以通过微信、QQ、网络来解决，人与人之间关系越来越冷漠。低头族越来越多。手机成为人类沟通和工作的重要工具，人的情感、偏好、兴趣、个性越来越弱化。人类都在被动地接受健康医疗、交通大数据知识。

二、健康医疗、交通大数据知识的局限性

大数据知识依靠大数据技术来实现，要保障大数据知识的真、善、效，其要求大数据具有全样本性，实现过程各语境的完备性，预测的精准性，等等。从健康医疗、交通大数据知识的发现与应用看，确实存在局限性。

健康医疗、交通大数据前提预设具有局限性。在现实中，我们很难做到健康医疗、交通大数据的全样本性。其中有两个方面的原因。一是考虑到健康医疗、交通大数据的安全问题，一些机构不愿意共享自己的数据资源。二是健康医疗、交通大数据边界的确定比较复杂。我们可以采集某地区、某省或某区域的大数据，这些大数据即使是全样本，也是有限的全样本，所以，在现实中，我们很难安全采集到全样本，这就要求在健康医疗、交通大数据知识发现过程中，要发挥不同主体的主观能动性，在大数据分析、挖掘基础上，适当结合小数据才可能获得相应知识。

健康医疗、交通大数据知识实现过程的局限性。在现实中，由于社会需要分析的不全面，大数据技术的不成熟，大数据安全无法保障，不同主体的认知水平低，语言表征的逻辑性问题，大数据采集标准问题等都会影响健康医疗、交通大数据知识的发现与应用。所以，健康医疗、交通大数据知识要真正实现真、善、效是很复杂的过程，我们需要不同语境越来越完备，基于此获得的大数据知识才能做到真、善、效。

健康医疗、交通大数据预测的局限性。健康医疗、交通大数据采集范围的有限性，决定基于此产生的大数据知识的预测仅对此范围具有价值，精准预测也是对此范围的精准预测。这也说明任何知识都有其合理使用范围，几乎没有放之四海都适用的知识。由于健康医疗、交通大数据具有即时性，基于此获得的大数据知识也处于动态演进之中。因此，我们对其使用具有很强的时效性，这与传统知识不同。

三、健康医疗、交通大数据知识也在影响人类未来

健康医疗、交通大数据知识正在引领人类进入智能时代，并从必然王国走向自由王国。智能化水平的提升直接来源于大数据归纳和预测功能。机器下棋为什么会超过人类，就是因为借助于大数据，可以归纳总结出所有可能获胜的路径。而人类只能借助有限的经验。所以，正是大数据技术的广泛应用，使人类进入智能化时代。健康医疗、交通大数据的不断应用，使健康医疗、交通治理越来越智能化，人类创造知识和利用知识越来越方便，加快人类从必然王国走向自由王国。

总之，我们通过对健康医疗、交通大数据知识的实证分析，一是验证大数据知识论的科学性和合理性。二是彰显大数据知识论对实践的指导作用，使大数据知识为人类创造更多的价值。理论来源于实践，服务于实践，又高于实践，大数据知识论对大数据知识特质的全面透视，对实践具有重要的指导价值。三是反映理论与实践的辩证关系。大数据知识直接来源于社会实践需要，又用来指导社会实践。通过对健康医疗、交通大数据知识的实证分析，我们发现其实现过程经过不同语境，实现方法是大数据归纳方法、语境分析方法等的综合运用，确证理论是多种理论的有机统一。从实证分析看，大数据知识论经过从实践到理论再到实践的螺旋发展。四是揭示目前大数据知识论研究存在的一些缺陷。虽然本课题已从八个方面对当代大数据知识进行深入全面的分析，但是，在深度上还有待进一步完善，我们会在今后的研究中进一步挖掘可研究的视阈。学术无涯，追求无限。

参 考 文 献

（一）译著

〔英〕布鲁尔：《知识和社会意象》，艾彦译，北京，东方出版社，2001。

〔德〕海德格尔：《存在与时间》，陈嘉映，王庆节译，北京，生活·读书·新知三联书店，1987。

〔德〕康德：《实践理性批判》，张永奇译，北京，中国社会科学出版社，2009。

〔美〕库恩：《必要的张力：科学的传统和变革论文选》，纪树立，范岱年，罗慧生，等译，福州：福建人民出版社，1987。

〔美〕罗蒂：《后哲学文化》，黄勇译，上海，上海译文出版社，1992。

〔英〕迈尔-舍恩伯格，库克耶：《大数据时代：生活、工作与思维的大变革》，盛杨燕，周涛译，杭州，浙江人民出版社，2013。

〔美〕默顿：《十七世纪英国的科学、技术与社会》，范岱年，吴忠，蒋效东译，成都，四川人民出版社，1986。

〔美〕默顿：《科学社会学》，鲁旭东，林聚任译，北京，商务印书馆，2010。

〔法〕莫诺：《偶然性和必然性：略论现代生物学的自然哲学》，上海外国自然科学哲学著作编译组译，上海，上海人民出版社，1977。

〔德〕舍勒：《知识社会学问题》，艾彦译，北京，北京联合出版公司，2014。

〔美〕温伯格：《知识的边界》，胡泳，高美译，太原，山西人民出版社，2014。

〔美〕夏佩尔：《理由与求知：科学哲学研究文集》，褚毅，周文彰译，上海，上海译文出版社，2006。

〔古希腊〕亚里士多德：《形而上学》，苗力田译，北京，中国人民大学出版社，2003。

（二）中文文献

《大数据领导干部读本》编写组：《大数据领导干部读本》，北京，人民出版社，2015。

安军，杨烨阳：《知识表征的概念图表理论》，《科学技术哲学研究》，2012年第6期。

安维复，郭荣茂：《科学知识的合理重建：在地方知识和普遍知识之间》，《社会科学》，2010年第9期。

白顺清：《知识论真理观的困境及出路》，《沈阳师范大学学报（社会科学版）》，2014年第1期。

鲍雨：《社会学视角下的大数据方法论及其困境》，《新视野》，2016年第3期。

毕文胜：《辩护、知识与德性——当代西方德性知识论辩护原则及问题》，《哲学动态》，2013年第6期。

曹剑波：《基于三个维度的实验知识论研究》，《中国高校社会科学》，2017年第6期。

车品觉：《新创业时代——没有大数据神话》，《管理学家：实践版》，2014年第4期。

陈嘉明：《西方的知识论研究概况》，《哲学动态》，1997年第6期。

陈嘉明：《当代知识论中"知识的确证"问题》，《复旦学报（社会科学版）》，2003
　　年a第2期。

陈嘉明：《社会知识论（下）》，《哲学动态》，2003年b第2期。

陈嘉明：《从普遍必然性到意义多样性——从近现代到后现代知识观念的变化》，《江
　　苏行政学院学报》，2007年第4期。

陈嘉明：《认知、理解与知识论（三篇）》，《甘肃社会科学》，2017年第2期。

陈嘉明：《比较视野下的中西知识论概观》，《天津社会科学》，2018年第5期。

陈建先，王萌萌：《发达国家"大数据技术+"对政府治理能力提升之鉴》，《领导科
　　学》，2015年第15期。

陈仕伟：《大数据技术异化的伦理治理》，《自然辩证法研究》，2016年第1期。

陈水平：《高德交通大数据在城市交通分析方面的应用》，大数据与未来人居研讨会，
　　2015-4-16。

陈潭：《大数据战略实施的实践逻辑与行动框架》，《中共中央党校学报》，2017年
　　第2期。

陈英涛：《求真社会知识论是否是真正的知识论？》，《东南学术》，2013年第6期。

成素梅，郭贵春：《语境论的真理观》，《哲学研究》，2007年第5期。

崔瑞：《〈墨子〉知识论初探》，《前沿》，2013年第11期。

戴景平：《知识与德性的生成》，《昭乌达蒙族师专学报（汉文哲学社会科学版）》，
　　2003年第6期。

戴连贵：《交通数据深度应用探索》，第三届（2017）华南智能交通论坛，2017-9-20。

邓晓芒：《思辨的张力——黑格尔辩证法新探》，长沙，湖南教育出版社，1992。

邓仲华，李志芳：《科学研究范式的演化——大数据时代的科学研究第四范式》，《情
　　报资料工作》，2013年第4期。

迪莉娅：《我国大数据产业发展研究》，《科技进步与对策》，2014年第4期。

丁圣勇，樊勇兵，闵世武：《解惑大数据》，北京，人民邮电出版社，2013。

丁元竹：《让大数据成为提升社会治理水平的推手》，《前线》，2014年第10期。

董春雨，薛永红：《数据密集型、大数据与"第四范式"》，《自然辩证法研究》，
　　2017年第5期。

董强，崔绍亚：《以法治思维推进基层社会治理》，《群众》，2015年第3期。

段华明：《解析社会治理新常态》，《西部大开发》，2014年第12期。

段伟文，纪长霖：《网络与大数据时代的隐私权》，《科学与社会》，2014年第2期。

段伟文：《大数据知识发现的本体论追问》，《哲学研究》，2015年第11期。

方红庆：《当代知识论的价值转向：缘起、问题与前景》，《甘肃社会科学》，2017
　　年第2期。

方环非，郑辉荣：《知识的价值之争"淹没难题"与可靠主义的回应》，《自然辩证
　　法通讯》，2017年第4期。

方环非：《知识论中的"回溯问题"与"确证"的回应》，《自然辩证法通讯》，2007
　　年第4期。

方环非：《知识、知识论与怀疑主义》，《上海理工大学学报（社会科学版）》，2013
　　年第4期。

方环非：《大数据：历史、范式与认识论伦理》，《浙江社会科学》，2015年第9期。

高秉江：《西方知识论的超越之路——从毕达哥拉斯到胡塞尔》，北京，人民出版社，

2012。

高博：《大数据：热潮中切忌一哄而上　科学规划很重要》，《科技日报》，2013-11-26。

龚维斌：《社会治理新常态的八个特征》，《中国党政干部论坛》，2014 年第 12 期。

郭贵春：《论语境》，《哲学研究》，1997 年第 4 期。

郭贵春：《语境与后现代科学哲学的发展》，北京，科学出版社，2002。

韩蕊：《"异化"着的"异化"：从神学概念到哲学理论——马克思之前"异化"嬗
　　变之耙梳》，《学术论坛》，2016 年第 9 期。

郝文武：《知识伦理的终极追求和逻辑与结构》，《华东师范大学学报（教育科学版）》，
　　2015 年第 1 期。

郝文武：《西方哲学知识伦理发展轨迹和基本特征》，《陕西师范大学学报（哲学社
　　会科学版）》，2016 年第 2 期。

贺来：《辩证法的生存论基础》，北京，中国人民大学出版社，2004。

贺玉萍：《真理观研究概述》，《高校社科信息》，1996 年第 3 期。

洪汉鼎，陈治国：《知识论读本》，北京，中国人民大学出版社，2010。

洪谦：《现代西方哲学论著选辑（上）》，北京，商务印书馆，1993。

洪晓楠，赵仕英：《百年西方科学哲学研究的主要问题》，《大连理工大学学报（社
　　会科学版）》，2001 年第 1 期。

胡军：《知识论与哲学——评熊十力对西方哲学中知识论的误解》，《北京大学学报
　　（哲学社会科学版）》，2002 年第 2 期。

胡军：《知识论》，北京，北京大学出版社，2006。

胡军：《关于知识定义的分析》，《华中科技大学学报（社会科学版）》，2008 年第 4 期。

胡少甫：《"大数据时代"给当今世界带来的变革与挑战》，《对外经贸实务》，2013
　　年第 12 期。

黄华新，陈宗明：《符号学导论》，上海，东方出版中心，2016。

黄思棉，秦凤微：《大数据时代中国政府数据公开面临的阻碍与对策研究》，《法制
　　与社会》，2015 年第 12 期。

黄颂杰，宋宽锋：《对知识的追求和辩护——西方认识论和知识论的历史反思》，《复
　　旦学报（社会科学版）》，1997 年第 4 期。

黄颂杰，宋宽锋：《再论知识论的精神实质及其出路》，《哲学研究》，1999 年第 2 期。

黄欣荣：《大数据对科学认识论的发展》，《自然辩证法研究》，2014 年第 9 期。

黄欣荣：《大数据哲学研究的背景、现状与路径》，《哲学动态》，2015 年第 7 期。

吉彦波：《"世界可知性"是认识论的最高问题》，《益阳师专学报》，1997 年第 4 期。

姜春林，齐恩乐：《论知识的公共性维度》，《廊坊师范学院学报》，2004 年第 3 期。

姜浩端：《大数据的本质及其可能的影响》，《中国经济报告》，2013 年第 6 期。

蒋晓东：《行动、探究与知识——论杜威对传统知识论的改造》，《长沙大学学报》，
　　2016 年第 4 期。

金吾伦：《当代知识论题释》，《杭州师范学院学报（社会科学版）》，2002 年第 3 期。

金吾伦：《范式概念及其在马克思主义哲学研究中的应用》，《中国特色社会主义研
　　究》，2009 年第 6 期。

金岳霖：《知识论》，北京，商务印书馆，1983。

冷天吉：《孔子的知识论》，《河南师范大学学报（哲学社会科学版）》，2005 年第
　　2 期。

李斌，王镱霏：《走向协同型的社会治理》，《社会工作与管理》，2015 年第 1 期。

李德毅：《聚类成大数据认知突破口》，《中国信息化周报》，2015-04-20。

李丰才：《方法论决定知识论的哲学原则——析分科学哲学认识论特点》，《东北师大学报》，1999 年第 1 期。

李丰才：《知识论分割为二的哲学观点——科学哲学认识论特点》，《东北师大学报》，2001 年第 2 期。

李明，赵金科：《从劳动异化到生态异化的现实思考》，《山东农业大学学报（社会科学版）》，2018 年第 4 期。

李笑春，郝媛媛：《证伪与证实：旷世的伪争论》，《科学技术哲学研究》，2011 年第 3 期。

李醒民：《科学的革命》，北京，中国青年出版社，1989。

李杨：《"科技"概念的后现代审思——从知识论的视角》，《东北大学学报（社会科学版）》，2014 年第 1 期。

李幼蒸：《理论符号学导论》，北京，社会科学文献出版社，1999。

李振，鲍宗豪：《"云治理"：大数据时代社会治理的新模式》，《天津社会科学》，2015 年第 3 期。

林德宏：《科学思想史》，南京，江苏科学技术出版社，2004，第 2 版。

林建成：《论曼海姆知识社会学引发的真理问题》，《自然辩证法研究》，2010 年第 12 期。

林奇富：《论知识与政治权力的相关性》，《长白学刊》，2006 年第 1 期。

凌捷：《大数据时代高新技术企业管理战略转型研究》，《改革与战略》，2015 年第 5 期。

刘爱军：《本体、方法与科学：中西方哲学知识论的区别及其根由》，《哲学研究》，2015 年第 11 期。

刘红，胡新和：《数据革命：从数到大数据的历史考察》，《自然辩证法通讯》，2013 年第 6 期。

刘辉，姜瑜，焦铭：《论递归方法的本质及其应用的领域》，《衡阳师范学院学报》，2006 年第 3 期。

刘魁：《真理、文化权威与知识生产的时代性——兼评福柯对真理话语的微观权力分析》，《南京政治学院学报》，2005 年第 3 期。

刘叶婷，唐斯斯：《大数据对政府治理的影响及挑战》，《电子政务》，2014 年第 6 期。

刘志丹：《哈贝马斯真理共识论》，《广西社会科学》，2012 年第 8 期。

柳明明：《西方传统哲学真理理论及其发展》，《大连理工大学学报（社会科学版）》，2015 年第 1 期。

路卫华：《一种新的知识论方法——谢尔在中国人民大学的报告综述》，《哲学分析》，2017 年第 2 期。

罗小燕，黄欣荣：《社会科学研究的大数据方法》，《系统科学学报》，2017 年第 4 期。

吕乃基：《大数据与认识论》，《中国软科学》，2014 年第 9 期。

吕旭龙：《确证的困境与超越的可能》，《山西师大学报（社会科学版）》，2005 年第 2 期。

马良，朱晓明：《古希腊哲学的知识论轨迹探寻》，《杭州师范学院学报（社会科学版）》，1992 年第 5 期。

孟天广，郭凤林：《大数据政治学：新信息时代的政治现象及其探析路径》，《国外理论动态》，2015 年第 1 期。

苗东升：《从科学转型演化看大数据》，《首都师范大学学报（社会科学版）》，2014年第 5 期。

苗圩：《大数据——变革世界的关键资源》，《人民日报》，2015-10-13（7）。

倪考梦：《大数据与治道变革》，《中国经济报告》，2013 年第 6 期。

欧阳英：《从马克思的异化理论看人工智能的意义》，《世界哲学》，2019 年第 2 期。

潘华：《大数据时代社会治理创新对策》，《宏观经济管理》，2014 年第 11 期。

齐磊磊：《大数据经验主义——如何看待理论、因果与规律》，《哲学动态》，2015年第 7 期。

齐良骥：《康德的知识学》，北京，商务印书馆，2011。

钱宁：《爱与知识的伦理底蕴——罗素的幸福观分析》，《兰州学刊》，2008 年第 7期。

邱龙虎：《中国传统哲学中的系统思想——以〈道德经〉为例》，《系统科学学报》，2014 年第 4 期。

邱仁宗，黄雯，翟晓梅：《大数据技术的伦理问题》，《科学与社会》，2014 年第 1 期。

任志锋，陶立业：《论大数据背景下的政府"循数"治理》，《理论探索》，2014 年第 6 期。

石开斌：《论"善"在庄子知识论中的地位》，《山西师大学报（社会科学版）》，2014 年第 2 期。

石英：《从质性研究到大数据方法：超越与回归》，《中国社会科学评价》，2017 年第 2 期。

石倬英，《应当加强"知识论"研究》，《国内哲学动态》，1985 年第 6 期。

宋吉鑫，魏玉东，王永峰：《大数据伦理问题与治理研究述评》，《理论界》，2017年第 1 期。

宋志润：《托马斯·库恩的真理观评析》，《温州大学学报（社会科学版）》，2017年第 1 期。

苏玉娟，魏屹东：《民生科技解决民生问题的维度分析》，《科学学研究》，2009 年第 8 期。

苏玉娟，魏屹东：《大数据知识表征的机制及其意义》，《科学技术哲学研究》，2017年第 2 期。

苏玉娟：《比较视域下大数据技术的社会功能探析》，《安徽行政学院学报》，2015年 a 第 5 期。

苏玉娟：《大数据技术实现社会治理的维度分析》，《晋阳学刊》，2015 年 b 第 6 期。

苏玉娟：《政府数据治理的五重系统特性探讨》，《理论探索》，2016 年 a 第 2 期。

苏玉娟：《大数据技术与高新技术企业数据治理创新——以太原高新区为例》，《科技进步与对策》，2016 年 b 第 6 期。

苏玉娟：《大数据知识实现的维度分析》，《理论探索》，2017 年 a 第 2 期。

苏玉娟：《基于大数据知识表征的特质》，《哲学分析》，2017 年 b 第 2 期。

苏玉娟：《大数据知识表征的确证问题》，《晋阳学刊》，2017 年 c 第 4 期。

苏玉娟：《大数据知识表征的社会建构》，《中共山西省委党校学报》，2017 年 d 第 1 期。

苏玉娟：《新时代大数据知识的伦理问题及其应对》，《中国井冈山干部学院学报》，2018 年 a 第 1 期。

苏玉娟：《大数据与人类治理文明》，《山东科技大学学报（社会科学版）》，2018 年 b 第 2 期。

苏玉娟：《大数据知识的实现方法探析》，《山东科技大学学报（社会科学版）》，2019 年 a 第 1 期。

苏玉娟：《科学技术演进与知识论的超越》，《理论探索》，2019 年 b 第 2 期。

孙恒志：《从已有知识定义的缺陷看知识定义的科学整合》，《山东科技大学学报（社会科学版）》，2002 年第 3 期。

索萨，方红庆：《知识论中的价值问题》，《世界哲学》，2016 年第 6 期。

唐永，张明：《大数据技术对社会心理的异化渗透与重构》，《理论月刊》，2017 年第 10 期。

田海平：《"不明所以"的人类道德进步——大数据认知旨趣从"知识域"向"道德域"拓展之可能》，《社会科学战线》，2016 年第 9 期。

佟林杰，郭诚诚：《大数据权力扩张、异化及规制路径》，《商业经济研究》，2019 年第 4 期。

涂子沛，郑磊：《善数者成：大数据改变中国》，北京，人民邮电出版社，2019。

涂子沛：《大数据：正在到来的数据革命》，桂林，广西师范大学出版社，2012。

涂子沛：《大数据及其成因》，《科学与社会》，2014 年第 1 期。

汪大白，徐飞：《大数据：科学方法的新变革》，《自然辩证法研究》，2016 年第 1 期。

王东：《移动互联时代大数据在公共治理领域的应用探索》，《赤子（上中旬）》，2015 年第 4 期。

王建安，叶德营：《知识分类与知识表征——评赖尔的知识分类和围绕它的争论》，《自然辩证法通讯》，2010 年第 4 期。

王立学，冷伏海，王海霞：《技术成熟度及其识别方法研究》，《现代图书情报技术》，2010 年第 3 期。

王南湜：《追寻哲学的精神：走向实践哲学之路》，北京，北京师范大学出版社，2006。

王浦劬：《国家治理、政府治理和社会治理的含义及其相互关系》，《国家行政学院学报》，2014 年第 3 期。

王荣江，《知识论的当代发展：从一元辩护走向多元理解》，《自然辩证法通讯》，2004 年第 4 期。

王绍源，任晓明：《大数据技术的隐私伦理问题》，《新疆师范大学学报（哲学社会科学版）》，2017 年第 4 期。

王树人：《对知识论研究的几个提问》，《学术月刊》，2003 年第 12 期。

王铁群：《小数据企业的大数据时代——向 NBA 学数据管理》，《管理学家：实践版》，2013 年第 3 期。

魏屹东，苏玉娟：《科技革命发生的语境解释及其现实意义》，《自然科学史研究》，2009 年第 3 期。

魏屹东：《论科学的社会语境》，《科学学研究》，2000 年第 4 期。

魏屹东：《科学的维度及其广义语境解释模型》，《自然辩证法研究》，2002 年第 2 期。

魏屹东：《认知研究的维度分析》，《洛阳师范学院学报》，2014 年第 4 期。

邬贺铨：《大数据时代的机遇与挑战》，《求是》，2013 年第 4 期。

邬贺铨：《大数据思维》，《科学与社会》，2014 年第 1 期。

邬玉良：《利用大数据技术提升政府治理水平》，《上海经济》，2014 年第 9 期。

吴基传，翟泰丰：《大数据与认识论》，《哲学研究》，2015 年第 11 期。

吴开明：《论罗蒂的知识确证观》，《厦门大学学报（哲学社会科学版）》，2007 年第 1 期。

吴信东，何进，陆汝钤，等：《从大数据到大知识：HACE +BigKE》，《自动化学报》，2016 年第 7 期。

小荷：《大数据成多国国家战略》，《中国电信业》，2015 年第 9 期。

谢俊贵：《空间分割叠加与社会治理创新》，《广东社会科学》，2014 年第 4 期。

徐继华，冯启娜，陈贞汝：《智慧政府：大数据治国时代的来临》，北京，中信出版社，2014。

徐艳：《大数据时代媒体发展的 SWOT 分析》，《青年记者》，2013 年第 19 期。

杨海坤，章志远：《中国特色政府法治论研究》，北京，法律出版社，2008。

杨洁：《构建企业级数据治理体系——访中国光大银行股份有限公司信息科技部总经理杨兵兵》，《中国金融电脑》，2012 年第 2 期。

尤洋：《当代知识论中的语境观——兼议朗基诺的语境经验论》，《山西大学学报（哲学社会科学版）》，2013 年第 5 期。

于瀚：《大数据对科学哲学的影响》，大连理工大学，2016。

于施洋，杨道玲，王璟璇，等：《基于大数据的智慧政府门户：从理念到实践》，《电子政务》，2013 年第 5 期。

余志为：《大数据方法与中国哲学思维的关系及其影响》，《现代传播（中国传媒大学学报）》，2016 年第 7 期。

俞吾金：《从传统知识论到生存实践论》，《文史哲》，2004 年第 2 期。

岳瑨：《大数据技术的道德意义与伦理挑战》，《马克思主义与现实》，2016 年第 5 期。

张洪涛：《德性知识论对经验知识基础的重构》，《广西大学学报（哲学社会科学版）》，2017 年第 2 期。

张立英：《基础主义的确证观》，《山东师范大学学报（人文社会科学版）》，2004 年第 5 期。

张明仓：《当代中国认识论研究：回顾与展望》，《教学与研究》，2001 年第 8 期。

张明杰：《知识确证的新路径：索萨的德性知识论》，《湖南人文科技学院学报》，2016 年第 5 期。

张宁，袁勤俭：《数据治理研究述评》，《情报杂志》，2017 年第 5 期。

张启良：《大数据的基本知识及其比较》，《统计与咨询》，2016 年第 1 期。

张婉怡，李荣香：《大数据时代的企业管理创新》，《中国电子商务》，2014 年第 10 期。

张新华，张飞：《"知识"概念及其涵义研究》，《图书情报工作》，2013 年第 6 期。

张艳伟：《简述实用主义的真理观》，《重庆科技学院学报（社会科学版）》，2010 年第 6 期。

赵国栋，易欢欢，糜万军，等：《大数据时代的历史机遇——产业变革与数据科学》，北京，清华大学出版社，2013。

赵月刚：《赖欣巴哈的知识观研究》，《自然辩证法研究》，2013 年第 8 期。

郑志励：《喜忧参半"大数据"》，《中国图书评论》，2013 年第 8 期。

中共中央马克思恩格斯列宁斯大林著作编译局：《马克思恩格斯文集：第一卷》，北京，人民出版社，2009。（文中简称：中共中央编译局）

中共中央马克思恩格斯列宁斯大林著作编译局：《马克思恩格斯选集：第一卷》，第2版，北京，人民出版社，1995。（文中简称：中共中央编译局）

周昌忠：《后现代科学知识论》，《哲学研究》，2002年第7期。

周世佳，殷杰：《山西省实施大数据战略：优势、差距及路径》，《理论探索》，2014年第4期。

朱锋刚，李莹：《确定性的终结——大数据时代的伦理世界》，《自然辩证法研究》，2015年第6期。

（三）英文文献

Bauer B, 2015: "From big data to smart knowledge-text and data mining in science and economy", *Mitteilungen der Vereinigung Österreichischer Bibliothekarinnen und Bibliothekare*, 2.

Braun P. et al, 2016: "Knowledge discovery from social graph data", *Procedia Computer Science*, 96.

Callebaut W, 2012: "Scientific perspectivism: a philosopher of science's response to the challenge of big data biology", *Studies in History and Philosophy of Science Part C: Studies in History and Philosophy of Biological and Biomedical Sciences*, 43.

Cass T, 1998: "A handler for big data", *Science*, 1998, 5389.

Davis K, Patterson D, 2012: *Ethics of Big Data*: *Balancing Risk and Innovation*, New York, O'Reilly.

Floridi L, 2012: "Big data and their epistemological challenge", *Philosophy & Technology*, 25.

Hansen H, Flyverbom M, 2015: "The politics of transparency and the calibration of knowledge in the digital age", *Organization*, 22.

Kitchin R, 2014: "Big Data, new epistemologies and paradigm shifts", *Big Data & Society*, 1.

Koman G, Kundrikova J, 2016: "Application of big data technology in knowledge transfer process between business and academia", *Procedia Economics and Finance*, 39.

Mantas J. et al, 2014: "Machine learning for knowledge extraction from PHR big data", *Studies in Health Technology and Informatics*, 202.

Mayer-Schonberger V, Cukier K, 2013: *Big Data*: *A Revolution That Will Transform How We Live, Work, and Think*, Boston, Houghton Mifflin Harcourt.

Pauleen D, Wang W, 2017: "Does big data mean big knowledge? KM perspectives on big data and analytics", *Journal of Knowledge Management*, 21.

Rehman M. et al, 2016: "Big data reduction methods: a survey", *Data Science and Engineering*, 1.

Renu S. et al, 2013: "Use of big data and knowledge discovery to create data backbones for decision support systems", *Procedia Computer Science*, 20.

Song X. et al, 1999: "Pioneering advantages in manufacturing and service industries: empirical evidence from nine countries", *Strategic Management Journal*, 20.

Sosa E, 1994: *Knowledge and Justification*, Aldershot, Dartmouth Publishing Company.

Swan M, 2015: "Philosophy of big data: expanding the human-data relation with big data science services", *Proceedings-2015 IEEE First International Conference on Big Data Computing Service and Applications (BigDataService)*.

Watts D, 2007: "A twenty-first century science", *Nature*, 445.